Susan E. Hough

Prevedere l'imprevedibile

La tumultuosa scienza
della previsione dei terremoti

Traduzione di **Lucia Margheriti** e **Francesco Pio Lucente**

 Springer

Susan E. Hough
Southern California Earthquake Center

Collana *i blu - pagine di scienza* ideata e curata da Marina Forlizzi

ISSN 2239-7477   e-ISSN 2239-7663

MISTO
Carta da fonti gestite
in maniera responsabile
FSC® C007287

Questo libro è stampato su carta FSC amica delle foreste. Il logo FSC identifica prodotti che contengono carta proveniente da foreste gestite secondo i rigorosi standard ambientali, economici e sociali definiti dal Forest Stewardship Council

ISBN 978-88-470-2642-1   ISBN 978-88-470-2643-8 (eBook)
DOI 10.1007/978-88-470-2643-8

Tradotto dall'originale inglese:
Predicting the Unpredictable. The Tumultuous Science of Earthquake Prediction
Copyright © 2010 by Princeton University Press

Traduzione di: Lucia Margheriti e Francesco Pio Lucente
Centro Nazionale Terremoti, Istituto Nazionale di Geofisica e Vulcanologia, Roma

© Springer-Verlag Italia 2013

Quest'opera è protetta dalla legge sul diritto d'autore e la sua riproduzione anche parziale è ammessa esclusivamente nei limiti della stessa. Tutti i diritti, in particolare i diritti di traduzione, ristampa, riutilizzo di illustrazioni, recitazione, trasmissione radiotelevisiva, riproduzione su microfilm o altri supporti, inclusione in database o software, adattamento elettronico, o con altri mezzi oggi conosciuti o sviluppati in futuro, rimangono riservati. Sono esclusi brevi stralci utilizzati a fini didattici e materiale fornito ad uso esclusivo dell'acquirente dell'opera per utilizzazione su computer. I permessi di riproduzione devono essere autorizzati da Springer e possono essere richiesti attraverso RightsLink (Copyright Clearance Center). La violazione delle norme comporta le sanzioni previste dalla legge. Le fotocopie per uso personale possono essere effettuate nei limiti del 15% di ciascun volume dietro pagamento alla SIAE del compenso previsto dalla legge, mentre quelle per finalità di carattere professionale, economico o commerciale possono essere effettuate a seguito di specifica autorizzazione rilasciata da CLEARedi, Centro Licenze e Autorizzazioni per le Riproduzioni Editoriali, e-mail autorizzazioni@clearedi.org e sito web www.clearedi.org. L'utilizzo in questa pubblicazione di denominazioni generiche, nomi commerciali, marchi registrati, ecc. anche se non specificatamente identificati, non implica che tali denominazioni o marchi non siano protetti dalle relative leggi e regolamenti. Le informazioni contenute nel libro sono da ritenersi veritiere ed esatte al momento della pubblicazione; tuttavia, gli autori, i curatori e l'editore declinano ogni responsabilità legale per qualsiasi involontario errore od omissione. L'editore non può quindi fornire alcuna garanzia circa i contenuti dell'opera.

Immagine di copertina: Foto archivio INGV_DFM (Database Fotografico Macrosismico)
Coordinamento editoriale: Maria Cristina Acocella, Giuseppe Di Rienzo
Progetto grafico e impaginazione: Ikona s.r.l., Milano
Stampa: GECA Industrie Grafiche, Cesano Boscone (MI)

Springer-Verlag Italia S.r.l., via Decembrio 28, I-20137 Milano
Springer-Verlag fa parte di Springer Science+Business Media (www.springer.com)

Prefazione all'edizione italiana

L'idea di tradurre questo libro, rendendolo così accessibile a una più ampia platea di lettori in Italia, ha molto – forse tutto – a che fare con il complesso groviglio di vicende che hanno accompagnato un momento cruciale della nostra vita personale, non solo lavorativa: il terremoto dell'Aquila del 6 aprile 2009.

Le millantate previsioni da parte di coloro che nel libro sono definiti "amateur predictors" (dilettanti della previsione), le risposte insufficienti e spesso tardive degli amministratori alle domande della popolazione, le difficoltà di comunicazione tra comunità scientifica e società civile – le aristocratiche reticenze di una parte e la pervicace ostinazione nel non voler ascoltare dell'altra – il ruolo spesso ambiguo dei mezzi di comunicazione, sono temi ampiamente trattati in questo libro, nel corso della narrazione di una vicenda che ha come punto di vista gli Stati Uniti e abbraccia gli ultimi 100 anni.

Sono gli stessi temi che, guardando indietro, ritroviamo condensati, quasi annodati, intorno a quei drammatici giorni del 2009 a L'Aquila.

Come l'autrice del libro, Susan Hough, anche noi, autori della traduzione, guardiamo le cose da dentro quella che nel libro è definita comunità sismologica ufficiale "mainstream seismological community" e, come lei, siamo partecipi degli stessi dubbi e delle stesse speranze riguardo alla possibilità che un giorno i terremoti possano essere previsti.

Chi, prendendo questo libro tra le mani, a dispetto del titolo, pensasse di trovarvi risposta alle fatidiche domande "dove?" e "quando?" rimarrà forse deluso, ma se avrà la pazienza di portare a compimento la lettura allora probabilmente riuscirà a scorgere i "perché". Crediamo sia questo il motivo principale che ha condotto l'autrice a scriverlo. Ed è questo il motivo che ci ha spinti a tradurlo: spiegare perché, o meglio, aiutare a capire i "perché", e farlo in modo che non rimangano confinati all'interno delle stanze chiuse in cui la ricerca spesso isola – e protegge – se stessa, ma attraverso un libro sulla previsione dei terremoti rivolto a tutti. A tutti quelli che non si limitano a indignarsi per il fatto che certe domande non hanno ancora risposta.

Per ora, a quelle fatidiche domande, che ogni sismologo si è sentito rivolgere centinaia di volte, la scienza ufficiale, "the mainstream scientific community", non ha risposte da dare. E non sa nemmeno dire se ne avrà mai. E però l'uomo ha imparato a volare migliaia di anni dopo aver cominciato, con Icaro, a desiderare di farlo. La sismologia è una scienza ancora molto giovane...

C'è una frase nel libro che efficacemente condensa l'insieme dei messaggi che la sismologia oggi può dare alla società: "Ma se, oggi come allora, il meglio che gli esperti possono dire è che il Big One potrebbe colpire domani o fra trent'anni, quando ci si deve preparare, se non oggi?".

Sapere che un forte terremoto potrà colpire una determinata regione entro un intervallo di tempo più o meno lungo non è cosa da poco conto. Come afferma l'autrice, non è una notizia particolarmente "sexy", di quelle che attirano l'attenzione del pubblico e guadagnano i titoli a tutta pagina sui giornali. Ma è quello che serve agli amministratori per formulare leggi e norme di costruzione adeguate. Questo la sismologia oggi lo può fare, e lo fa.

Nel tempo in cui viviamo gli investimenti cospicui di denaro pretendono ricavi altrettanto cospicui, certi, e soprattutto a breve termine. Quello che bisogna cominciare a chiedersi, come società e come cittadini, è se siamo finalmente pronti a investire in qualcosa che potrebbe restituire i suoi preziosi frutti solo dopo molto tempo, al di là del termine della nostra vita di singoli individui!

Siamo convinti che la tragedia de L'Aquila, con tutte le sue contraddizioni, abbia dolorosamente contribuito a far crescere la comunità scientifica sismologica italiana. Vorremmo, come ricercatori sismologi, parte di questa comunità, continuare a crescere insieme alla società che ci è intorno e di cui noi siamo parte. La traduzione di questo libro è, speriamo, un piccolo contributo in questa direzione.

Una cosa, tra le tante accadute a L'Aquila, non ha alcuna corrispondenza con i fatti narrati nel libro, né con alcuna vicenda che la scienza sismologica si sia mai trovata ad affrontare: sismologi, nostri colleghi, sono stati messi sotto processo con l'accusa di "omicidio colposo e lesioni colpose". Il primo grado di giudizio li ha condannati a 6 anni di carcere.

Lucia Margheriti
Francesco Pio Lucente
Sismologi dell'Istituto Nazionale di Geofisica e Vulcanologia

Ringraziamenti dell'autrice

Una delle cose migliori dello scrivere un libro scientifico rivolto ad un pubblico non di specialisti è l'opportunità che mi fornisce di parlare con i miei colleghi di cose di cui altrimenti non discuteremmo mai. Sono debitrice, come sempre, verso un gran numero di colleghi – molti dei quali sono lieta di considerare amici: Bob Geller, Chris Scholz, Friedemann Freund, Bob Castle, Nancy King, Jim Savage, Bob Dollar, Peter Molnar, Tom Jordan, Jeremy Zechar, Ruth Harris, Jim Lienkaemper, Robin Adams, Kelin Wang, David Hill, Dave Jackson, Ross Stein, Rob Wesson, Jim Rice, Mike Blanpied, Vladimir Keilis-Borok, Andy Michael, Jeanne Hardebeck, Arch Johnston, Ken Hudnut, Karen Felzer, Tom Heaton, Mark Zoback, Seth Stein, Lloyd Cluff, Jeremy Thomas, Malcolm Johnston, John Filson e Tom Hanks. Voglio inoltre ringraziare Don Anderson per avermi passato ritagli di giornale, e Clay Hamilton, Kelin Wang e Roger Bilham per avermi fornito alcune figure.

Ho uno speciale debito di gratitudine verso i colleghi che hanno letto le prime bozze del manoscritto, fornendomi utili commenti: Max Wyss, John Vidale, Hiroo Kanamori, Roger Bilham e Clarence Allen. Nel corso delle mie ricerche per la scrittura del libro mi sono resa conto che Clarence Allen è una specie di Forrest Gump della previsione dei terremoti, se non fosse per il fatto che non è stato un caso che lui sia stato il protagonista di così tanti momenti importanti. Dietro ai modi modesti di Clarence si celano un acume scientifico e un intelletto che sono stati apprezzati e utilizzati dai suoi colleghi e dalla comunità scientifica nel corso della sua lunga carriera.

A mio modesto avviso, questa è una storia che non ha cattivi, ma in cui tre eroi emergono. Clarence Allen è uno; il secondo è David Bowman, il cui equilibrio, tra determinazione e integrità intellettuale, rappresenta il volto migliore della scienza. Il terzo è John Filson, che nel momento in cui prese il timone dell'Ufficio Studi sui Terremoti dell'USGS si è venuto a trovare nell'occhio di un ciclone, in cui ha saputo navigare con consumato acume ed eleganza.

Devo inoltre ringraziare un certo numero di persone che non appartengono alla cosiddetta comunità scientifica principale, che hanno volentieri dialogato con me: in particolare Petra Challus, Don Eck, Zhonghou Shou e Brian Vanderkolk (noto negli ambienti della previsione dei terremoti come Skywise). Non sono sicura che loro saranno del tutto contenti di quello che ho scritto. Io spero che loro, e anche altri, considereranno questo libro come critico ma onesto; e anche obiettivo, come testimoniato dall'elevata probabilità che anche alcuni miei colleghi non saranno felici di quello che ho scritto. La scienza è uno sport di contatto. Chiunque creda che gli scienziati si trattino tra loro con i guanti mentre prendono a sassate quelli che non appartengono alla comunità scientifica non ha mai avuto modo di assistere da vicino al processo di revisione degli articoli scientifici.

Certamente il caso di Brian Brady lo dimostra. La sua esplorazione di teorie non convenzionali e la sua ricerca per trovare collegamenti tra rami della scienza apparentemente lontani, ha portato a idee interessanti. Alla fine sono costretta a concordare con i membri del National Earthquake Prediction Evaluation Council (NEPEC), che hanno stabilito che gli argomenti di Brady erano problematici sotto diversi punti di vista e le sue teorie non erano formulate con sufficiente rigore per giustificare una previsione. Sul fatto che, come lui suggerisce, nuove conoscenze sui processi che generano i terremoti possano derivare dalla teoria del punto critico, il giudizio finale non è ancora stato emesso.

Sono, come sempre, grata alle molte persone di talento che hanno contribuito a trasformare il manoscritto grezzo in un libro così piacevole: l'editor Ingrid Gnerlich, la revisore dei testi Dawn Hall, l'editor di produzione Sara Lerner, l'assistente editor Adithi Kasturirangan e la caporedattrice Elizabeth Byrd. Sono inoltre grata al team di grafici di Princeton e al team di marketing per l'impegno nella diffusione di questo libro nel mondo.

Ultimo, ma non meno importante, un ringraziamento particolarmente grande è riservato al mio collega e amico, Greg Beroza. È stato circa cinque anni fa che, mentre mi trovavo nel suo ufficio lui osservò: "Ciò di cui abbiamo bisogno è un buon libro sulla previsione dei terremoti rivolto a tutti. Perché non ne scrivi uno?" Così, in realtà, tutta questa pazzia è colpa sua. Grazie, Greg.

Susan E. Hough
Sismologa del Southern California Earthquake Center

Indice

Prefazione all'edizione italiana — V
Ringraziamenti dell'autrice — IX

1. Conto alla rovescia — 1
2. Pronto a esplodere — 15
3. Cicli irregolari — 35
4. La faglia di Hayward — 47
5. Prevedere l'imprevedibile — 57
6. La strada per Haicheng — 71
7. Infiltrazioni — 103
8. I giorni di gloria — 115
9. I postumi della sbornia — 131
10. Accesi dibattiti — 151
11. Leggendo le foglie del tè — 169
12. Accelerazione del rilascio di momento sismico — 179
13. Frange — 189
14. Complicità — 203
15. Morbillo — 227
16. Tutti noi abbiamo le nostre colpe — 233
17. Quello cattivo — 243
18. Dove si dirigerà la previsione dei terremoti? — 261

Note bibliografiche — 271
Indice dei terremoti per anno — 285
Nota dei traduttori sul terremoto de L'Aquila — 287

1. Conto alla rovescia

> *La cosa più tragica sta nel fatto che le conoscenze*
> *di tutti questi esperti, insieme alle osservazioni di sensori*
> *e di satelliti, ai dati sismologici e a tutti gli*
> *altri strumenti della scienza e della tecnologia, non sono in grado*
> *di mandare il messaggio più importante al momento giusto:*
> *"Correte! Scappate per salvarvi"*
> Joel Achenbach, Washington Post, 30 gennaio 2005

Un giorno, all'inizio del 2005, mentre il geofisico del servizio geologico statunitense Bob Dollar stava, come d'abitudine, dando uno sguardo ai dati della rete GPS (Global Positioning System) della California meridionale, qualcosa attirò la sua attenzione. Una piccola schiera di antenne GPS attraverso tutta la California registra continuamente il movimento delle placche tettoniche: sia il generale moto della Placca Nordamericana verso sud rispetto alla Placca Pacifica, sia spostamenti più complicati a più piccola scala. Le placche tettoniche si spostano a una velocità comparabile a quella con cui le unghie delle dita crescono e, come accade per le unghie, il loro movimento è lento e costante (Fig. 1.1). Quel giorno, all'inizio del 2005, a Bob Dollar sembrò che un gruppo di stazioni GPS situate nel deserto del Mojave e altre nella San Gabriel Valley, a nord est di Los Angeles, avessero iniziato a deviare leggermente dalla loro abituale, costante traiettoria.

Quando si usano i dati GPS per determinare la precisa posizione di un punto, i risultati mostrano sempre delle fluttuazioni dovute a piccole imprecisioni nella misurazione o ad approssimazioni nel processamento dei dati. Consapevole di questo, Dollar non si meravigliò più di tanto. Tuttavia, quell'osservazione destò il suo interesse, tanto che nei giorni seguenti, continuò a tenere d'occhio i dati di quelle sta-

2 Prevedere l'imprevedibile

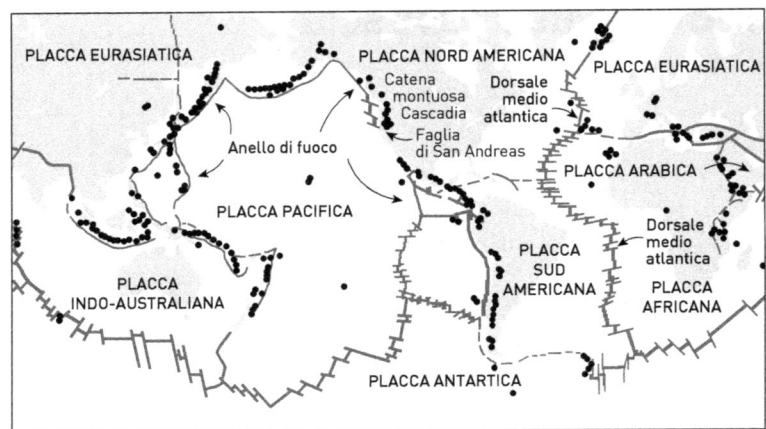

Fig. 1.1 Principali placche tettoniche in cui è divisa la litosfera terrestre. Il cosiddetto anello di fuoco (Ring of fire) include sia faglie trasformi come quella di San Andreas in California sia diverse importanti zone di subduzione dell'Oceano Pacifico. I punti nella figura indicano vulcani attivi (immagine USGS)

zioni, aspettandosi che l'apparente deviazione si rivelasse presto come dovuta alle abituali fluttuazioni nelle misure GPS.

Ciò non accadde. Dopo un paio di mesi trascorsi a controllare le misure e aspettare, quella che inizialmente era una leggera deviazione assunse una forma ben definita, disegnando ciò che Dollar definì curve a forma di "bastone da hockey": un certo numero di stazioni, che prima si spostavano lungo delle traiettorie rettilinee, avevano improvvisamente curvato, e ora si muovevano lungo traiettorie differenti.

Era un'anomalia sufficiente ad attrarre l'attenzione di qualsiasi studioso di terremoti che si rispetti. Dollar cominciò a pensare che forse stava assistendo a qualcosa d'importante. Non sapeva però a cosa.

La deviazione dei GPS dalle loro abituali traiettorie era singolare, e quindi come minimo interessante. Inoltre, molte evidenze portano a pensare che questo tipo di anomalie, ossia improvvise e insolite deformazioni della crosta terrestre, potrebbero essere fenomeni precursori di forti terremoti.

1. Conto alla rovescia

Il tema della previsione dei terremoti salta fuori nella comunità pseudo-scientifica come la piaga delle cavallette nel deserto: non proprio a intervalli regolari, ma abbastanza spesso. In queste occasioni i sismologi sono chiamati a parlare con i media. Nel migliore dei casi questo tipo di previsioni si basano su metodi che potrebbero (e sottolineo il "potrebbero") avere un fondamento di verità – per esempio il fatto che le maree possano contribuire a innescare i terremoti – ma non si sono mai dimostrati realmente utili per la previsione dei terremoti. Nel caso peggiore sono delle enormi sciocchezze. Eppure ogni tanto la Terra manda segnali che attraggono l'attenzione degli scienziati, portandoci a pensare: sta arrivando il "Big One"?

Probabilmente il più importante quesito non risolto dalla sismologia è: che cos'è, se qualcosa c'è all'interno della Terra, che scatena un forte terremoto? La risposta potrebbe essere: niente!

I terremoti potrebbero generarsi qui e lì nella crosta terrestre come pop-corn, con una frequenza più o meno costante, non lasciandoci alcun modo per capire quale di questi piccoli terremoti potrà occasionalmente evolvere in un grande terremoto. Se fosse realmente così, non ci sarà mai alcuna possibilità di prevedere i terremoti. Tuttavia alcune teorie e osservazioni lasciano pensare che i terremoti potrebbero avere una fase preparatoria riconoscibile, una sorta di sequenza di lancio.

L'ultimo grande terremoto in California è avvenuto più di cento anni fa. Il terremoto di San Francisco, nel 1906, è stato registrato in tutto il mondo da una manciata di sismometri rudimentali; le campagne di misurazioni geodetiche condotte prima e dopo il terremoto hanno portato alla formulazione di uno dei principi fondamentali della sismologia moderna: la teoria del rimbalzo elastico. Questa spiega come i terremoti avvengano in conseguenza dell'accumulo di sforzo. La teoria della tettonica a placche, sviluppata cinquant'anni dopo, illustra come e perché gli sforzi si accumulino. In breve: le placche si muovono mentre i loro bordi sono bloccati, la crosta terrestre vicino ai bordi si deforma e, ogni tanto, i bordi (le faglie) si muovono di scatto per accomodare tale deformazione. Se la Terra avesse mandato qualche segnale che il terremoto del 1906 stava per accadere, questo sarebbe andato perso irrimediabilmente perché allora non c'era alcuno strumento in grado di registrarlo.

In tempi recenti, gli scienziati hanno sviluppato e installato strumenti sempre più sofisticati per "catturare" i segnali provenienti dalla Terra: non solo le onde generate dai terremoti, ma anche le più piccole deformazioni della crosta terrestre. Se anche un impercettibile segnale si generasse prima di un grande terremoto, tali strumenti sono pronti in attesa di registrarlo. I dati raccolti recentemente in California, prima di terremoti di moderata magnitudo (M = 6-7) non hanno rivelato alcuna traccia dell'esistenza di segnali precursori. Questo ha portato alcuni scienziati alla conclusione che non c'è nulla da scoprire e che, in pratica, i terremoti non sono preceduti da fenomeni precursori. Tuttavia non abbiamo ancora osservato, con la fitta rete di strumenti oggi esistente in California, niente che per dimensioni assomigli al terremoto di San Francisco del 1906. Così i sismologi continuano a chiedersi se gli strumenti siano o meno in grado di rivelare quando avverrà il Big One; e quando gli strumenti rilevano qualcosa di differente dall'ordinario, si chiedono: potrebbe essere questo il precursore del Big One?

All'inizio della primavera del 2005, Bob Dollar portò le sue curve a forma di "bastone da hockey" all'attenzione dei più grandi esperti locali di GPS. Sulle prime essi non ne furono particolarmente impressionati. Uno dei geofisici presenti ha poi confessato che il suo primo pensiero guardando le curve fu "dove abbiamo sbagliato?" Gli scienziati che studiano i dati GPS sono per abitudine inclini a dubitare dei loro risultati e hanno imparato a non entusiasmarsi troppo quando riscontrano delle anomalie nei segnali. Le antenne GPS registrano essenzialmente i segnali inviati dai satelliti nel tempo, e gli scienziati usano questi segnali per determinare la posizione dei punti sulla superficie terrestre dove sono installate le antenne riceventi. Il processamento è notoriamente complicato e instabile per vari motivi, compreso il fatto che il dato grezzo deve essere corretto molto accuratamente per tener conto delle orbite dei satelliti. I risultati che Bob Dollar aveva guardato erano il frutto di un'analisi rapida e grossolana. Quando i ricercatori analizzano i dati GPS per studi scientifici, i dati grezzi sono di norma processati più accuratamente. Spesso le anomalie presenti nelle soluzioni preliminari svaniscono una volta che i dati sono stati processati con maggiore cura.

I "bastoni da hockey" di Bob Dollar non si raddrizzarono. L'anomalia fu sottoposta all'attenzione di altri scienziati, non esperti di GPS ma piuttosto di terremoti, che ne presero atto. Quello che Dollar aveva pensato potesse essere qualcosa di importante fu giudicato da alcuni sismologi come qualcosa di allarmante. A quel punto la variazione nelle traiettorie dei segnali GPS era durata abbastanza da convincere i geodeti che si trattava di un segnale reale e non di un disturbo. Molti dei più importanti sismologi entrarono in azione. Furono organizzati incontri. Furono scritti documenti. La pressione cominciò a salire.

Studiare i terremoti non è il lavoro più adatto per chi soffre di cuore. La carriera di ogni sismologo è in balia di eventi infrequenti e imprevedibili. Noi sismologi perseguiamo obiettivi di ricerca sapendo che in qualsiasi momento i nostri piani possono essere mandati all'aria da un terremoto che occuperà tutto il nostro tempo e consumerà tutta la nostra energia per mesi, se non per anni.

Quasi sempre questi pensieri rimangono relegati in un angolo della nostra testa. In alcuni momenti però non è così facile. La primavera del 2005 è stato uno di quei momenti per i sismologi nella California meridionale. Le terribili immagini del terremoto e del maremoto del 26 dicembre 2004 a Sumatra erano impresse nei nostri occhi, così come in quelli di chiunque altro. Inoltre non aiutava il fatto che evidenze sempre più numerose ci indicavano che era passato molto tempo, forse troppo tempo, dall'ultimo grande terremoto nella California del sud. Una preoccupazione particolare era generata dal fatto che la faglia di San Andreas e quella di San Jacinto, nella parte più a sud dello stato tra Palm Springs e il confine con il Messico, erano rimaste caparbiamente bloccate negli ultimi trecento anni. Più a nord, tra San Bernardino e la California centrale, la faglia di San Andreas si era rotta nel terremoto del 1857 (Fig. 1.2). Questa considerazione non

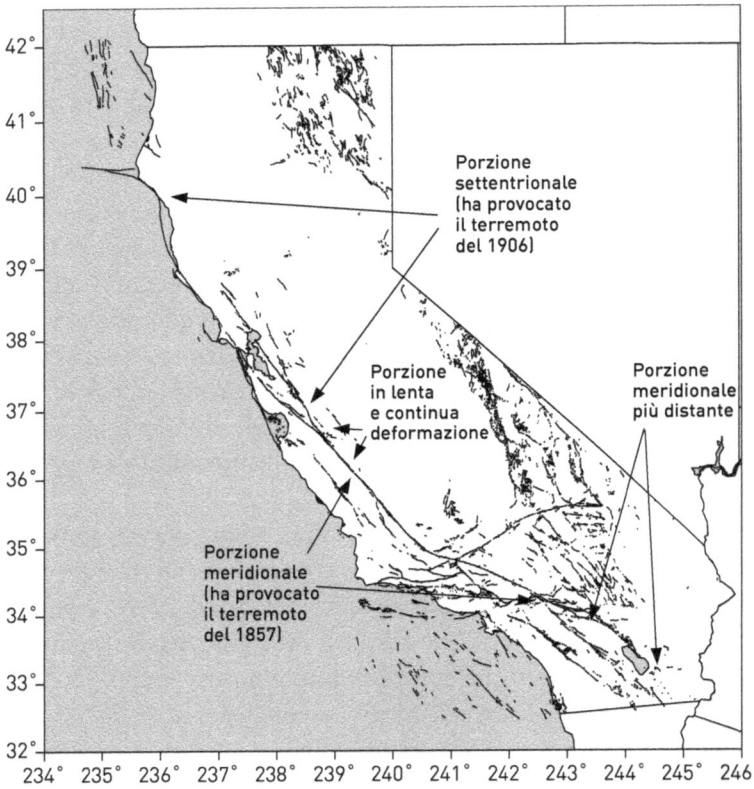

Fig. 1.2 La faglia di San Andreas in California (nella mappa sono mostrate anche altre faglie che si trovano nello Stato)

era motivo di conforto. Chiare evidenze geologiche suggeriscono che grandi terremoti avvengono lungo entrambi questi segmenti di faglia mediamente circa ogni 150-300 anni, ma anche più frequentemente. Per di più non potevamo escludere che entrambi i segmenti meridionali della San Andreas si rompessero insieme in un unico terremoto, quella che noi a volte chiamiamo rottura da parte a parte. Se il terremoto del 1857 era stato distruttivo, una rottura da parte a parte della porzione meridionale della faglia di San Andreas avrebbe avuto conseguenze molto peggiori.

Un terremoto veramente catastrofico?

Gli scienziati considerano assolutamente improbabile la possibilità che la faglia di San Andreas possa rompersi da capo a piedi: cioè in un'unica grande rottura che attraversi praticamente tutta la California da nord a sud. Noi crediamo che la frattura non possa continuare a propagarsi attraverso la sezione mediana della faglia che non è mai bloccata; infatti, in questa parte lo scorrimento avviene attraverso un movimento lento e costante detto *creeping*. Propagare una rottura all'interno di questa sezione sarebbe come cercare di fare uno strappo attraverso un pacco di carta di giornale inzuppato. Tra le varie assunzioni questa è piuttosto solida. Ma, in passato, anche assunzioni ben fondate si sono rivelate sbagliate.

I risultati delle indagini svolte sulla porzione meridionale della faglia di San Andreas erano stati pubblicati su riviste scientifiche e di lì erano arrivati alla stampa convenzionale. I giornali a volte ricamano un po' su queste notizie. Verso la fine del 2006, un titolo di giornale fece molto clamore: "La porzione meridionale della faglia di San Andreas è pronta a esplodere!"

La preoccupazione derivante dal segmento meridionale della San Andreas non era una novità. L'articolo sulla rivista *Nature* che scatenò i titoli di giornale del 2006 si basava sui risultati di una nuova tecnologia, il SAR (Synthetic Aperture Radar), che confermava ed esplorava nei dettagli un risultato conosciuto da anni se non da decadi. Quando l'inaspettato segnale GPS venne fuori nella primavera del 2005, ogni sismologo nella California meridionale era consapevole che era passato molto tempo dall'ultimo forte terremoto. Ma cosa farne di questo segnale? Era solo il risultato di un errore di processamento? Se la Terra aveva il singhiozzo quale era il significato?

E in quale momento sarebbe stato giusto comunicare la nostra preoccupazione al pubblico?

I ricercatori che studiano i terremoti sono diventati cauti dopo aver commesso degli errori. Le due più note previsioni di terremoti che hanno spaventato la California durante il ventesimo secolo erano basate su apparenti segni di inquietante deformazione della crosta che però si sono poi rivelati conseguenza di dati imprecisi e/o di interpretazioni difettose. In entrambi i casi precedenti, le deformazioni preoccupanti erano state riscontrate con metodi di rilevazione tradizionale mentre nel 2005 il segnale era stato misurato dai moderni strumenti GPS. Ma il parallelo tra questa e le precedenti situazioni era tale da indurre i sismologi a una pausa di riflessione. Allo stesso tempo, un dubbio attanagliava le loro menti: se come sismologi noi stiamo osservando un segnale che ci preoccupa, è un comportamento responsabile non comunicare questa preoccupazione al pubblico? E per di più: che succederebbe se il Big One si verificasse mentre noi stiamo qui a discutere se rendere o meno pubblica la nostra preoccupazione?

La maggior parte dei sismologi non è così insensata da ammettere in pubblico la propria passione per i terremoti. Anche se questa passione esiste, potrebbe sembrare insensata. Saremo pure strani ma non siamo dei mostri. Quando il giornalista Joel Achenbach fece osservare che il totale fallimento della comunicazione aveva contribuito allo sconcertante bilancio di morti causati dal terremoto e maremoto di Sumatra, il 26 dicembre 2004, alcuni sismologi protestarono contro l'implicita accusa che gli scienziati non si fossero preoccupati di tradurre le proprie conoscenze in comunicazioni efficaci e nella mitigazione dei rischi. Per la maggior parte di quelli che come noi studiano scienze che contribuiscono alla determinazione dei rischi, le parole di Achenbach non erano accusatorie ma comunque ci colpirono. Noi ci proviamo. Non è facile. Soprattutto non è facile quando si cerca di comunicare il messaggio giusto basandosi su informazioni incomplete e ambigue. Far suonare le sirene d'allarme quando l'onda di tsunami sta arrivando è un problema puramente logistico. Dare l'allarme quando si vede un segnale strano che non si comprende appieno è un problema che non può essere semplicemente risolto piazzando strumenti, cavi di trasmissione e sirene d'allarme.

L'analisi dei dati GPS viene abitualmente condotta in tempi lunghi. Innanzitutto, sono necessari anni, se non decadi a raccogliere i dati. Inoltre, come per ogni analisi scientifica, ci vogliono di regola mesi per analizzare i dati, descrivere i risultati in un articolo scientifico, e ulteriori mesi perché tale articolo superi il processo di revisione e venga pubblicato. Nella primavera del 2005, un piccolo gruppo di scienziati del Servizio Geologico degli Stati Uniti (USGS) e del *Jet Propulsion Laboratory* non aveva tutto questo tempo. Stavano sudando freddo.

La prima cosa da fare era controllare e ricontrollare il processamento dei dati GPS. Un GPS portatile può tracciare la sua posizione con una precisione tale da guidarti tra le strade di una grande città, ma le ricerche geofisiche sono un'altra cosa: hanno bisogno di un'accuratezza millimetrica. Per di più, quando si rileva il movimento di uno strumento GPS, oltre alla correzione per le orbite satellitari si è costretti a chiedersi: rispetto a cosa si sta muovendo? O, in termini scientifici: qual è il sistema di riferimento da utilizzare? Potrebbe sembrare una domanda banale, ma non lo è affatto. Utilizzando i migliori strumenti disponibili per processare i dati, Tom Herring del MIT (Massachusetts Institute of Technology) dimostrò che l'anomalia del segnale registrato era in parte dovuta a una sottile questione relativa alla scelta del sistema di riferimento. Il grande terremoto di Sumatra (magnitudo 9.3) era stato così enorme che aveva causato piccoli spostamenti di massa in tutto il pianeta. Tenendo conto di questi piccoli spostamenti, l'apparente anomalia nel deserto del Mojave scompariva. La cosiddetta anomalia di San Gabriel, tuttavia, persisteva. Si trattava in poche parole di un vasto e consistente sollevamento della superficie terrestre.

Convinti che il segnale di San Gabriel fosse reale, gli esperti del GPS si trovavano di fronte alla domanda: cosa lo sta causando? È un segnale (premonitore?) che mostra che la crosta si stava improvvisamente deformando intorno alla faglia di Whittier, poco a est del centro di Los Angeles? Oppure il segnale ha una natura idrogeologica ed era causato dalle variazioni del livello di falda? Gennaio 2005 era stato un mese memorabile per gli abitanti della California meridionale. Tra il 27 dicembre 2004 e il 10 gennaio 2005, sulla città di Los Angeles erano piovuti circa 430 mm di pioggia, 75 mm in più di quanto piove mediamente in un anno. Alcuni villaggi ai piedi delle colline furono inondati. Le piogge di quei giorni furono storiche. Esiste una legge non scritta in California meridionale, conosciuta dalla gente e sancita dagli dei: non piove sulla Parata delle Rose che si svolge i primi di gennaio. Nel 2005, per la prima volta in mezzo secolo, gli dei non mantennero l'impegno.

Nel 2005, gli scienziati impararono che le variazioni di livello delle falde acquifere possono far muovere su e giù la superficie terrestre. La naturale ricarica delle falde durante la stagione delle piogge causa un rigonfiamento del terreno, mentre l'estrazione dell'acqua durante i mesi secchi ne determina l'abbassamento. Di solito il processo di ricarica è graduale. Ma di solito su Los Angeles non piovono 430 mm d'acqua in quattordici giorni.

Osservando l'anomalia di San Gabriel gli scienziati si divisero in due schieramenti, quelli che erano sicuri che la causa fossero le piogge e quelli che non lo erano. Il modo in cui gli scienziati si schierarono fu solo questione di estrazione culturale, gli esperti di GPS rimasero generalmente più ottimisti rispetto ai – e a volte irritati dai – loro colleghi sismologi. Ma quale che fosse la loro sensazione, gli esperti di GPS sapevano che dovevano lavorare, e velocemente, per ottenere una risposta definitiva. O, se non proprio definitiva, almeno al di là di ogni ragionevole dubbio.

Un team di ricercatori dell'USGS e del Jet Propulsion Lab cominciò con l'investigare l'estensione della deformazione usando metodi di processamento dei dati più sofisticati e accurati. Essi confermarono che un'ampia porzione del terreno si era sollevata di 4 cm. Poi si domandarono: questa deformazione può essere causata dall'aumento dello sforzo su una faglia sepolta? Improbabile! Se lo sforzo aumentasse improvvisamente su una faglia, ci si aspetterebbe che la deformazione coincida con tale faglia. Invece la forma dell'anomalia osservata nella San Gabriel Valley non era correlata con nessuna faglia nota. D'altra parte, stime indipendenti del livello di falda – la profondità dell'acqua all'interno della crosta terrestre – mostravano un repentino innalzamento che coincideva con l'anomalo sollevamento del terreno. Inoltre, per la fine della primavera del 2005, sia l'andamento del GPS sia quello della falda avevano cominciato a invertirsi; in pratica la valle di San Gabriel iniziò a sgonfiarsi, provando in maniera quasi inequivocabile che la causa del rigonfiamento era la falda.

Alla fine dell'estate del 2005, la comunità scientifica tirò un sospiro di sollievo. L'allarme fu disinnescato e la ricerca riprese il suo corso regolare. Sull'argomento vennero tenute presentazioni ai convegni scientifici tra la fine del 2005 e l'inizio del 2006. I risultati definitivi della ricerca vennero pubblicati all'inizio del 2007 sulla prestigiosa rivista scientifica *Journal of Geophysical Research (JGR)*. L'articolo sul *JGR* fu preceduto da un comunicato stampa che anticipava la scoperta di maggiore interesse pubblico: la San Gabriel Valley era stata temporaneamente sollevata dalle pioggie. Si è trattato di un risultato scientificamente interessante, oltre che di una sensazionale dimostrazione di quanto sensibili siano gli strumenti di misurazione moderni. Solo un paio di quotidiani locali riportarono la notizia, mentre il resto dei media l'hanno ignorata, giudicandola di scarso rilievo e priva di conseguenze.

Le agenzie di stampa non dissero che si era trattato dell'allerta mai concretizzata, per la previsione di un terremoto. E anche se l'avessero fatto, è improbabile che i media gli avrebbero prestato molta attenzione. Il cane che non morde non è una notizia! Per la credibilità della scienza dei terremoti nei confronti dell'opinione pubblica, questo è un male: mentre le previsioni sbagliate fanno notizia, nessuno mai parla delle decisioni responsabili prese per non scatenare allarmi prematuri. Se la preoccupazione degli scienziati all'inizio del 2005 fosse trapelata – o fosse stata comunicata ai media – sarebbe diventata una notizia da prima pagina.

Infatti, come vedremo meglio in seguito, la storia è stata ben diversa quando nella primavera del 2004 si è diffusa la notizia della previsione di un terremoto. Un gruppo di ricercatori dell'Università della California, a Los Angeles, dichiarò che un terremoto di magnitudo 6.4, o addirittura maggiore, avrebbe colpito il deserto della California meridionale il 5 settembre 2004. Questa previsione, basata sull'analisi della distribuzione spazio-temporale dei terremoti di piccola magnitudo che avevano preceduto forti scosse in California e altrove nel mondo, fallì. Non solo nessun forte terremoto colpì quella regione nel periodo di tempo previsto, ma addirittura il livello di sismicità in quell'area fu insolitamente basso per tutto il 2004. Se ciò non fosse surreale, si potrebbe pensare che il pianeta Terra sia fortemente determinato a instillare l'umiltà negli scienziati che osano credere di aver compreso i suoi segreti.

E tuttavia, noi sismologi, due o tre cose sui terremoti pensiamo di saperle. Sappiamo che in un posto come la California, il punto non è se ma solo quando si verificherà il Big One. Sappiamo che i forti terremoti lungo la San Andreas non avvengono a intervalli proprio regolari ma neanche avvengono totalmente a caso. Sappiamo che è passato un tempo piuttosto lungo dal terremoto del 1857, e che ne è passato uno ancor più lungo dall'ultimo Big One nella porzione più meridionale della faglia di San Andreas. Previsioni, titoli di giornali e segnali inquietanti vanno e vengono, ma la preoccupazione di fondo rimane, e con essa le domande. La San Andreas, così come altre importanti faglie che sono state ferme per lungo tempo, è pronta a scatenare un terremoto? Con la storia delle passate previsioni che induce alla prudenza qualsiasi scienziato coscienzioso, come possiamo bilanciare cautela e preoccupazione? E se neanche la comunità scientifica riesce a trovare accordo su questi temi, che opinione avrà la gente comune di tutta la faccenda?

Per quasi un secolo, tanto gli scienziati quanto gli abitanti della California meridionale hanno vissuto con una spada di Damocle sospesa sulle loro teste. Sappiamo che prima o poi un terremoto distruttivo colpirà la regione; non sappiamo se avverrà domani o in un qualsiasi altro giorno nei prossimi cinquant'anni. Non è pertanto strano che la storia della previsione dei terremoti, in particolare negli Stati Uniti, sia inesorabilmente intrecciata con lo studio dei terremoti in California meridionale.

Ma cosa si sa di nuovo nel campo della previsione dei terremoti?

Ci sono stati progressi dagli anni '70, periodo in cui molti esperti manifestarono pubblicamente la propria convinzione che la possibilità di prevedere i terremoti fosse appena dietro l'angolo? Che se ne sa della persistente credenza popolare che gli animali possano avvertire l'arrivo di un terremoto? O del fatto che i terremoti siano innescati dalle maree lunari? Non è forse vero che i cinesi hanno previsto un forte terremoto negli anni '70? Se lo hanno fatto trent'anni fa perché mai non è stata lanciata l'allerta prima del disastroso terremoto di Sichuan nel 2008?

La storia della previsione dei terremoti riguarda la scienza, ma non solo. È la storia di quello che accade quando il mondo scientifico si scontra col mondo reale, quando la vita e la morte dipendono da una ricerca che continua a essere lontana da risultati definitivi. È una storia che apre lo scenario sui meccanismi interni della ricerca; un'impresa che è spesso di gran lunga più ingarbugliata, e meno distante dalla politica e dagli interessi, di quanto la gente creda e agli scienziati piaccia pensare. È una storia che non va a finire – e forse non ci andrà mai – come noi vorremmo che andasse a finire. È una storia che non possiamo trascurare.

2. Pronto a esplodere

Previsto terremoto o sequenza sismica
Titolo di giornale, Sheboygan Press, 16 novembre 1925

Se l'anomalia della San Gabriel Valley era stato "il cane che non aveva morso", esso tuttavia discendeva da una razza con una dentatura ben affilata. Sin dall'inizio del ventesimo secolo la California del sud è stata la culla non solo della scienza che studia i terremoti ma anche della previsione dei terremoti; e non solo per quel che riguarda la ricerca sulla previsione dei terremoti ma anche per i fallimenti delle previsioni stesse.

Gli albori dell'esplorazione del fenomeno geofisico conosciuto come terremoto nella California meridionale risalgono al 1921, quando il geologo Harry Wood convinse il *Carnegie Institute* a finanziare un laboratorio sismologico a Pasadena. Con l'intento di registrare i terremoti della zona, Wood si associò all'astronomo John August Anderson per progettare un sismometro che fosse in grado di registrare i piccoli scuotimenti prodotti dai terremoti locali. Per la fine degli anni '20, una mezza dozzina di sismometri "Wood-Anderson" era in funzione in tutta la California meridionale. Nel 1928 il laboratorio assunse come assistente un giovane laureato in fisica per cominciare ad analizzare i sismogrammi: Charles F. Richter. Cinque anni più tardi, la formulazione di Richter della prima scala per la stima della magnitudo, fornì le basi per la costruzione del primo catalogo sismico moderno – segnando senza dubbio l'inizio della moderna sismologia basata sull'utilizzo di reti sismiche.

Prima ancora che la sismologia strumentale prendesse il via, la California meridionale aveva già attirato l'attenzione dei geologi; tra questi quella di Bailey Willis. Nato a New York due mesi dopo il grande terremoto del 1857 a Fort Tejon, in California, Willis passò dall'interesse per l'ingegneria a quello per la geologia, approdando alla Stanford University come professore e direttore del dipartimento, nel 1915. Sebbene non più giovane, Willis aveva un'incredibile energia, tanto fisica quanto intellettuale. La sua carriera scientifica – incluse varie ricerche sul campo che lo avevano condotto nei più remoti angoli del globo – avrebbe potuto tranquillamente riempire un'intera vita. Ma il figlio del poeta e giornalista Nathaniel Parker Willis non era destinato ad avere una vita con un solo interesse. Egli aveva cinque figli, tre dei quali avuti dalla seconda moglie Cornelia, sposata dopo la morte della sua prima moglie. Era un oratore entusiasta, dotato di talento: le sue appassionate lezioni alle volte terminavano con delle standing ovation, cosa piuttosto rara nei consessi scientifici. Si dedicò con impegno all'hobby della pittura ad acquerello e fu un abile realizzatore di mobili (Fig. 2.1).

Willis non si interessava ancora di sismologia al tempo del grande terremoto di San Francisco del 1906, e non partecipò agli sforzi fatti nel periodo immediatamente successivo per varare la Seismological Society of America (SSA), un'organizzazione la cui principale missione era ed è tuttora lo sviluppo di una migliore comprensione dei terremoti e del rischio a essi associato. Dopo una fase iniziale stentata e discontinua (per così dire) durata circa un decennio, sotto la guida del rettore di Stanford John Branner l'associazione aveva finalmente preso piede ed era nel pieno del suo sviluppo quando Willis arrivò a Stanford. Approdando nella Bay Area nel periodo immediatamente successivo al terremoto del 1906, la sconfinata curiosità intellettuale di Willis e la sua energia lo portarono naturalmente allo studio dei terremoti, e quindi alla SSA. Nel 1921 Willis assunse le redini – e il saldo controllo – della neonata società.

Concepita inizialmente come un'organizzazione scientifica dedita tanto alla pubblica sicurezza quanto alla scienza, la società era probabilmente destinata sin dall'inizio a virare verso una direzione puramente scientifica. Non c'era dubbio che l'organizzazione sarebbe

Fig. 2.1 Bailey Willis (ringraziamo per la fotografia Clay Hamilton)

evoluta in tal senso dato che l'ingegneria sismica era finita dentro più specializzate società ingegneristiche. Anche i primissimi numeri della rivista della Seismological Society of America, il Bulletin of the Seismological Society of America (BSSA), contenevano molta più scienza che ingegneria. Ma quando fu eletto dai suoi colleghi presidente della società, nel 1921, Willis portò con sé in quel ruolo non solo la sua energia e passione di geologo, ma anche la sua sensibilità di ingegnere. Già in quegli anni, Willis e altri avevano intuito che una progettazione ingegneristica appropriata avrebbe potuto garantire maggiore sicurezza in caso di futuri grandi terremoti che, come i geologi avevano sin da allora capito, erano inevitabili.

Non sfuggì all'attenzione di Willis il fatto che i primi numeri della rivista (BSSA) avessero una marcata inclinazione scientifica. In qualità di presidente della Società, egli formulò un piano per pubblicare un numero speciale del *Bulletin* interamente dedicato all'ingegneria sismica. Willis voleva che tale pubblicazione includesse una mappa raffigurante tutte le faglie conosciute nello Stato. Sapeva che una tale mappa avrebbe mostrato uno stato attraversato ovunque da faglie attive; sapeva che avrebbe svelato che non vi erano praticamente lembi di territorio liberi dal rischio di terremoti. Oggigiorno, un geologo munito degli strumenti informatici necessari può produrre una mappa del genere nel tempo che ci si impiega a leggere un capitolo di questo libro. Nel 1921 non era un'impresa facile. Prima di tutto bisognava sapere dove erano le faglie.

Alcune delle faglie in California sono più evidenti di altre. Prima del 1906 i geologi avevano riconosciuto come faglie solo piccole porzioni e segmenti sparsi della faglia di San Andreas, ma il terremoto di San Francisco lasciò una cicatrice molto evidente lungo la faglia, da San Juan Bautista, circa 145 chilometri a sud di San Francisco, fino a Point Arena. I geologi riuscirono a mappare questa frattura fresca per 300 chilometri. Tra essi ricordiamo Harold Fairbanks. Anche se meno conosciuto di altri suoi colleghi tra chi oggi si interessa di terremoti, il suo nome è rimasto indelebilmente associato al terremoto del 1906. Fairbanks fu colui che seguì la frattura superficiale generata dal terremoto fino alla sua terminazione meridionale, e non si fermò lì ma andò oltre. Lavorò in una zona della California molto remota tanto che ancora oggi è terra di antilopi e leoni di montagna, Fairbanks seguì la faglia mappandola praticamente per tutta la sua lunghezza (Fig. 2.2).

Fairbanks e il suo gruppo persero le tracce della faglia nella impervia regione del passo di San Gorgonio, a est di San Bernardino.

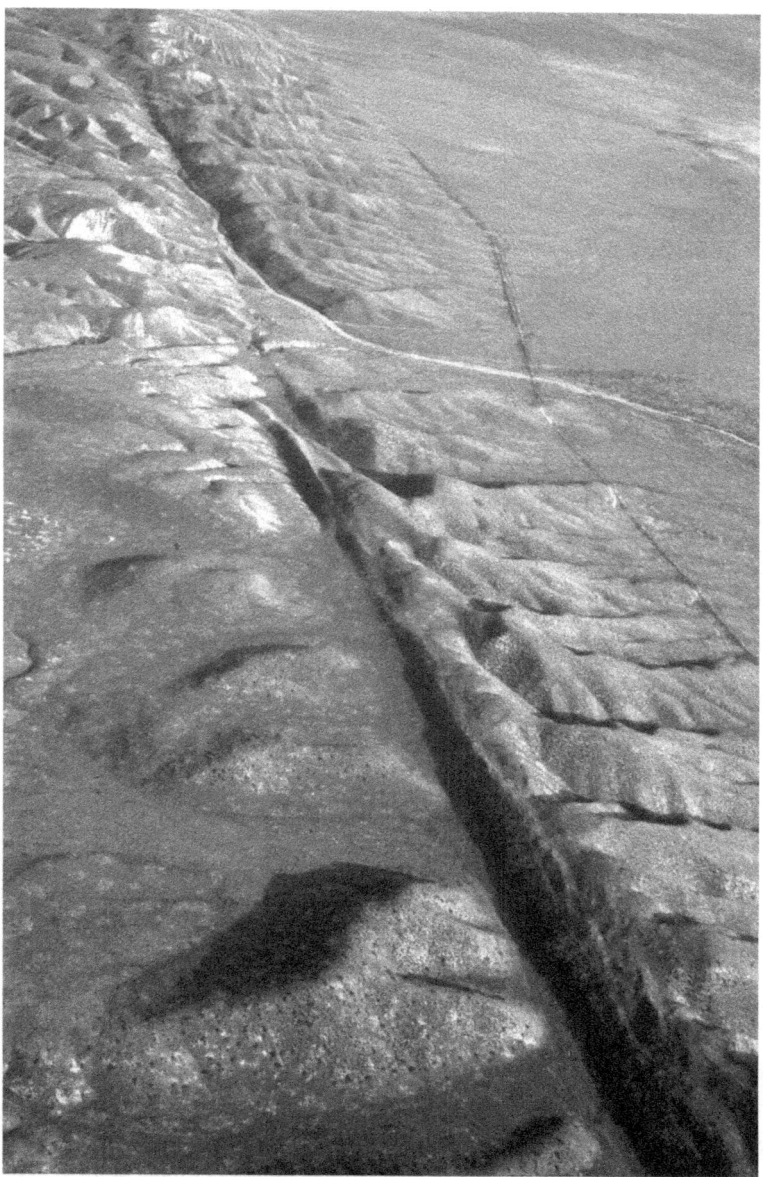

Fig. 2.2 Foto aerea della faglia di San Andreas nella piana di Carrizo (fotografia USGS, fatta da Robert Wallace)

Possiamo perdonarlo per questo, infatti, anche in seguito, quando i geologi sono stati in grado di guardare le faglie dall'alto con gli aerei, avendo quindi una più chiara visione a larga scala delle strutture geologiche, hanno continuato ad avere difficoltà nell'identificare precisamente il punto in cui la faglia attraversa questo passo. Alcuni si chiedono ancora se la San Andreas attraversi ininterrotta questo punto. Fairbanks osservò, più o meno correttamente, che "è probabile che la faglia continui ancora oltre, lungo le montagne che si trovano a nord del bacino del Salto". In realtà, la San Andreas si estende e termina lungo il versante orientale del mare di Salton. Tuttavia, quella di Fairbanks era stata un'intuizione notevole.

Nel frattempo, altri geologi erano occupati a mappare altre faglie. In particolare, la scoperta di giacimenti petroliferi nella regione di Los Angeles, nel 1892, aveva portato molti geologi che lavoravano per le compagnie di estrazione ad aggirarsi nella zona per comprendere la struttura del bacino di Los Angeles. Nel 1921 avevano ormai mappato molte delle faglie più importanti della regione. La conoscenza delle strutture sepolte rimane il pane quotidiano dell'industria del petrolio.

Oggi le compagnie petrolifere usano tecniche molto sofisticate per ottenere immagini dettagliate delle strutture al di sotto della superficie, con sistemi simili a quelli con i quali in medicina si fanno le ecografie del corpo umano. Comprensibilmente le compagnie petrolifere non sono sempre desiderose di condividere i loro risultati. Nel 1921 le compagnie locali erano disposte a condividere con Harry Wood le mappe delle faglie superficiali. Cartografare le faglie riconosciute non era cosa semplice in un'era in cui ancora le mappe erano disegnate a mano e non ci si poteva avvalere di foto aeree. Wood stesso svolse parte del lavoro sul campo per cercare personalmente le faglie in quella parte del bacino di Los Angeles che non era stata cartografata dalle compagnie petrolifere.

Willis infine perse le speranze di veder pubblicato il volume speciale del *Bulletin*, ma grazie alla sua tenacia e a quella di Wood la mappa delle faglie cominciò a prender forma. Willis si occupò di redigere la parte relativa alle faglie nell'area di San Francisco (Bay Area). Per raccogliere le necessarie informazioni sulla California centrale Willis assoldò uno studente dell'Università di Stanford, suo figlio Robin, che poi continuò la sua carriera nell'industria petrolifera. Nell'autunno 1922 Willis aveva la sua mappa. Alla fine dell'anno la mostrò in un incontro dell'Associazione Americana per il Progresso delle Scienze. L'obiettivo tuttavia rimaneva stampare e distribuire la mappa. Il *Bulletin of the Seismological Society of America* (BSSA) era senza dubbio la via più adatta per diffonderla ma non c'erano abbastanza risorse per la stampa e la distribuzione.

Willis non si lasciò spaventare e divenne la persona che, attraverso una campagna di raccolta fondi e di incentivi per le iscrizioni alla società, avrebbe reso possibile l'impresa. Egli convinse importanti uomini d'affari e ricercatori a iscriversi; infatti, in pochi anni, quasi raddoppiò il numero degli iscritti che nel 1920 era di 307. Lanciò quindi un appello agli uomini d'affari di San Francisco, raccogliendo quasi $1200 per la società (SSA). Non aveva raccolto però ancora i $10.000 necessari a pubblicare la mappa e a consolidare definitivamente la società. Così come era già successo in precedenza un istituto privato quale il *Carnegie Institution* venne chiamato a far parte dell'iniziativa. Questo istituto che aveva già sostenuto le spese di pubblicazione del rapporto che descriveva il terremoto di San Francisco del 1906 e aveva anche finanziato il laboratorio sismologico di Pasadena; ora contribuiva con altri $5000 alla SSA in risposta alla chiamata di Willis. La mappa delle faglie fu pubblicata nel 1923 nel *Bulletin*. Fu inoltre reclamizzata in un certo numero di altre riviste e distribuita attraverso le librerie e le organizzazioni civiche. La visione di Willis aveva portato i suoi frutti. Non solo gli scienziati ma anche gli uomini d'affari e il pubblico potevano ora vedere con i loro occhi che la California è terra di terremoti. È stato un risultato molto importante. I geologi hanno capito molto di più di quello che si sapeva nei primi decenni del 1900 riguardo le faglie e, a tutt'oggi, anche per un occhio esperto e competente, la mappa di Willis presenta notevoli similitudini con una moderna mappa delle faglie (Fig. 2.3).

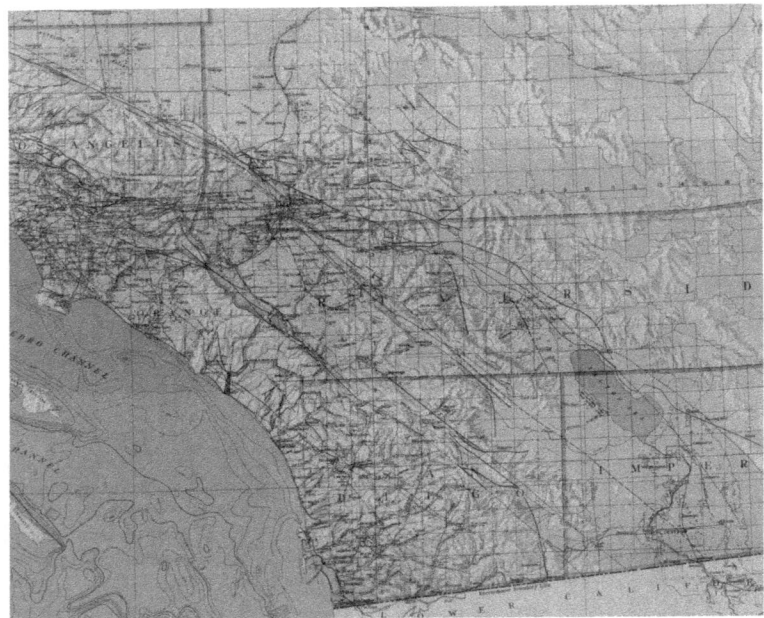

Fig. 2.3 Estratto della mappa delle faglie prodotta da Bailey Willis nel 1923, che mostra quelle nella regione di Los Angeles

Così all'inizio del 1925 iniziò la prima campagna per generare consapevolezza del rischio sismico in California. Allora i sismologi avevano appena iniziato a registrare terremoti locali con la speranza che, avendo localizzazioni precise e seguendone l'andamento, potessero prevedere dove sarebbero avvenuti i futuri grandi terremoti.

Nel 1906 il terremoto di San Francisco aveva attirato l'attenzione del pubblico e della comunità scientifica. Grazie agli sforzi fatti dai primi sismologi tra cui Harry Wood, la California divenne sede di una fiorente e dinamica comunità di studiosi dei terremoti. Questi ricercatori avevano fatto impressionanti passi in avanti in pochi anni nella conoscenza dei terremoti e delle faglie. Ma il sogno di Willis di una pubblicazione che spiegasse come migliorare la sicurezza degli edifici era stato accantonato. Il suo progetto di una crociata "Costruire per la Sicurezza" era andato definitivamente in fumo. Alla fine egli richiese la pubblicazione di un unico articolo "Costruzioni che resistono al terremoto" a cura di un professore giapponese esperto in architettura e ingegneria, Tachu Naito, che oggi è considerato il padre della progettazione antisismica.

Un persona meno tenace si sarebbe compiaciuta del proprio successo ma all'inizio del 1925 Willis era più che mai convinto che l'informazione scientifica da sola non bastava. Per fare la differenza, Willis capì che gli scienziati dovevano farsi avanti, dovevano farsi portavoce.

Gli scienziati oggi comprendono l'importanza della comunicazione e della divulgazione. Non a tutti i ricercatori piace sottrarre tempo ai propri studi per parlare con i media e con il pubblico, ma oggi quelli disponibili a farlo sono più di quanti ce ne fossero al tempo di Willis.

Leggendo gli articoli dei quotidiani californiani dell'inizio del ventesimo secolo si è colpiti dal fatto che pochissimi nomi di ricercatori sono citati: Harry Wood, Charles Richter, Bailey Willis. Richter, che iniziò a parlare con i media alla fine degli anni '20, sarebbe diventato il principale portavoce della scienza dei terremoti per la gran parte del ventesimo secolo. Prima di Richter c'era Willis. Willis non solo rispondeva alle domande dei giornalisti sui terremoti ma parlava con chiunque lo stesse ad ascoltare della necessità di includere norme anti-simiche tra le regole per la costruzione degli edifici. Per perseguire questo obiettivo, adoperò tutte le sue capacità di oratore.

Ci si può chiedere: per quale motivo un uomo come Willis si è imbarcato in questa impresa? Le sue motivazioni erano nobili o forse amava le luci della ribalta? Di certo, il suo successore, Charles Richter, sarebbe stato perseguitato da questa accusa. Dopo la morte di Willis a novantuno anni, il suo più stretto collega dell'Università di Stanford scrisse: "La personalità di quest'uomo straordinario è stata una delle sue più importanti risorse. La gente era incantata dalle sue parole, dalle sue maniere, dal suo senso dell'umorismo e dalla mancanza di ostentazione. Egli ha sempre goduto della considerazione dei suoi allievi cui trasmetteva una sensazione di calore e amicizia".

Nel 1947 Willis scrisse una memoria, *Uno Yankee in Patagonia*, che parlava principalmente di come aveva condotto delle campagne di ricerche in Argentina e in Patagonia tra il 1910 e il 1914. È una storia di avventure e successi, dalla quale il suo sovrabbondante ego a tratti traspare. Se celasse più oscure motivazioni, egli le aveva tenute ben nascoste.

Negli anni '20 il non trascurabile potere di persuasione di Willis si scontrò con i non trascurabili interessi economici dello stato. Nella regione di San Francisco nessuno avrebbe potuto negare l'evidenza del rischio associato ai terremoti, ma gli uomini di affari potevano farlo, e provarono a negare la necessità di norme edilizie più severe che avrebbero potuto far aumentare significativamente il costo delle costruzioni. Essi potevano portare argomenti, e lo fecero, contro la necessità di assicurazioni estremamente costose. Dopo tutto, la maggior parte dei danni nel 1906 era stata causata dagli incendi e non dallo scuotimento del terremoto. La stessa San Francisco era stata ricostruita a tempo di record, e dopo appena pochi anni si presentava al mondo in una forma smagliante, meglio di prima.

Più a sud, a metà degli anni '20, anche Los Angeles aveva iniziato a espandersi. Nel 1920 circa 500.000 persone – quasi tutte provenienti da altri stati – si erano trasferite nella città di Los Angeles, attirate dalle molteplici opportunità di lavoro offerte dall'industria del petrolio e dell'intrattenimento, nonché dal clima assai piacevole. In dieci anni il numero degli abitanti era più che raddoppiato. Gli affari andavano bene e quelli che ne erano alla guida si affrettarono a dipingere l'area in termini paradisiaci: non solo libera da seri rischi sismici ma anche immune dalle violente tempeste che flagellano altre parti del paese.

Nel 1925 gli uomini d'affari dovettero confrontarsi con la mappa delle faglie di Willis, ma questa fu facilmente messa da parte. La faglia di San Andreas non attraversa la città di Los Angeles; essa corre lungo il versante delle San Gabriel Mountains, una catena montuosa lontana dalla città. E le faglie mappate dai geologi dell'industria del petrolio? Furono ignorate e considerate inattive.

Appassionata retorica e stringenti argomentazioni scientifiche non ti portano molto lontano quando si tratta di instillare nelle persone la consapevolezza del rischio legato ai terremoti. Niente cattura davvero l'attenzione del pubblico e fa "sentire" il pericolo di un terremoto futuro come un terremoto avvenuto da poco. Grandi terremoti, o anche terremoti meno grandi ma che hanno fatto dei danni, lasciano una sensazione di ansia, non solo tra la gente ma anche tra gli scienziati, che si chiedono cosa potrebbe ancora succedere. In parte questo è il prodotto di una considerazione razionale che deriva da studi scientifici: sappiamo che i terremoti tendono a innescare altri terremoti. In parte dipende dall'aumento dell'adrenalina.

La crociata di Willis ricevette quindi un impulso quando, nel mattino del 29 giugno 1925, un forte terremoto colpì nei pressi di Santa Barbara. Il terremoto poteva forse essere utile alla causa di Willis ma non portò nulla di buono alla città di Santa Barbara: tredici persone rimasero uccise. Anche se si era trattato di un terremoto di moderata potenza (magnitudo 6.3) bastò per ricordare agli abitanti della California che non era necessario un grosso terremoto per causare danni e perdite di vite umane. La scossa mise in luce la vulnerabilità delle costruzioni meno solide, causando i maggiori danneggiamenti ai vecchi palazzi del quartiere degli affari, nella zona centrale della città (Fig. 2.4). Non vi furono incendi questa volta; i danni erano stati chiaramente causati dalla scossa. Perdipiù il terremoto pose l'accento su una delle argomentazioni di Willis: la California del nord non ha l'esclusiva del rischio sismico.

Ma nonostante le conseguenze drammatiche e le morti che aveva causato il terremoto di Santa Barbara era troppo lontano da Los Angeles per impressionare in modo concreto e durevole gli amministratori locali. Bailey Willis ne fu invece molto colpito. *Era proprio quello di cui lui parlava*: un terremoto generatosi su una delle tante faglie della California che causava danni e perdite di vite umane che potevano essere evitate. Willis entrò in azione. Subito dopo il terremoto persuase le amministrazioni di Santa Barbara e della sua città, Palo Alto, a introdurre una normativa sull'edilizia locale che preve-

Fig. 2.4 Edifici danneggiati dal terremoto di Santa Barbara del 1925 (fotografia USGS)

desse costruzioni anti-sismiche. Ma se sperava di allargare l'attenzione sulla sua iniziativa all'intero stato, rimase deluso di nuovo.

Non è difficile immaginare quanto si sia sentito frustrato Willis dopo il terremoto di Santa Barbara. Oltretutto era da poco venuto a conoscenza dei risultati di ricerche scientifiche che alimentavano la sua preoccupazione per il verificarsi di terremoti, in particolare in California meridionale. Nei primi anni '20 il Coast and Geodetic Survey aveva effettuato delle misurazioni lungo delle linee che attraversavano la porzione meridionale della faglia di San Andreas. Un confronto con i risultati di una precedente campagna di misurazioni rivelava che la deformazione si stava accumulando lungo la faglia all'incredibile velocità di più di sette metri in trenta anni (Fig. 2.5). Significava che sebbene la crosta terrestre sui due lati della faglia venisse spinta in direzioni opposte, la faglia in sé rimaneva bloccata e quindi la crosta circostante si deformava sempre di più. Le rocce possono deformarsi fino a un certo punto, poi, e Willis lo sapeva bene, una faglia deve rompersi. E se più di sette metri di spostamento si erano accumulati in appena trenta anni sembrava inevitabile che la faglia si rompesse prima piuttosto che poi.

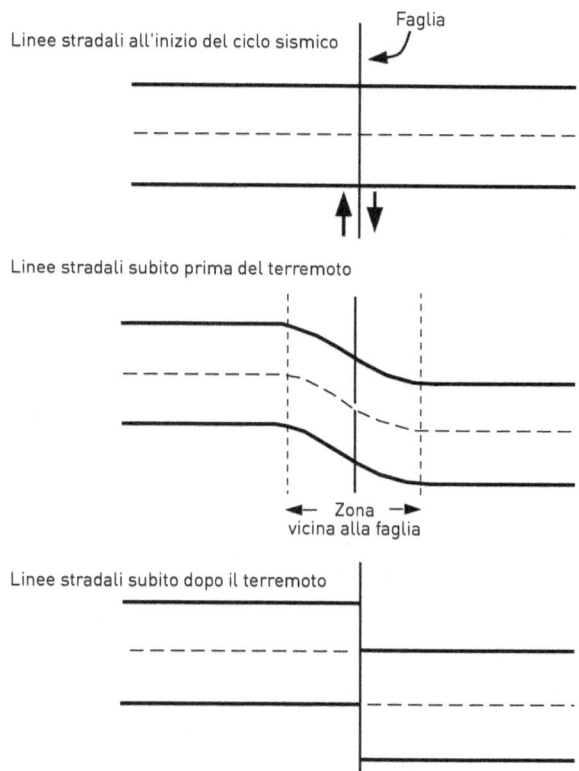

Fig. 2.5 Schema che illustra la teoria del rimbalzo elastico. Le strade che attraversano una faglia rimangono ferme in corrispondenza della faglia anche se lontano dalla faglia la crosta terrestre e la strada che corre su di essa si deformano. La strada stessa quindi si deforma e si curva in maniera elastica fintanto che la faglia rimane bloccata. Quando si verifica un terremoto la faglia si rompe e la zona di crosta vicino a essa recupera la deformazione. Le misurazioni effettuate nei primi anni '20 avevano mostrato che negli ultimi trenta anni si era accumulata una deformazione di più di 7 metri a cavallo della porzione meridionale della San Andreas

Willis sapeva che gli scienziati non potevano dire "quanto" prima. La sua preoccupazione crebbe sempre di più, e con essa l'enfasi della sua retorica. Nel novembre del 1925 dichiarò al *Daily Palo Alto*, "Nessuno sa se ci vorrà un anno o dieci, prima che si verifichi un terremoto disastroso, ma quando accadrà sarà improvviso e quelli che non saranno preparati ne patiranno le conseguenze". La storia attrasse l'attenzione nei media nazionali. Lettori nei luoghi più remoti degli Stati Uniti seppero che "qualsiasi sismologo sarebbe rimasto sorpreso se nei successivi dieci anni la California meridionale non fosse stata colpita da un terremoto più forte di quello che aveva recentemente colpito la città di Santa Barbara". Quanto le parole di Willis fossero state reinterpretate dai giornalisti e quanto invece egli avesse davvero dichiarato tutto questo non è completamente chiaro, certamente alcuni giornalisti estremizzarono alcune sue dichiarazioni. Quando l'intera storia arrivò alla rivista *Time*, le parole di Willis erano diventate una vera e propria previsione. La rivista informava i lettori che Willis aveva dichiarato che "nei successivi dieci anni la città di Los Angeles sarebbe stata scossa da un terremoto peggiore di quello di San Francisco".

Negli anni successivi Willis procedette in equilibrio su una linea sottile: nelle sue dichiarazioni ai media e alle autorità continuò a dire "probabilmente", e tuttavia non si prese mai cura di correggere quelli che trasformavano le sue parole in una vera e propria previsione. Nel 1927 egli portò le sue argomentazioni al cospetto delle compagnie assicurative al Board of Fire Underwriters of the Pacific e del National Board of Underwriters a New York. Le tariffe delle assicurazioni a Los Angeles salirono immediatamente alle stelle. Questi fatti spinsero Robert T. Hill, si pensa con il sostegno delle compagnie di affari della zona di Los Angeles, a scrivere un libro dal rassicurante titolo, *Geologia della California meridionale e terremoti di Los Angeles*. Il primo capitolo del libro, "California meridionale sotto attacco", era specificamente incentrato sulle "previsioni" di Willis.

Ogni dubbio su quale realmente fosse l'intento di Hill veniva chiarito già alla seconda pagina del libro: "L'autore di queste spaventose previsioni è uno scienziato di fama ma a mio parere egli ha fatto di più per screditare il valore della scienza nella testa delle persone intorno a lui che qualsiasi altro avvenimento negli ultimi anni". Più in là Hill affermava categoricamente: "Il mio scopo in questo resoconto è quello di confutare le sue sconsiderate, inaccurate e dannose profezie".

Il fatto poi che le "dannose profezie" fossero state fatte per la città di Los Angeles da un abitante di San Francisco aggiungeva al danno anche la beffa.

Nei capitoli successivi Hill procedeva alla presentazione della prima dettagliata descrizione delle faglie nella regione di Los Angeles. Quindi passava a elencare le ragioni per cui tali faglie erano solo innocue vestigia, "elementi di ere geologiche ormai trascorse". Verso la fine del libro risaliva sul pulpito: "La California meridionale è un regione in cui le fratture sono distribuite su un vasto territorio", concludeva, "pertanto l'intenso accumulo e il rilascio di sforzo non sono così probabili come in regioni dove le fratture sono più concentrate e ravvicinate tra loro." Riguardo al considerevole sistema di faglie che attraversava la porzione occidentale dello stato, Hill scrisse: "Le autorità dell'Università della California a Los Angeles, permettendo che nuove costruzioni a Westwood vengano edificate quasi a cavallo di questo lineamento hanno dimostrato di non temere i danni che possono derivare da esso". Hill sembrava non comprendere la differenza talora sottile tra "mancanza di paura" e "buon senso".

Il libro costituì, di fatto, un contributo decisivo alla comprensione delle faglie in California meridionale, la prima vera indagine dettagliata. "È rimarchevole come egli possa aver avuto così spettacolarmente ragione e così spettacolarmente torto nell'ambito delle medesime pagine", commentò il geologo Clarence Allen, della Caltech University.

All'epoca in cui Hill decideva di scrivere il suo piccolo libro, gli allarmanti dati che avevano alimentato le preoccupazioni di Willis erano stati confutati nientemeno che dal capo dell'organizzazione responsabile della raccolta dei dati stessi. Il capitano William Bowie, direttore del Coast and Geodetic Survey, era consapevole fin dal 1924 che gli allarmanti risultati delle indagini geodetiche non avrebbero potuto essere confermati finché una successiva campagna di rilievi non fosse stata completata. Nel 1924 egli manifestò piena fiducia nella bontà dei risultati. Nell'autunno del 1927, tuttavia, la nuova campagna era stata completata e i dati analizzati, e gli oltre 7 metri di deformazione erano diventati un metro e mezzo. Sebbene impreciso, per gli standard attuali, il nuovo risultato si avvicinava molto di più alle moderne stime di quanto velocemente lo sforzo, o l'energia, si accumula lungo la porzione meridionale della faglia di San Andreas.

Immediatamente Hill confutò la previsione di Willis a un convegno dove erano presenti rappresentanti dell'associazione dei proprietari di edifici e dei manager delle imprese di costruzioni; una trascrizione del suo intervento fu distribuita dai suoi sostenitori e raggiunse la stampa locale. Hill parlò anche con i giornalisti, mettendo in dubbio non solo le conoscenze scientifiche di Willis ma anche le sue motivazioni: "È ampiamente noto", disse "che i servizi resi da Willis alle compagnie di assicurazione sono stati generosamente ricompensati".

A quel punto una forte avversione contro i modi espliciti e diretti di Willis era nata all'interno della Seismological Society all'interno della quale egli aveva inizialmente portato tanta passione ed energia. Willis si dimise dalla carica di presidente della società nel 1926 e poi si allontanò gradualmente dalle attività della società. Nel 1928 aveva ormai abbandonato gli studi di pericolosità sismica e si era dedicato con impegno crescente a ricerche geologiche per la comprensione della struttura della crosta terrestre. Divenne presidente della Geological Society of America nel 1928 e, nel 1929, partì per una campagna in Africa Orientale.

Sebbene Willis fosse andato in pensione nel 1922 egli continuò a insegnare a Stanford come professore emerito fino alla sua morte, nel 1949. Visse quindi abbastanza per prendersi una rivincita quando, nella sera del 10 marzo del 1933, un terremoto di magnitudo 6.3 colpì Long Beach. Willis non avvertì in prima persona la scossa, ma Charles Boudin che viveva a Los Angeles fu tra quelli che la avvertirono. "Avevo appena lasciato un negozio a Compton e stavo attraversando il marciapiede per raggiungere la mia auto parcheggiata," raccontò "quando improvvisamente l'intera porzione centrale della strada sembrò sollevarsi. Lo scuotimento improvviso quasi mi scaraventò a terra. Gli edifici che fiancheggiavano la strada crollarono, scagliando detriti in tutte le direzioni (Fig. 2.6) Passarono diversi minuti prima che la polvere derivante dal crollo degli edifici si diradasse tanto da lasciare intravedere quale danno la scossa aveva causato."

In un'altra zona il farmacista Robert Green fu scagliato a terra non dalla scossa ma da un'enorme esplosione causata dalla rottura dei serbatoi contenenti acido solforico e caustico.

I ricercatori oggi sanno che il terremoto del 1933 a Long Beach si è originato sulla faglia di Newport-Inglewood, una di quelle faglie che Hills aveva liquidato come innocue vestigia.

Gli edifici ben costruiti hanno retto piuttosto bene durante il terremoto di Long Beach. Ma gli edifici in semplice muratura non rinforzata non hanno fatto altrettanto. Un gran numero di edifici, compresa la maggior parte delle scuole pubbliche, sono catastroficamente crollati. Charles Richter, nel suo memorabile testo del 1958, *Elementary Seismology*, abbandona il tono puramente tecnico del libro per esprimere la sua opinione riguardo al terremoto di Long Beach con un breve commento: "La calamità portò una serie di con-

Fig. 2.6 Danni causati alla scuola John Muir, a Long Beach, dal terremoto di Long Beach, California, del 1933 (fotografia USGS di W.L. Huber)

seguenze benefiche. Mise la parola fine a tutti i tentativi, fatti o per scarsa conoscenza o per interessi di parte, di negare o tacere l'esistenza di un alto rischio sismico nell'area metropolitana di Los Angeles."

Le desolanti immagini degli edifici scolastici crollati riuscirono in quello in cui l'energia e la passione di Willis non erano riuscite. Il 20 marzo, appena una settimana dopo il terremoto, la città di Long Beach votò per adottare il codice edilizio di Santa Barbara, che esigeva che tutte le costruzioni venissero progettate in modo da resistere agli scuotimenti sismici. Altre città nella zona, comprese Los Angeles e Pasadena, si adeguarono subito dopo. Anche i funzionari dello stato, finalmente, entrarono in azione. Il 10 aprile il governatore trasformò in legge il *Field Act*. Anche se non si tratta di un vero e proprio codice edilizio, il *Field Act* stabilisce rigide procedure per la progettazione e la costruzione di qualsiasi nuovo edificio scolastico in California. Il 27 maggio il governatore firmò il *Riley Act*, una legge dello stato della California che stabilisce che tutte le nuove costruzioni siano antisismiche. Il grado di resistenza allo scuotimento stabilito dalla legge in vigore nell'intero stato era piuttosto basso, considerevolmente inferiore a quello adottato nella normativa di città come Long Beach. Per gli standard attuali neppure le più rigide normative locali del tempo sarebbero soddisfacenti, tuttavia queste leggi, insieme al *Riley Act*, costituirono un primo passo verso quella che già dieci anni prima era stata la visione di Willis.

Willis, che si era allontanato dai riflettori subito dopo la smentita della sua previsione, non era tuttavia sparito. Subito dopo il terremoto di Long Beach affermò che con ogni probabilità ci sarebbero state altre scosse e che quindi gli edifici danneggiati dovevano essere abbattuti o rinforzati. L'agenzia del 13 marzo, da parte dell'"International News Service" di Stanford, riferiva che, in una precedente riunione di presidenti di società assicurative a New York, "il dottor Willis aveva previsto il recente terremoto". L'articolo riportava fedelmente le parole di Willis: "Al tempo io dissi che il terremoto si poteva verificare tra 3, 7 o 10 anni". Le parole di Willis furono citate anche in altri articoli: "La faglia di Inglewood che probabilmente ha causato questo disastro è una faglia completamente separata dalla faglia di San Andreas". Quanto, nella ricostruzione fatta della "International News Service", le parole di Willis fossero state reinterpretate non è chiaro. Quanto è riportato come citazione diretta delle sue parole, fa supporre che Willis non rivendicò di aver previsto il terremoto.

Non è neppure chiaro se Bailey Willis si sentì vendicato o diffamato; probabilmente un po' entrambe le cose. Senza dubbi la sua frustrazione si era combinata con la sua passione spingendolo a procedere in equilibrio su una linea sottile con affermazioni che, come minimo, potevano tranquillamente essere giudicate allarmiste. Quando Hills aveva smontato la "previsione" di Willis, la causa della sicurezza contro i terremoti aveva subito un duro colpo. Se non ci fosse stato il terremoto di Long Beach, nel 1933, il colpo avrebbe avuto conseguenze più durature. Previsioni sbagliate, o presunte tali, attirano l'attenzione dei media ma di certo non migliorano la credibilità della scienza che studia i terremoti.

Senza dubbio la previsione di Willis diede un colpo duraturo alla sua reputazione in ambito scientifico. Oggigiorno, un uomo di scienza potrà ritenere ingiusto il fatto che l'aggettivo "screditato" sia associato al suo nome. Tuttavia, questo fatto può servire di monito perché la previsione ha effettivamente portato discredito alla causa della sismologia.

Per quel che riguarda lo stesso Willis, rimane non del tutto chiaro cosa esattamente disse a proposito della relazione tra la sua previsione e il terremoto del 1933 a Long Beach. Ma nel luglio dello stesso anno, Willis parlò a un convegno dell'American Association for the Advancement of Science, e ci rimane una documentazione scritta di quelle sue parole. "La faglia di Wasatch" disse alla platea presente nella sede del convegno "è una faglia recente e attiva. Nessuno sa se il prossimo terremoto sarà tra 10 oppure tra 50 anni. Ma quando sarà la città di Salt Lake dovrà essere preparata ad affrontarlo".

3. Cicli irregolari

> *Prevediamo che ci sarà*
> *sicuramente un altro fortissimo terremoto*
> *nei prossimi trenta anni, molto probabilmente avverrà*
> *durante i prossimi dieci*
> William T. Pecora. Testimonianza al Congresso, 1969

Il senso di urgenza che traspariva dalle dichiarazioni di Bailey Willis si basava su qualcosa di più che su misurazioni rivelatesi imperfette. Egli sapeva con certezza che la California – tanto quella meridionale quanto quella settentrionale – era terra di terremoti. Sapeva che era passato molto tempo dall'ultimo forte terremoto nella California meridionale. Negli anni '20 le conoscenze dei ricercatori riguardo faglie e terremoti erano ancora piuttosto vaghe, ma l'idea dell'esistenza di un ciclo sismico risale al diciannovesimo secolo, quando, con intuizione pionieristica, il geologo G.K. Gilbert, ipotizzò che i terremoti avvengono come conseguenza di un accumulo di sforzo. Quando un terremoto si scatena rilasciando lo sforzo accumulato, argomentava Gilbert, occorre poi un certo periodo di tempo prima che se ne accumuli dell'altro.

Gli scritti di Gilbert sembrano quasi profetici, se si tiene conto che a quel tempo gli scienziati non avevano ancora compreso a pieno la relazione tra faglie e terremoti, tanto meno i meccanismi che causavano la deformazione della crosta. Sarebbero stati necessari ancora alcuni decenni perchè questa branca della scienza si mettesse al passo con le sue intuizioni. Oggi noi sappiamo che almeno alcuni terremoti avvengono, se non proprio a scadenze precise, con una certa regolarità. Sappiamo questo perché, almeno a grandi linee, abbiamo capito come si generano i terremoti. A metà del ventesimo secolo gli studiosi di scienze della terra capirono quali sono le forze che generano i terremoti e in generale i meccanismi che deformano la crosta terrestre. Noi ora sappiamo che la sottile e rocciosa crosta terrestre è suddivisa in circa una dozzina di grossi pezzi noti come placche litosferiche. Il movimento delle placche è determinato dal costante e lento movimento del sottostante mantello terrestre.

Alcune teorie scientifiche sono più astratte di altre. Alla fine del ventesimo secolo la teoria della tettonica a placche si era allontanata, e di molto, dal regno dell'astrazione. Utilizzando le antenne GPS, come pure altre tecnologie, noi possiamo letteralmente osservare le placche muoversi. La disposizione dei continenti come noi la conosciamo può sembrare fissa e stabile, ma in realtà è in continuo movimento. Tale movimento, anche se lento, è sufficientemente veloce e continuo da cambiare letteralmente la faccia del pianeta mentre noi la guardiamo.

Ai loro bordi le placche sono di regola bloccate, incapaci di scorrere agevolmente l'una rispetto alle confinanti. La crosta quindi si deforma vicino ai margini di placca, accumulando sforzo o energia. Ogni tanto questo sforzo viene rilasciato in modo improvviso e istantaneo in un terremoto. I bordi fra le placche sono comunemente chiamati col nome di faglie.

Guidando attraverso la piccola città di Parkfield, in California, su un ponte che attraversa il letto di un ruscello, una piccola insegna stradale dà il benvenuto agli automobilisti nella placca nord americana (Fig. 3.1A). Il ruscello ha un aspetto abbastanza innocuo. Ma, come dimostrano i visibili segni di danneggiamento del ponte, quello che sembra un piccolo, sinuoso lineamento del territorio è in realtà la traccia della San Andreas, la principale faglia che marca il margine di placca in California (Fig. 3.1B). Stabilito questo, noi ci aspettiamo che, nel corso del tempo, questa faglia produrrà terremoti più grandi e più frequenti di qualsiasi altra faglia nello stato. Se osservata da terra, a Parkfield, così come in molti altri posti in California, la faglia è solo uno dei tanti lineamenti del terreno. È la sua vista dall'alto che è spettacolare. Dal cielo si possono vedere e ap-

3. Cicli irregolari

Fig. 3.1 A Andando via dalla città di Parkfield, California, un cartello stradale dà il benvenuto nella placca pacifica. La faglia di San Andreas corre lungo il ruscello che passa sotto il ponte (fotografia di Susan Hough) **B** La parte inferiore del ponte di Parkfield mostra una tipologia di costruzione adatta ad accomodare eventuali spostamenti lungo la faglia (fotografia di Susan Hough)

prezzare le reali dimensioni della faglia, una fascia drappeggiata lungo tutto lo Stato, dalle spalle ai fianchi (Fig. 3.2). La San Andreas è spettacolare vista dall'alto perché ha generato grandi terremoti per

Fig. 3.2 Vista dall'alto la faglia di San Andreas disegna una linea netta e continua, che va dall'angolo in basso a destra della foto a quello in alto a sinistra. Si vede anche la faglia di Garlock, che interseca la San Andreas nella porzione superiore della foto (vista dal satellite LANDSAT, fotografia NASA)

milioni di anni. Quando i geologi descrivono le faglie usano il termine "tasso di scorrimento" (slip rate). Il termine può confondere perché esprime una cosa diversa dal suo significato letterale. Fatta eccezione per il piccolo segmento di faglia in California centrale che è in *creeping*, dove cioè i due lati della faglia scorrono continuamente uno accanto all'altro, i margini della faglia di San Andreas non scorrono l'uno accanto all'altro, ma rimangono bloccati. Se aveste dipinto una striscia di vernice da una parte all'altra della faglia e tornaste dopo 10 anni, nella maggior parte dei casi la linea sarà dritta come il giorno che è stata dipinta. (Se la linea fosse lunga abbastanza, inizierebbe a rivelare il movimento che avviene tra le due placche lontano dalla faglia).

Lungo una faglia bloccata lo scorrimento avviene soltanto per improvvisi e infrequenti strattoni. Il termine "tasso di scorrimento" (slip rate) quindi si riferisce al tasso medio con cui la faglia si muove nel lungo termine per tenere il passo con il movimento delle placche. Lungo la faglia di San Andreas, questo rateo è dell'ordine di tre o quattro centimetri l'anno. Se aveste dipinto una striscia di vernice attraverso la faglia un milione di anni fa, le due parti della linea sarebbero ora distanti circa tre milioni di centimetri, quindi 30 chilometri. Circa 23 milioni di anni fa ci fu un'eruzione lungo la faglia e una certa quantità di rocce vulcaniche si depose su ambedue i lati della faglia vicino al posto dove oggi sorge Lancaster. Una parte di questa formazione rocciosa, le rocce vulcaniche di Neenach sono rimaste vicino a Lancaster. L'altra metà, oggi meglio conosciuta come Pinnacles National Monument, si è spostata più di trecento chilometri a nord.

In un certo senso è facile capire qual è il tasso di scorrimento dovuto ai terremoti, si tratta di un problema elementare. In un grande terremoto, per esempio quello che colpì San Francisco nel 1906, una linea dritta attraverso la faglia di San Andreas sarebbe stata di colpo dislocata mediamente di quattro o cinque metri. Se il tasso di scorrimento è di tre o quattro centimetri l'anno, un calcolo semplice ci dice che la faglia si deve muovere ogni 100-170 anni. La stima di un tale tasso di scorrimento può oggi essere confermata da studi geologici

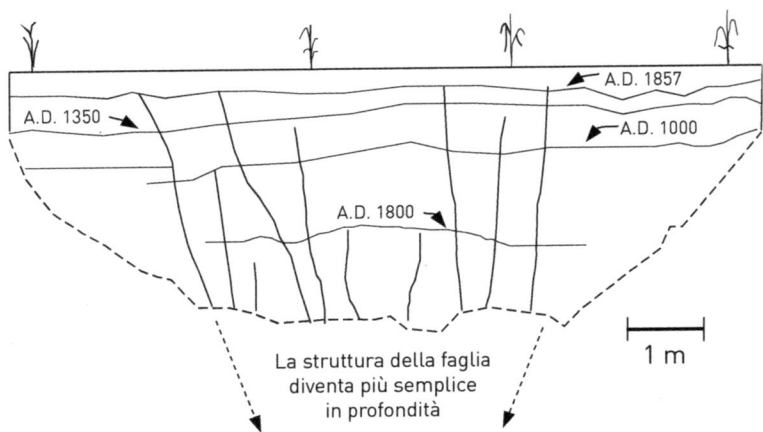

Fig. 3.3 Schema che mostra come gli strati dei sedimenti e le rotture legate ai terremoti vengano identificate e contrassegnate in una trincea. Numeri e ombreggiature distinguono le diverse unità di sedimenti. Linee nere indicano le fratture causate dai terremoti (immagine di Susan Hough)

(paleosismologici), per i quali i geologi scavano delle trincee attraverso le faglie attive e rivelano le tracce dei terremoti passati negli strati di sedimenti che si sono depositati nel corso dei millenni.

Tipicamente, se una faglia verticale attraversa una regione dove i sedimenti si sono depositati con continuità – per esempio il letto di un torrente – allora scavando in quel punto si potrà portare alla luce una sequenza degli strati sedimentari che sono stati tagliati da diversi terremoti (Fig. 3.3). Se i sedimenti contengono del carbone, si può datare l'età dei differenti strati con precisione quasi perfetta. Quindi, per esempio, se si identifica un terremoto che rompe gli strati di sedimenti depositatisi fino a 1000 anni fa, che però sono sormontati da strati indisturbati depostisi 900 anni fa, allora l'evento sismico deve essere avvenuto tra il 1000 e il 1100 dopo Cristo.

In mancanza di un catalogo storico dei terremoti lungo e dettagliato, la paleosismologia è il miglior strumento che gli scienziati hanno per stabilire qual è il rateo di terremoti accaduti in passato su una specifica faglia. Ma non è un lavoro facile. Per dei principianti non è facile trovare un buon sito dove scavare trincee. Il tasso di sedimentazione in quel sito deve essere abbastanza veloce e stabile per fare in modo che i terremoti preistorici possano essere riconosciuti nella stratigrafia dei sedimenti, ma non così veloce da seppellire le tracce dei terremoti passati sotto spessori di sedimenti troppo grandi per essere scavati da una piccola scavatrice. È un lavoro meticoloso, richiede mesi se non anni di indagine per interpretare le tracce dei terremoti passati in un singolo sito. Ma i geologi hanno accumulato un'impressionante quantità di informazioni da questo tipo di studi, fornendo quindi solide basi per la stima del rateo di accadimento dei terremoti lungo la San Andreas e lungo altre faglie.

Leggi statistiche di questo genere consentono ora ai sismologi di pronosticare quale sarà il rateo di sismicità su faglie come la San Andreas. Al contrario di una previsione deterministica a breve termine, ossia di uno specifico terremoto in una corta finestra temporale, la previsione probabilistica quantifica, in termini di probabilità, quant'è verosimile che un terremoto si verifichi in un periodo di tempo che, tipicamente, va dalle decine alle centinaia di anni. I sismologi parlano anche di previsioni a breve termine: la capacità di identificare quei terremoti che potrebbero accadere entro intervalli temporali più brevi, da pochi anni a poche decine di anni.

Sottili linee di demarcazione

La differenza tra la previsione deterministica e la previsione probabilistica può assumere contorni sfocati. Se per esempio viene identificata una faglia che probabilmente produrrà un terremoto nei prossimi dieci anni, questa può essere considerata una previsione deterministica o una previsione probabilistica a breve termine. In generale una previsione deterministica comporta la chiara definizione della finestra temporale nella quale ci si aspetta un terremoto, in un dato luogo e con una data magnitudo; in una previsione deterministica i margini di variazione di queste tre grandezze devono essere piuttosto ristretti.

Se la San Andreas si deve muovere – diciamo di tre centimetri ogni anno – e sono passati circa cento anni da quando si è mossa l'ultima volta di quattro metri, e la geologia ci dice che un segmento della faglia genera un grande terremoto in media ogni 150 anni, si potrebbe ritenere che sia una faccenda semplice e immediata calcolare la probabilità che un grande terremoto avvenga all'incirca entro i prossimi trent'anni. I ricercatori in effetti lo possono fare e fanno questo tipo di calcoli che stanno alla base delle moderne mappe di pericolosità sismica. Ma i calcoli non sono così semplici come sembrano.

Cosa c'è di magico nell'intervallo temporale di trent'anni?

Quando gli scienziati parlano alla gente o ai responsabili politici della probabilità di accadimento di un terremoto, spesso parlano della possibilità che questo avvenga nei prossimi trenta anni. Ci si potrebbe chiedere cosa c'è di magico nell'intervallo temporale di trent'anni? La risposta è niente. Questa abitudine risale al primo tentativo da parte di un gruppo di lavoro, intrapreso nella seconda metà degli anni ottanta e pubblicato nel 1989, di sviluppare un'opinione condivisa sulla probabilità di accadimento di un forte terremoto sulla faglia di San Andreas. Gli studiosi di statistica che facevano parte del gruppo di lavoro volevano stilare un resoconto sulla probabilità di terremoti sia in un intervallo temporale di un anno sia in quello di cento anni. Molti degli altri membri della commissione pensavano che l'intervallo temporale di un anno fosse troppo breve perchè le probabilità sarebbero state troppo basse per attirare l'attenzione, mentre cento anni erano troppi perchè una simile finestra temporale era troppo lunga per generare preoccupazione. Il gruppo di lavoro decise quindi, in modo alquanto arbitrario, che trenta anni erano il periodo di tempo giusto per mantenere viva l'attenzione sia del pubblico che dei responsabili politici.

Semplificando molto i calcoli, se si considerano insieme i tassi di sismicità a lungo termine su una faglia e la sua storia sismica si arriva

3. Cicli irregolari

a ciò che i sismologi chiamano teoria del *gap* sismico. In particolare, se un segmento della San Andreas, o di qualsiasi altra faglia, è stato tranquillo per lungo tempo quello può essere interpretato come un gap sismico (lacuna sismica) che sarà alla fine colmato da un forte terremoto. Se è passato molto tempo dall'ultimo forte terremoto su una data faglia, noi iniziamo a fremere dalla voglia di usare espressioni come: è in ritardo! È semplicemente una questione di logica. Se grandi terremoti su una faglia avvengono mediamente ogni 150 anni e ne sono passati 160 dall'ultimo, è legittimo dire che un grande terremoto su quella faglia è in ritardo. Ma non è così semplice. Una complicazione immediata nasce dal fatto che i terremoti forti non si ripetono a intervalli costanti. Anche se concettualmente sembrerebbe ovvio che lo sforzo si accumuli e venga rilasciato in modo regolare, è altrettanto chiaro che il tempo di ricorrenza di forti terremoti su una faglia è come minimo influenzato da quello che avviene sulle faglie vicine.

Oggi siamo in grado di capire le irregolarità dei tempi di ricorrenza non solo dalla geologia ma anche dalla storia, nonostante quella della California sia relativamente breve. Sappiamo che un forte terremoto è avvenuto nella porzione centrale della faglia di San Andreas la mattina del 9 gennaio 1857. E sappiamo che un altro grande terremoto è avvenuto su un segmento della faglia che corrisponde almeno in parte a quello del 1857, meno di cinquanta anni prima, l'8 dicembre del 1812. Entrambi questi terremoti sono conosciuti non solo grazie agli studi geologici ma anche alla storia. Il terremoto del 1812 danneggiò diverse missioni in California e quello del 1857 danneggiò di nuovo delle missioni e anche alcune costruzioni nel primo piccolo insediamento di quella che sarebbe poi diventata Los Angeles. È fuor di dubbio che questi due terremoti si verificarono a distanza solo di poche decine di anni l'uno dall'altro. Per motivi che non abbiamo ancora completamente capito i terremoti sulla San Andreas sembrano comportarsi come le macchine su un'autostrada poco trafficata: a momenti si raggruppano a momenti si distanziano le une dalle altre.

Fort Tejon

Nelle montagne a nord di Los Angeles, sopra quella che oggi è la cittadina di Palmdale, il 10 agosto 1854, l'esercito degli U.S.A. costituì il presidio di Fort Tejon, come parte degli sforzi che si stavano facendo per proteggere e controllare le tribù dei nativi Chumash. Il maggiore al comando, J.L. Donaldson scelse come posto per l'insediamento *Canada de las Uvas*, una deliziosa valle costellata di querce che avrebbe garantito una posizione strategica e al tempo stesso abbondanti rifornimenti d'acqua. La faglia di San Andreas scava una vallata allungata in direzione est-ovest pochi chilometri a sud di questo luogo; oggi la strada statale 5 passa dentro questa vallata, nei pressi della cittadina di Gorman. Ancora una volta, se vista da terra e anche avendo un occhio da geologo esperto, la zona della faglia non sembra altro che una normale vallata. Nel 1854 nessuno sapeva cosa fossero le faglie, e meno che mai si conosceva la geometria dettagliata della San Andreas. Ma se anche il maggiore Donaldson avesse avuto le conoscenze geologiche di oggi, avrebbe comunque reputato la sua come una scelta ragionevole. È vero, l'accampamento era nei pressi di una grande faglia, ma un forte terremoto aveva interessato quella faglia solo alcune decine di anni prima; sicuramente non ce ne sarebbe stato un altro nel breve termine. Egli non avrebbe mai potuto immaginare che un altro grande terremoto, probabilmente più forte di quello avvenuto nel 1812, avrebbe colpito la stessa area appena tre anni dopo, infliggendo gravi danni alle strutture murarie del forte.

Anche in California settentrionale abbiamo visto terremoti susseguirsi sulla faglia di San Andreas in tempi, geologicamente parlando, brevi: tutti conosciamo il forte terremoto (Big One) del 1906, ma sappiamo molto meno di un altro Big One, quello del 1838.

Se coppie di terremoti talvolta si susseguono a distanza di 50 anni l'uno dall'altro su una faglia che in media genera forti terremoti ogni centocinquanta anni, non servono calcoli troppo complicati per capire che gli intervalli più corti devono essere controbilanciati da intervalli più lunghi. Quindi, anche se sono passati più di 150 anni dall'ultimo terremoto su una faglia che in media genera un terremoto ogni 150 anni, c'è la possibilità di essere nel mezzo di uno degli intervalli lunghi, e che potremmo dover aspettare ancora un po' prima del prossimo terremoto.

Su una faglia come la San Andreas sappiamo per certo che non dovremo aspettare per sempre, ma non sappiamo quanto potrebbe essere in là nel tempo il prossimo grande terremoto. La nostra conoscenza dei terremoti preistorici deriva da datazioni fatte con il carbonio-14 su strati di sedimenti interessati e deformati dai terremoti. Queste datazioni sono sempre imprecise. I risultati delle datazioni, così come in generale la sensibilità dei geologi, suggeriscono che cinquecento anni potrebbe ragionevolmente essere l'intervallo massimo per un forte terremoto lungo la San Andreas, ma in realtà non ne siamo certi. Anche se avessimo buoni motivi per ritenere questa stima esatta, alla scala temporale della vita umana o per stimare i tassi d'interesse sull'assicurazione di una casa non aiuta molto sapere se un terremoto che è in ritardo avverrà domani o tra duecento anni.

Guardando indietro alle preoccupazioni espresse negli anni dai sismologi si avverte come un senso di déjà vu. Quando Harry Wood mette in funzione il laboratorio sismologico, a Pasadena nel 1920, lui e i suoi colleghi erano spinti dall'idea che il prossimo forte terremoto avrebbe potuto colpire la California meridionale durante la loro vita. Nel corso di una testimonianza prima del Congresso del 1969, il direttore dello United States Geological Survey, William T. Pecora, dichiarò a una commissione del Senato che era inevitabile che la California sarebbe stata colpita prima della fine del secolo da un terremoto forte come quello del 1906. Dopo che un terremoto di magnitudo 7.3 ha colpito il deserto della California meridionale nel 1992, il sismologo Allan Lindh, commentando uno studio che valutava nel 60% la probabilità di un forte terremoto nella porzione meridionale della faglia di San Andreas nei prossimi trenta anni, disse ai giornalisti "La maggior parte di noi ha la terribile sensazione che trenta anni siano un pio desiderio". La sismologa Lucile Jones gli fece eco esprimendo sentimenti simili: "Io credo che ci vogliano meno di trenta anni per il prossimo forte terremoto". Nel gennaio del 2009 la prima pagina del Los Angeles Times informava i lettori: "Secondo i risultati di recenti ricerche, la porzione meridionale della faglia di San Andreas ha generato un forte terremoto più o meno ogni 137 anni. L'ultimo sembra essere in ritardo".

Il prossimo *Big One* sulla porzione meridionale della San Andreas è chiaramente in ritardo da un bel po' di tempo. Quindi, mentre oggi, così come ai tempi di Bailey Willis, gli studiosi dei terremoti sanno che la porzione meridionale della faglia di San Andreas genererà prima o poi un forte terremoto, un'equilibrata considerazione della storia e della geologia dell'area ci dice che tra trenta anni i sismologi potrebbero ancora essere in attesa che il *Big One* colpisca la California meridionale, sicuri, nel loro cuore, che avverrà nei trenta anni successivi.

4. La faglia di Hayward

> *Ieri mattina San Francisco è stata colpita dal più*
> *forte terremoto che la città abbia mai sperimentato.*
> *La violenta scossa è iniziata alle 7.53 del mattino ed*
> *è durata circa un minuto, è stata la più forte*
> *mai risentita in questa regione*
> San Francisco Morning Call, 22 ottobre 1868

La porzione meridionale della faglia di San Andreas non è certo l'unica faglia che ci preoccupa. La crosta terrestre è piena di faglie, anche in regioni dove i terremoti sono poco frequenti. Ma alcune faglie ci spaventano più di altre. Le dimensioni sono importanti, ma non solo quelle. La faglia di Hayward, in California, è chiaramente una ramificazione del margine di placca principale rappresentato dalla faglia di San Andreas, ma è un ramo piuttosto grosso e, peggio ancora, attraversa un'area densamente popolata: la regione orientale della Baia di San Francisco. La faglia passa esattamente sotto il palazzo del Comune a Freemont, attraversa lo Zoo a Oakland, e taglia più o meno in due la porta del Berkeley's Memorial Stadium (Fig. 4.1). I geologi inizialmente mapparono questa faglia verso nord fino alla Baia di San Pablo, ma oggi sono più propensi a considerare la faglia di Rodger Creek come la continuazione verso nord della Hayward (Fig. 4.2). La faglia di Rodger Creek si dispiega attraverso un'area meno urbanizzata e più panoramica rispetto alla faglia di Hayward, ma aggiunge un ulteriore motivo di preoccupazione al quadro generale. La magnitudo di un terremoto dipende dalla lunghezza della faglia che si rompe (e anche dalla sua profondità o larghezza), quindi la rottura combinata delle due faglie, Hayward e Rodger Creek, genererebbe un terremoto di dimensioni molto maggiori di quanto potrebbe generare la rottura anche completa della sola faglia di Hayward.

Fig. 4.1 La faglia di Hayward passa proprio sotto al Memorial Stadium dell'Università della California a Berkeley, dividendone quasi a metà le porte. A destra del portale ad arco, il lento e continuo scorrimento della faglia (*creep*) ha diviso la parete tanto da generare un'ampia spaccatura (fotografia di Susan Hough)

4. La faglia di Hayward

La faglia di Hayward da sola è già abbastanza preoccupante. Su questo non si discute. La mattina del 21 ottobre 1868, alle 7.53, la faglia si attivò. Dei 260.000 abitanti che in quel tempo risiedevano nella Bay Area, la maggior parte (150.000) viveva a San Francisco, ma proprio in quel periodo alcune piccole città stavano sorgendo nella zona est della Baia, tra queste la cittadina di Hayward (500 abitanti), San Leandro (400 abitanti) e San Jose (9000 abitanti).

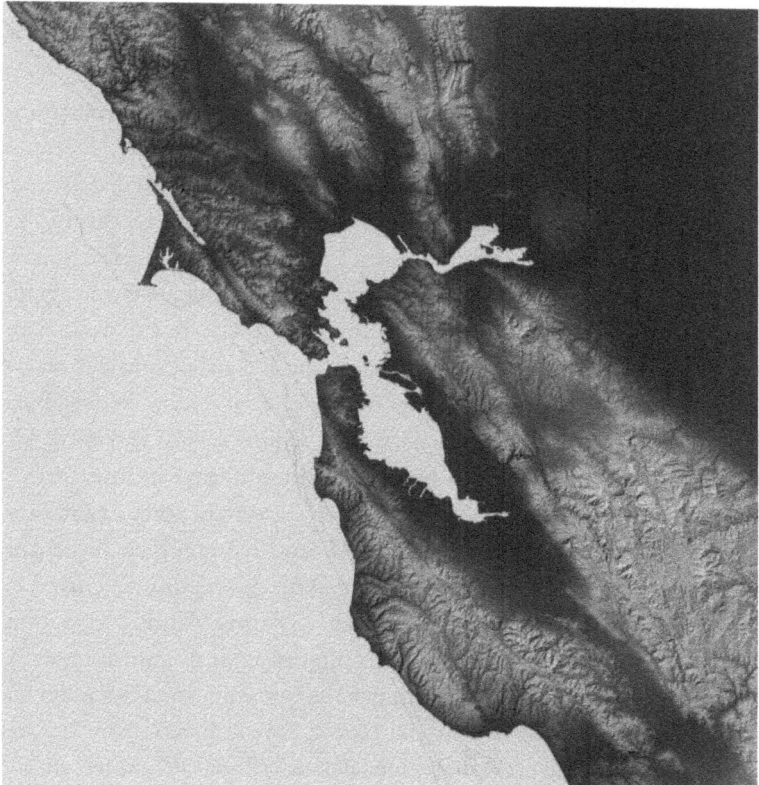

Fig. 4.2 La regione della Baia di San Francisco vista dallo spazio. La faglia di Hayward corrisponde al lineamento che corre lungo il margine orientale della baia a partire dall'angolo in basso a destra della figura. La faglia di San Andreas corrisponde alla struttura lineare che attraversa la penisola di San Francisco, continuando verso nord ovest a nord della città di San Francisco (fotografia NASA)

A San Francisco i danni si concentrarono nella zona costruita sui sedimenti soffici, o sui terreni di riporto, vicino al mare. Un articolo sul *San Francisco Morning Call* descrisse la scena:

> Ieri mattina San Francisco è stata colpita dal più forte terremoto che la città abbia mai sperimentato. La violenta scossa è iniziata alle 7.53 del mattino ed è durata circa un minuto, è stata la più forte mai risentita in questa regione. Le oscillazioni sono state da est a ovest e molto violente. Uomini, donne e bambini si sono riversati nelle strade – alcuni mezzi nudi – ed estremamente spaventati.

Alcuni degli edifici più importanti della città, compresi il municipio e la dogana, furono gravemente danneggiati.

Nella Baia orientale il terremoto lasciò una striscia di distruzione larga circa cinquanta chilometri lungo la faglia e nelle aree caratterizzate dalla presenza di sedimenti soffici, sulla riva est della Baia. Quasi tutti gli edifici ad Hayward furono distrutti o seriamente danneggiati, anche le case con la struttura portante in legno che, pur in assenza di particolari accorgimenti ingegneristici, tendono a sopportare lo scuotimento piuttosto bene. Più vicino alla faglia, molte cittadine nella Baia orientale soffrirono danneggiamenti anche più gravi di Hayward. Alcuni edifici furono distrutti anche a San Leandro e a San Jose.

La frastagliata traccia della rottura in superficie poteva essere seguita per più di 30 chilometri, da San Leandro a Fremont, il che implicava che il terremoto doveva essere stato di magnitudo circa 6.8. Ma è noto che la superficie di faglia che si rompe dando luogo a un terremoto, in profondità è di solito più estesa di quanto non sia la rottura superficiale, e uno studio del 1996 di Paul Segall ed Ellen Yu dimostrò che per il terremoto del 1868 si era verificato proprio questo. Riconsiderando con attenzione i dati dei rilievi fatti a quel tempo, Segall e Yu stabilirono che la fagliazione del terremoto del 1868 si era estesa ben più a nord, almeno fino alla città di Berkeley.

La maggior estensione della faglia (lunga circa 50 km) implica che la magnitudo del terremoto sia stata più prossima a 7 che a 6.8.

La differenza tra 6.8 e 7 potrebbe sembrare poca cosa, ma in virtù della natura logaritmica della scala di magnitudo, a un incremento di 0.2 in magnitudo corrisponde circa il doppio dell'energia rilasciata. Ancora peggio, visto che lo scuotimento è molto forte specialmente in prossimità della faglia, una rottura più lunga mette un maggior numero di immobili in pericolo.

Infine, prima dello studio di Segall e Yu, i ricercatori avevano la generale opinione che la faglia di Hayward fosse divisa in un segmento settentrionale e uno meridionale, ognuno dei quali si sarebbe rotto in maniera indipendente. Ma se nel terremoto del 1868 la rottura si era spinta così tanto a nord da arrivare a Berkeley, allora i due segmenti si erano rotti insieme. Si giunse quindi nuovamente alla conclusione che la faglia di Hayward rappresenti una minaccia ben più grave di quanto non si credesse prima.

Ma quanto è frequente il verificarsi di terremoti così distruttivi come quello del 1868? Il geologo Jim Lienkaemper dell'USGS ha impiegato gran parte della sua carriera lavorando per rispondere a questa domanda. Egli non solo ha mappato con grande dettaglio la faglia, ma ha letteralmente passato gran parte della sua vita lavorativa nelle trincee, mettendo meticolosamente insieme la cronologia dei terremoti storici avvenuti su questa faglia.

Grazie agli esaurienti sforzi fatti da Lienkaemper e dai suoi colleghi, la faglia di Hayward ha svelato più di un millennio di segreti geologici. Nel 2007 Lienkaemper e il suo collega Pat Williams sono stati in grado di presentare la cronologia dei terremoti lungo la faglia negli ultimi 1650 anni, identificando dodici diversi terremoti, compreso quello del 1868. Chiunque abbia dato un'occhiata ai quotidiani della Bay Area negli ultimi anni è a conoscenza del risultato, spesso riportato in questi termini: la faglia di Hayward ha generato un forte terremoto (di magnitudo circa 7) in media ogni 140 anni. Poiché l'ultimo terremoto si è verificato nel 1868 questo risultato ti colpisce personalmente se vivi in una qualsiasi delle cittadine che sorgono lungo la faglia. Considerato il lungo periodo analizzato e l'apparente regolarità dei terremoti avvenuti sulla faglia, il prossimo forte terremoto potrebbe certamente aver luogo in un qualsiasi momento d'ora in avanti.

Il prossimo terremoto sulla faglia di Hayward potrebbe effettivamente verificarsi in qualsiasi momento: anche prima che questo libro venga pubblicato. Senza dubbio, chiunque viva nella regione vicino alla Baia di San Francisco deve essere preoccupato dei terremoti. Ma ci si deve sentire preoccupati o terrorizzati?

Il 2008 sembrerebbe essere un'annata probabile se i terremoti avvengono in media ogni 140 anni e l'ultimo è stato nel 1868. Tuttavia, 140 anni è l'intervallo medio tra gli ultimi cinque terremoti sulla faglia di Hayward. Facendo un passo indietro e considerando tutto il periodo, sembra che questa faglia sia andata un po' sopra la media nelle ultime centinaia di anni, avendo prodotto un maggior numero di forti terremoti di quanti ne fossero mediamente attesi nel lungo periodo. Ciò può significare che il rateo di terremoti sulla faglia stia effettivamente aumentando ma, molto più probabilmente, non è altro che il riflesso dei soliti capricci negli irregolari ritmi geologici.

Considerando l'intero periodo studiato, l'intervallo medio tra due grandi terremoti consecutivi è di quasi 160 anni. Allo stesso tempo, la mediana degli intervalli temporali è di circa 150 anni – il che significa che, guardando al tempo che passa tra coppie di terremoti successivi, la metà delle volte questo è inferiore a 150 anni e l'altra metà è superiore. Il fatto che la mediana differisca dalla media, ci dice che la metà dei terremoti avvenuti distano tra loro meno di 150 anni, ma che un certo numero di coppie sono separate da intervalli temporali significativamente più lunghi, ed è questa manciata di eventi con tempi di ricorrenza più lunghi che alza la media. Per analogia potremmo fare l'esempio di un quartiere nel quale la maggior parte delle case viene venduta per meno di $ 150.000, ma ve n'è un ristretto numero che viene venduto a un prezzo molto più alto. La media sarà influenzata da questo ristretto numero di casi, mentre la mediana rifletterà meglio il prezzo della maggior parte delle case vicinato nel quartiere.

Siccome i terremoti sembrano essersi verificati più frequentemente del normale negli ultimi settecento anni, potremmo essere nel mezzo di una serie di eventi che continuerà con questa frequenza anche per il prossimo terremoto. Ma l'altra possibilità è che, avendo la faglia generato terremoti a raffica negli ultimi settecento anni, il prossimo potrebbe tardare ad arrivare, complice magari il fatto che, nel 1906, il terremoto di San Francisco ha rilasciato gran parte dello sforzo accumulato nel sistema di faglie che interessa la regione. Inoltre è probabile che i due segmenti, settentrionale e meridionale, della faglia di Hayward possono rompersi indipendentemente, producendo eventi di magnitudo comprese tra 6.7 e 6.8. Se il terremoto del 1868 ha rotto una porzione di faglia più lunga, rispetto ad altri terremoti, potrebbe aver per così dire scaricato il sistema, così che ci vorrà più tempo perché si raggiunga un livello di stress tale da causare un altro terremoto. Un'ulteriore considerazione è legata al fatto che attualmente la faglia è soggetta a un rateo piuttosto elevato e continuo di deformazione asismica (*creeping*), lungo gran parte della sua estensione (Fig. 4.3). Non abbiamo ancora compreso appieno come funziona la faglia, in parti-

Fig. 4.3 Nella località di Nyland Ranch a San Juan Bautista, il costante scivolamento asismico (*creeping*) dei due lati della faglia di San Andreas, ha determinato la deviazione della recinzione di legno della strada, rispetto al suo asse originario (fotografia di Susan Hough)

colare non sappiamo se questo scorrimento asismico avviene sempre o solo in alcuni momenti. È quantomeno possibile che il movimento di *creeping* sulla faglia aumenti e diminuisca nel tempo e che gli intensi processi di *creeping* in corso contribuiscano a rallentare l'accumulo di stress che porterà al prossimo forte terremoto.

Considerando la storia sismica della faglia possono essere utilizzati vari semplici metodi per fare previsioni probabilistiche sul tempo di accadimento del prossimo terremoto. Tracciando una linea solo attraverso gli ultimi cinque eventi, il prossimo terremoto era previsto nel 2008. Se si considerano tutti e dodici i terremoti individuati sulla faglia, il risultato della previsione si sposta al 2095, 227 anni dopo il 1868. Ma prescindere da come vengano divisi i dati, la probabilità che avvenga un forte terremoto è sempre molto alta per poter stare tranquilli.

Almeno, un buon motivo per non essere nel panico è che il 2008 è già arrivato ed è passato. Di nuovo, quindi, anche quando si è di fronte a faglie che rompono con un ritmo piuttosto regolare, questo non è mai veramente regolare; si arriva così a conclusioni che sembrano frustranti ma sono comunque molto utili.

Per finalità di protezione civile e quindi per mitigare il rischio per la società, la consapevolezza che molto probabilmente ci sarà un forte terremoto nei prossimi trenta anni rappresenta molto di ciò che è necessario sapere. Ogni casa, ogni esercizio commerciale, qualsiasi infrastruttura costruita nella Baia orientale, molto probabilmente, anche se non certamente, sarà violentemente scossa da un terremoto durante la sua esistenza. Rendere più severe le regole per costruire gli edifici, ristrutturare quelli più vulnerabili, e, tramite la divulgazione, aumentare nelle persone la consapevolezza del rischio sismico, sono priorità che i ricercatori e varie organizzazioni, considerano oggi molto seriamente. Gli scienziati che studiano le faglie e il rischio a esse associato, stanno facendo del loro meglio per trasmettere il messaggio. "Stiamo cercando di convincere le persone a fare la cosa giusta", dice il sismologo Thomas Brocher dell'USGS, "un terremoto di questa dimensione è più grande di quanto la maggior parte delle città potrebbe sopportare".

4. La faglia di Hayward

Naturalmente dal punto di vista della singola persona che abita in un cottage artigianale a Berkeley, o in un condominio a Hayward, essere consapevoli che esiste un'alta probabilità che un forte terremoto avvenga nei prossimi trenta anni rappresenta molto di ciò che è necessario sapere ma niente di ciò che si vorrebbe sapere. Il prossimo terremoto avverrà nel 2010 o nel 2039? Potrebbe avvenire negli ultimi anni del ventunesimo secolo? Ci risiamo, noi sappiamo che un giorno accadrà. Da parte sua Jim Lienkaemper, il modesto – e non così terribilmente vecchio – geologo che ha probabilmente passato più tempo di ogni altro scienziato a stretto contatto con la faglia di Hayward, è stato sentito dire, come battuta, che non è sicuro che il terremoto avverrà mentre lui è ancora in vita.

5. Prevedere l'imprevedibile

> *"Non esiste il tempo da terremoto" disse Christopher Robin*
> *"Ih-Oh era semplicemente di nuovo di umore nero".*
> *"Oh, che lagna!" disse Pooh, che aveva saltato il pranzo*
> *per colpa di Ih-Oh*
> Ih-Oh, sii felice!

Se la frequenza a lungo termine dei terremoti su una determinata faglia non è abbastanza regolare da dirci quando un forte terremoto deve verificarsi, allora la nostra capacità di fare delle previsioni probabilistiche a breve termine è quanto meno limitata. Bailey Willis e Harry Wood avevano la sensazione che fosse passato molto tempo, forse troppo, dall'ultimo forte terremoto in California Meridionale. Ottanta anni dopo i sismologi hanno ancora quella stessa sensazione. Gli scienziati che studiano i terremoti hanno avuto per otto decadi la medesima sensazione di emergenza relativa alla stessa faglia; questo ci dice quanto è difficile fare previsioni.

Ma una cosa è la previsione probabilistica dei terremoti, un'altra la previsione deterministica. Anche se i terremoti fossero completamente irregolari nella loro frequenza di accadimento, noi potremmo ancora prevedere particolari terremoti se la Terra ci mandasse qualche tipo di avvertimento che un forte terremoto sta per accadere. La previsione deterministica dei terremoti è stata definita il Sacro Graal della sismologia, ma in realtà la previsione è l'obiettivo da raggiungere; i precursori del terremoto – segnali dalla Terra che indichino chiaramente che un terremoto sta per avvenire – sono il Graal. Ci sono motivi per credere che il Graal non sia un elemento del tutto mitico e leggendario.

Alcuni terremoti sono, infatti, prevedibili. Dopo che si è verificata una scossa di terremoto le sue repliche sono abbastanza prevedibili.

Non possiamo prevedere le singole repliche, così come non prevediamo i singoli terremoti, ma una regola piuttosto semplice, che si basa sulle numerosissime sequenze sismiche studiate, ci dice quante repliche possiamo aspettarci e di che magnitudo. I ricercatori hanno anche identificato dei terremoti che si ripetono uguali nel tempo, scosse molto piccole che ricorrono con regolarità lungo segmenti di faglie che non sono bloccate, ma i cui lati scivolano lentamente e costantemente l'uno rispetto all'altro, un fenomeno che come abbiamo già detto, prende il nome di *creeping*. Questo è ciò che accade, per esempio, alla faglia di San Andreas, per una lunghezza di circa 150 km in California centrale. Lungo questa così come lungo altre faglie in *creeping*, dei piccoli terremoti (magnitudo 2-3) sono generati da piccole porzioni isolate della faglia che, evidentemente, si sboccano e si rompono ripetutamente. In questi casi, sembra che il ciclo sismico (alternanza di fasi di accumulo e di rilascio di stress) non sia influenzato dai cicli sismici di faglie vicine e quindi proceda a un ritmo più regolare. Negli ultimi anni gli scienziati hanno identificato un certo numero di tali sequenze di terremoti ripetuti e sono stati in grado di prevedere gli eventi successivi con un'approssimazione dell'ordine di un mese. Un gruppo di scienziati giapponesi guidati da Naoki Uchida ha identificato una sequenza di terremoti ripetuti fatta da una serie estremamente regolare di eventi di magnitudo 4.8-4.9 che avvengono in mare a nord est del Giappone.

Negli ultimi anni gli scienziati sono riusciti a prevedere terremoti di magnitudo 5-6 che avvengono su alcuni particolari tipi di faglie – le faglie trasformi – lungo le dorsali oceaniche. Recenti scoperte dimostrano che, lungo queste strutture, le faglie iniziano a muoversi lentamente, generando i cosiddetti eventi a scorrimento lento (eventi "slow slip") prima di dar luogo a terremoti di media magnitudo (5-6). Questi inoltre sono spesso preceduti da terremoti più piccoli, che hanno un andamento caratteristico.

Abbiamo anche avuto un certo successo nel prevedere quei terremoti che vengono innescati dall'azione dell'uomo, in particolare mediante l'iniezione di fluidi nella crosta terrestre. Qualsiasi variazione della pressione dei fluidi innescata dall'uomo può perturbare lo stato di equilibrio nella crosta tanto da causare terremoti. Quando un terremoto significativo si verifica nei pressi di un'area di estrazione del petrolio – per esempio il terremoto di magnitudo 4.3 in Texas centro-meridionale, nel 1993 – sia i sismologi sia la gente comune sospettano che il terremoto possa essere stato causato dell'estrazione di idrocarburi o dall'iniezione di fluidi. Generalmente, non è possibile provare che esiste una relazione diretta di causa-effetto. Ma quando i fluidi vengono pompati dentro la crosta terrestre, per esempio negli impianti geotermici dove i vapori vengono re-iniettati, il processo chiaramente fa aumentare la pressione dei fluidi nella crosta causando la fratturazione della roccia. Di regola questi terremoti sono piccoli, ma i vecchi abitanti della regione di Clear Lake, in California settentrionale sono convinti che l'aumentata frequenza dei terremoti di magnitudo superiore a 4 negli ultimi decenni possa essere direttamente ricondotta all'attività di perforazione profonda per l'estrazione di idrocarburi che è iniziata nei primi anni '70. Ricerche scientifiche sembrano confermare queste supposizioni. Studi rigorosi inoltre supportano l'ipotesi che un'iniezione di fluidi al Rocky Mountain Arsenal, nei pressi di Denver, è stata la causa scatenante di un terremoto di magnitudo 5.3 che ha causato, nel 1967, danni per 1 milione di dollari. Noi crediamo, per quanto possiamo saperne, che i disequilibri associati alle iniezioni di fluido e/o all'estrazione non siano sufficientemente forti da generare grandi terremoti. Potremmo però sbagliarci. I terremoti possono essere innescati anche quando vengono creati grandi invasi artificiali, e sappiamo che in questo caso può trattarsi anche di terremoti significativi. Uno di questi terremoti indotti, caratterizzato da una magnitudo 6.3 e verificatosi a Koyna in India centrale, nel 1967, ha causato gravi danni e circa duecento vittime.

In ogni caso, se pure uno scienziato riuscisse a prevedere un magnitudo 3 lungo il segmento in *creeping* della faglia di San Andreas o un magnitudo 5 lungo le dorsali oceaniche, ciò potrebbe essere scientificamente interessante ma non avrebbe alcuna rilevanza per la società. Il Graal al quale siamo interessati – quello che continua a sfuggirci – è la capacità di individuare dei precursori attendibili prima di un terremoto distruttivo. Molti terremoti sono preceduti da piccole scosse, dette *foreshocks*, che si verificano intorno all'epicentro della successiva scossa principale. Ma quando si verifica un terremoto di piccole dimensioni, non si può dire che si tratti di un *foreshock*, distinguendolo così nell'enorme varietà dei fenomeni sismici, fino a che non si verifica un forte terremoto. Perché possa essere utilizzato per la previsione, un precursore deve, in primo luogo, verificarsi prima della maggior parte dei forti terremoti, e in secondo luogo deve avvenire solo prima di forti terremoti. I ricercatori stessi hanno trascurato un aspetto fondamentale riguardo ai precursori dei terremoti. È possibile che un fenomeno precursore documentato sia reale – può essere cioè associato a processi fisici collegati al successivo terremoto – ma non possa essere utilizzato praticamente per fare previsioni perché non è un precursore affidabile di tutti i forti terremoti.

Ritornando alla piccola città di Parkfield, un'allettante aneddotica suggerisce che il terremoto del 1966 a Parkfield è stato preceduto da fenomeni precursori. Settimane prima del terremoto, Clarence Allen guidò un'escursione a Parkfield con un gruppo di scienziati giapponesi in visita. Durante questa escursione, gli scienziati notarono quelle che sembravano crepe fresche lungo la faglia. Poi, a un certo punto, durante le ventiquattro ore precedenti il terremoto del 28 giugno, un tubo che attraversava la faglia si ruppe. Sebbene sul posto non ci fosse alcun tipo di strumentazione adatta a registrare quello che la faglia stava facendo nelle settimane e nelle ore precedenti il terremoto, si deve immaginare che questa avesse iniziato lentamente a muoversi, generando nuove fratture e causando la rottura del tubo.

La piccola cittadina di Parkfield riveste una notevole importanza negli annali della previsione dei terremoti. Si tratta di una cittadina di campagna, annidata in una valle della California centrale che è più inaccessibile e lontana di quanto si possa pensare sia possibile in California. Oggi, un secolo e mezzo dopo l'era dei Ranchero, l'allevamento del bestiame rimane una delle principali occupazioni. Il Parkfield Cafe (Fig. 5.1) serve piatti con nomi che vanno dal Big One

Fig. 5.1 Il Parkfield Cafe invita gli ospiti a "essere qui quando succede!" (fotografia di Susan Hough)

(una bistecca da mezzo chilo) a una selezione di *aftershocks* o scosse di assestamento (i dolci), ma si trova a più di trenta minuti di auto da un distributore di benzina o da negozio di alimentari. Già nel 1906, dopo il terremoto di San Francisco, i geologi si resero conto che questo tratto della faglia era stato da teatro di terremoti forti e moderati particolarmente frequenti. Non è chiaro se geologi lo abbiano dedotto dall'osservazione del paesaggio o parlando con la gente del posto. In ogni caso, nel 1980, i sismologi dello United States Geological Survey avevano formalmente annotato e contato tutti i terremoti conosciuti del passato e avevano concluso che un terremoto di magnitudo 6 ha colpito Parkfield in media ogni ventidue anni. Alla fine degli anni '80 i ricercatori azzardarono un clamoroso annuncio: il prossimo terremoto avrebbe colpito Parkfield entro quattro anni dal 1988.

Lo United States Geological Survey andò a Parkfield e aprì un ufficio insieme con altre agenzie, tra cui il California Geological Survey. L'area venne interamente ricoperta di strumenti di monitoraggio, non solo sismometri ma anche apparecchi di altro tipo. Quando il prossimo terremoto avebbe colpito Parkfield, questi strumenti sarebbero stati lì ad aspettarlo. Il 1988 arrivò e passò. Poi il 1998. Alcuni strumenti sono stati dismessi, ma l'impegno a monitorare l'area è rimasto, con un crescente disagio ma anche con la convinzione che Parkfield fosse ancora il posto migliore in California, se non nel mondo, dove sperare di registrare un terremoto e i suoi precursori. Per non parlare del fatto che la creazione di una struttura per il monitoraggio dei terremoti ha un'inerzia tremenda. Ci vuole un sacco di tempo, sforzi e risorse per installare un sismografo o un altro tipo di strumento di monitoraggio. Oltre alla logistica dell'impianto, si deve prima trovare un sito adatto, quindi si deve ottenere il permesso dal proprietario del terreno. Se i ricercatori avevano immaginato che ottenere l'autorizzazione potesse essere un compito semplice, hanno presto imparato che si sbagliavano. Avere i permessi necessari può facilmente ritardare un progetto, talvolta mandarlo totalmente a monte.

Una volta che un individuo o un'organizzazione riesce a installare uno strumento, nessuno ha il coraggio di disinstallarlo.

Ma a volte ci vuole molto impegno per far continuare a funzionare la strumentazione. Per oltre 30 anni gli scienziati dello United States Geological Survey di Menlo Park hanno gestito una rete di strumenti per misurare il creep (movimento asismico) della faglia, strumenti che all'occasione avrebbero registrato i più piccoli movimenti come quelli che, apparentemente, hanno preceduto il terremoto del 1966.

I colleghi riconoscono a John Langbein il merito di aver eroicamente continuato a far funzionare la strumentazione anche negli anni successivi al 1992, quando ormai i più avevano iniziato a dubitare che il terremoto si sarebbe mai verificato. Altri strumenti a Parkfield, compresi gli accelerometri installati dal sismologo Roger Borcherdt e dal suo gruppo di lavoro, sono stati mantenuti in funzione più grazie alla determinazione individuale che all'impegno dell'organizzazione (USGS).

Negli anni '80 il geofisico Roger Bilham installò quattro misuratori di creep a cavallo della faglia di San Andreas, a Parkfield, concentrando le osservazioni proprio lungo il tratto della faglia dove si era rotto il tubo. I suoi finanziamenti terminarono alla fine del 1990 e gli strumenti caddero in uno stato di abbandono. All'inizio del 2004 Bilham ottenne i fondi per poter riportare in vita i suoi misuratori di creep. Il 27 settembre 2004, visitò i suoi strumenti a Parkfield per riprogrammarli in modo tale che dimezzassero la frequenza di campionamento: avrebbero registrato un dato ogni minuto invece che ogni trenta secondi, così non sarebbe stato necessario visitare gli strumenti troppo spesso. Mentre si allontanava da Parkfield ricorda di aver pensato che la modifica era sufficientemente conservativa e poi quello sciocco terremoto probabilmente non si sarebbe mai verificato.

Capita di rado di essere smentiti così rapidamente. Alle 10:15 del mattino, ora locale, il 28 settembre 2004, Langbein, Borcherdt, Bilham e il resto della comunità sismologica ebbero il terremoto che stavano aspettando. È stato trentasette e non ventidue anni dopo l'ultimo, e, a differenza del terremoto di Parkfield del 1966, la faglia ha rotto da sud a nord invece che da nord a sud. Per il resto, sia in termini di magnitudo che di estensione della rottura, è stato il terremoto che gli scienziati avevano previsto. La maggior parte degli scienziati ora considerano il caso di Parkfield come un successo acclarato, nonostante il fatto che il terremoto del 2004 sia avvenuto in "ritardo" e abbia avuto una direzione di rottura opposta a quella attesa. E molti sismologi oggi considerano questo segmento di faglia, come un buon esempio dell'"irregolare regolarità" che caratterizza i terremoti. In quest'unica occasione, gli scienziati erano stati in grado di effettuare previsioni attendibili su una scala temporale di decenni.

Il risultato in questo caso non era stata la mitigazione del rischio: le robuste strutture in legno delle costruzioni nella zona di Parkfield hanno sopportato la scossa abbastanza bene. Il risultato è stato scienza. L'abbondanza di dati raccolti per il terremoto di Parkfield ha dato ai sismologi una serie di importanti nuovi indizi sul modo in cui le faglie e terremoti si comportano, e sulla natura dello scuotimento generato dai terremoti.

Ma se il terremoto di Parkfield è stato scoraggiante per le sue implicazioni relative alla possibilità di effettuare previsioni probabilistiche a breve termine, è stato addirittura deprimente nelle sue implicazioni riguardo alla possibilità di previsioni in assoluto.

Il vero scopo "dell'esperimento di previsione a Parkfield" era stato quello di tendere una trappola. Nel momento in cui la faglia si sarebbe rotta generando un terremoto, una sofisticata rete di strumenti sarebbe stata in funzione per registrare esattamente quello che stava succedendo lungo la faglia prima del terremoto. E così avvenne. Prima del terremoto del 2004, il gran numero di strumenti a Parkfield – i sismometri, i misuratori di deformazione, i magnetometri ecc. – non hanno registrato nulla di anomalo. I misuratori di creep di Bilham erano stati resuscitati giusto in tempo per dimostrare che la faglia non ha iniziato a muoversi prima del terremoto. La crosta non si è deformata; non sono stati registrati segnali magnetici anomali. Il terremoto non è stato nemmeno preceduto dalla scossa significativa che gli scienziati si aspettavano sulla base del fatto che nel 1966 e nel 1934 entrambi i terremoti a Parkfield erano stati preceduti da scosse premonitrici di magnitudo 5 circa diciassette minuti prima. Nel 2004, nessuna attività premonitrice è stata registrata nelle ore o nei giorni antecedenti al terremoto.

La faglia di San Andreas era stata interessata da uno scorrimento asismico più intenso nel 2004, ma non a Parkfield, bensì circa 125 chilometri a nord, nei pressi della città di San Juan Bautista. Il movimento lungo questa parte della faglia ha causato la rottura di un tubo tre giorni prima del terremoto di Parkfield del 2004. Secondo quelle che sono le nostre attuali conoscenze sulle faglie e sulla genesi dei terremoti, il piccolo movimento a San Juan Bautista non può aver esercitato alcuna influenza significativa sulla faglia di Parkfield. Cosicché si ritiene che tale coincidenza, sebbene intrigante, non sia altro che una coincidenza.

Considerando i risultati negativi di Parkfield, alcuni sismologi si sono affrettati a metterci una pietra sopra. Tempo di scrivere l'elogio funebre: la previsione dei terremoti era ufficialmente morta. Molti sismologi considerarono questa affermazione prematura, ma pochi di loro sono rimasti ottimisti. Da un lato, i risultati negativi di Parkfield non provano che il terremoto non è preceduto da precursori, ma soltanto che questo particolare terremoto non è stato preceduto da alcun precursore di entità tale da essere rilevato dagli strumenti. D'altra parte, se i precursori di un terremoto non possono essere rilevati nemmeno con la quantità e densità di strumenti in funzione a Parkfield, che speranza abbiamo di individuarli da qualsiasi altra parte?

I risultati negativi di Parkfield non provano che precursori significativi non precedono alcuni terremoti. Ma essi dimostrano che non tutti i terremoti sono preceduti da precursori significativi.

Gli sforzi per trovare i precursori non saranno scoraggiati facilmente. La consapevolezza che, in qualsiasi momento, il mondo che ci circonda potrebbe crollare, riducendo le strutture intorno a noi in macerie, non è una consapevolezza con cui convivere facilmente. Noi vogliamo, disperatamente, credere che, se la previsione dei terremoti non è possibile adesso, sarà possibile, presto.

E, nonostante i risultati negativi di Parkfield, vi sono motivi scientifici per ritenere che la previsione potrebbe essere possibile. Un grande terremoto è, dopo tutto, un evento portentoso. Oltre mille chilometri di margine di placca si sono spostati durante il terremoto di magnitudo 9.3 a Sumatra nel 2004. Le onde generate dal terremoto hanno letteralmente fatto risuonare la Terra come una campana. Durante queste vibrazioni, ogni punto sulla superficie terrestre è stato messo in movimento spostandosi di almeno un centimetro. Questi movimenti ondulatori a distanza non sono stati percepiti perché il terreno si è spostato assai lentamente, e ogni onda ha impiegato un tempo dell'ordine di una mezz'ora per passare dal punto più alto a quello più basso. Anche per quelli che pensano di avere una certa familiarità con i terremoti, può essere difficile concepire la quantità di energia che deve entrare in gioco per fare ballare un intero pianeta.

Sicuramente, noi crediamo, un grande terremoto non può avvenire così, di punto in bianco. Se lo sforzo si accumula per centinaia o migliaia di anni, di certo, o almeno così ci si immagina, la Terra invierà un qualche tipo di segnale quando la faglia sta per raggiungere il punto di rottura. Studi di laboratorio dimostrano che le rocce sottoposte a uno sforzo crescente cominciano a fratturarsi in modo prevedibile prima di rompersi definitivamente. In alternativa, forse i grandi terremoti si verificano a causa di qualche tipo di innesco esterno che potremmo cercare di identificare. Entrambe queste due ipotesi sono state esplorate da importanti scienziati. Il concetto di deformazione come fenomeno precursore rimane valido. L'analisi di vecchi dati di triangolazioni geodetiche suggerisce che il fondale marino sotto la baia di Tokyo potrebbe avere avuto deformazioni anomale negli anni precedenti il grande terremoto di Kanto del 1923, che ha devastato Yokohama e Tokyo. E nelle ore precedenti il terremoto di magnitudo 8.1 al largo di Tonankai nel sud-ovest del Giappone, gli strumenti hanno registrato una forte inclinazione del fondo del mare.

Altre anomalie sono stati riportate prima di altri terremoti. Nel 1997 Max Wyss e David Booth compilarono un elenco dei fenomeni precursori documentati che erano credibili e apparentemente significativi. Esaminando osservazioni che erano state spacciate come fenomeni precursori nella letteratura scientifica, hanno valutato se quelli che erano stati proposti come precursori fossero chiaramente definiti e mostrassero di essere statisticamente significativi. Alla fine rimasero con solo cinque osservazioni che potevano essere annoverate come precursori significativi di terremoti. Tra queste, un graduale aumento del livello dell'acqua nei tre giorni che hanno preceduto un terremoto di magnitudo 6.1, in California centrale, le variazioni del livello di falda prima di un terremoto di magnitudo 7.0 in Giappone e diversi cambiamenti significativi e documentati nell'andamento della sismicità locale.

In generale, i possibili precursori dei terremoti ricadono in varie ampie categorie:
1. cambiamenti idrologici o idrogeochimici, per esempio variazioni di livello nei pozzi o di flusso nei ruscelli o variazioni nel chimismo della falda acquifera;
2. segnali elettromagnetici, per esempio correnti elettriche anomale o segnali magnetici a frequenza ultra-bassa, le cosiddette luci del terremoto;
3. variazioni nelle proprietà fisiche della crosta terrestre, per esempio cambiamenti nella velocità delle onde sismiche;
4. variazioni nell'andamento della sismicità di bassa o moderata magnitudo;
5. deformazione anomala della crosta;
6. rilascio anomalo di gas o di calore lungo la faglia.

Inoltre, i precursori dei terremoti entrano potenzialmente in gioco su scale temporali diverse. Alcuni segnali apparentemente anomali sono stati osservati da secondi a ore prima di grandi terremoti, altri da giorni a settimane prima.

All'interno della comunità sismologica la ricerca per trovare precursori si è concentrata principalmente sullo studio dell'andamento spazio-temporale dei piccoli terremoti. Quando gli scienziati installarono per la prima volta dei sismometri nel sud della California erano motivati in parte dalla speranza che le piccole scosse avrebbero annunciato l'arrivo di grandi terremoti. Come ha scritto Charles Richter in una nota nel 1952: "C'era la speranza iniziale che le piccole scosse si sarebbero concentrate lungo le faglie attive e forse avrebbero aumentato la loro frequenza come un segno di una forte scossa in arrivo." Già nel 1952, Richter e i suoi colleghi avevano abbandonato questa speranza. "Peccato", egli scrisse, "ma non lo fanno. Approssimativamente, le piccole scosse avvengono su piccole faglie, di continuo, su tutto il territorio; i grandi terremoti su grandi faglie".

Nonostante la dichiarazione pessimistica di Richter, questa linea di ricerca è proseguita. Il dr. Win Inouye, un sismologo giapponese originario delle Hawaii, nel 1965 arrivò alla conclusione che le piccole scosse diventano meno frequenti prima di grandi terremoti. Un certo numero di studi più recenti hanno anche individuato presunti andamenti di tale quiescenza sismica premonitrice. Il sismologo giapponese Kiyoo Mogi ha descritto un altro andamento precursore della sismicità, quello che gli scienziati conoscono come la ciambella di Mogi: una diminuzione dell'attività sismica vicino al sito di un futuro terremoto combinata con un aumento dell'attività sismica in una regione circostante a forma di ciambella. Finora l'esistenza di ciambelle di Mogi non è stato dimostrata da analisi statistiche rigorose. I sismologi tendono ad avere i loro dubbi su ciambelle e quiescenze. Ma nel fondo della nostra mente continuiamo a interrogarci.

Quella dei fenomeni precursori dei terremoti è una materia che non riguarda solo la scienza, ma anche la tradizione popolare e la leggenda. Così profondamente radicato è il concetto di "tempo da terremoto" da avere un ruolo importante nella trama di *Ih-Oh, Sii felice!* pubblicato per la prima volta nel 1991 come parte della serie dei "Piccoli Libri d'Oro" per i bambini con protagonista Winnie the Pooh. Anche la convinzione che gli animali possano percepire in qualche modo l'arrivo di un forte terremoto è fortemente radicata. A che cosa gli animali potrebbero essere sensibili rimane poco chiaro. Ma se gli animali sono in grado di percepire e di reagire a qualcosa, allora lo stesso comportamento animale potrebbe essere considerato un precursore. Le origini di questa idea sono più antiche della scienza che studia i terremoti. Negli ultimi decenni gli scienziati hanno intrapreso vari esperimenti per testare l'idea in modo rigoroso. Tutti questi tentativi sono falliti. Per esempio, i ricercatori hanno confrontato il numero di annunci di animali smarriti sui giornali con la lista di terremoti significativi, assumendo che, se gli animali percepiscono l'arrivo di un terremoto verosimilmente diventano agitati e scappano da casa più spesso del solito. Tali studi hanno rivelato che vi è una correlazione tra numero di annunci di animali smarriti e violente tempeste metereologiche; questo non è sorprendente perchè gli animali non percepiscono l'arrivo di una tempesta, ma piuttosto scappano via nel corso delle stessa. Tali studi non mostrano alcuna correlazione tra il numero di annunci e i terremoti. Nel 1970 il sismologo Ruth Simon escogitò esperimenti per vedere se l'attività dello scarafaggio potesse essere correlata all'arrivo di un terremoto. Non lo era. Durante il 1970 il Servizio Geologico degli Stati Uniti (USGS) ha intrapreso o finanziato molti altri studi, tra cui il monitoraggio sistematico del comportamento dei roditori nel deserto della California meridonale. Nessuna di queste indagini ha mai dato frutti.

I ricercatori svedesi non hanno avuto maggior fortuna quando hanno fissato dei sensori per i terremoti, chiamandoli "seismoometers", sulla groppa di una mandria di mucche nella Svezia meridionale. Quando un terremoto di magnitudo 4.7 si è verificato a sole poche miglia dal branco, gli animali non solo non hanno dimostrato alcun comportamento inusuale prima del terremoto, ma non hanno mostrato alcuna reazione durante il terremoto.

"Si può probabilmente dire", ha osservato ricercatore Anders Herlin, "che, come specie, le mucche non sono tra quelli esistenti gli animali più sensibili ai terremoti." Eppure la tradizione popolare continua a vivere. Non più tardi del 1976, non proprio nell'antichità quindi, editoriali e articoli sui principali quotidiani hanno descritto il comportamento anomalo degli animali prima di un terremoto, come un dato di fatto. Tra le molte ragioni possibili dietro la perdurante longevità di questa credenza popolare vi è il fatto che nemmeno i sismologi possono spiegare pienamente il comportamento che serpenti, rane e altri animali hanno tenuto nel nord della Cina durante l'inverno del 1974-1975.

6. La strada per Haicheng

Sebbene la previsione del terremoto di Haichen sia stata una mistura di confusione, analisi empiriche, intuizioni, e fortuna, è stato il primo tentativo di prevedere un forte terremoto che non si sia rivelato un fallimento
Kelin Wang, Qui Fu Chen, Shihong Sun and Andong Wang, 2006

Tutti sanno che gli animali possono fornire indizi sul fatto che un forte terremoto stia per avvenire – non vi fu forse l'insolito comportamento degli animali alla base della previsione di quel terremoto in Cina?

Il terremoto di magnitudo 7.5 di Haicheng, che ha colpito il nord della Cina nel 1975, occupa un posto di primo piano negli annali della previsione dei terremoti. Per comprenderne l'importanza tanto politica quanto scientifica è utile ripercorrere le diverse tappe lungo la strada che ha portato al terremoto di Haicheng. Se la previsione dei terremoti rappresenta tutt'oggi un punto di scontro tra scienza e società, sicuramente tale scontro raggiunse il suo apice durante gli anni immediatamente precedenti e successivi al terremoto di Haicheng.

Nell'ambito delle scienze della terra, la metà del ventesimo secolo fu senza dubbio caratterizzata dalla rivoluzionaria teoria della tettonica a placche. Per i sismologi ciò ha significato comprendere il fenomeno dei terremoti su scala globale, e finalmente capire quali sono le forze che li generano. Eppure la sismologia rimase una piccola "impresa" e anche le migliori reti di monitoraggio dei terremoti venivano mandate avanti con pochissimi investimenti. Durante il periodo della guerra fredda i sismologi si trovarono improvvisamente sotto le luci dei riflettori, a giocare un ruolo chiave in faccende di rilevanza strategica nazionale. Non appena iniziarono i test nucleari, gli scienziati così come i governanti si resero conto del ruolo unico che la sismologia avrebbe potuto svolgere, fornendo le registrazioni delle onde generate dalle grandi esplosioni sotterranee. I governi potevano mantenere segreti i loro test nucleari, ma le onde generate dalle esplosioni non rispettano né i confini internazionali né le decisioni dei governi. Entro la fine degli anni '40 il governo americano iniziò a finanziare i sismologi offrendo contratti agli scienziati nelle università e avviando programmi di ricerca.

Per monitorare le esplosioni nucleari, in particolare al di fuori degli Stati Uniti, era necessaria una rete globale di sismometri i cui dati fossero facilmente accessibili. Gli Stati Uniti avrebbero potuto avviare programmi segreti, ma negli anni '50 il governo aveva impegnato peso politico e risorse economiche nella costituzione della "World-Wide Standardized Seismograph Network" (WWSSN), la prima rete sismica a scala mondiale formata da strumenti moderni e con uno standard comune di gestione dei dati. Il patrocinio militare fornì una quantità di risorse prima inimmaginabili per sismologi. Non solo, ulteriori risorse per la ricerca affluirono sotto gli auspici del programma "Vela Uniform". Le origini del nome Vela sono poco chiare, secondo alcuni deriva dalla forma imperativa del verbo spagnolo velar che significa "guardare" o "vigilare".

In una certa misura la scienza sismologica è stata inevitabilmente plasmata dagli interessi dei suoi benefattori. Ma decisioni prese fin dall'inizio assicuravano che, in primo luogo, i dati sarebbero stati disponibili a tutti, e, in secondo luogo, che una parte considerevole dei nuovi finanziamenti avrebbe sostenuto la ricerca di base piuttosto che la ricerca finalizzata al monitoraggio dei test nucleari. Il programma WWSSN e in generale tutto il programma Vela si rivelò una vera e propria manna per i sismologi. Con un mucchio di nuovi dati su scala globale, molti, anche se non tutti i migliori sismologi, si concentrarono, comprensibilmente, su studi di sismologia globale.

Il 22 maggio del 1960 un gigantesco terremoto colpì il Cile, rompendo quasi mille chilometri di margine di placca al di sotto dell'Oceano Pacifico – con una magnitudo stimata di 9.5, si è trattato del più grande terremoto mai registrato dai sismologi. Il bilancio delle vittime in Cile fu relativamente basso (1655 vittime) per un terremoto di questa portata. Ma il terremoto e il successivo tsunami (maremoto) lasciarono circa 2 milioni di persone senza casa. Come ci hanno mostrato il terremoto e lo tsunami di Sumatra, nel 2004, uno tsunami di grandi dimensioni può avere un raggio d'azione molto ampio. Così le onde di tsunami generate dal grande terremoto cileno non si infransero solo sulle coste locali, ma si propagarono verso ovest attraverso l'Oceano Pacifico, muovendosi tranquillamente in mare aperto alla velocità approssimativa di un aereo moderno. In assenza di sistemi di allerta l'onda si avvicinò a Hilo, nelle Hawaii, senza alcun preavviso (Fig. 6.1). In mare aperto uno tsunami comporta il movimento in su e in giù dell'intera colonna d'acqua, e con così tanta acqua in movimento in superficie le onde sono molto lunghe e non pericolose (Fig. 6.2). Quando le onde si avvicinano alle coste, l'energia prima distribuita in tutta la colonna d'acqua si concentra in volumi d'acqua sempre più piccoli e l'altezza dell'onda cresce.

Fig. 6.1 Danni a Hilo, Hawaii, dovuti allo tsunami generato dal terremoto cileno del 1960. La massima altezza delle onde misurata a Hilo è stata di 10.7 metri (fotografia per gentile concessione del National Geophysical Data Center)

Fig. 6.2 Il primo aprile 1946 un grande terremoto in Alaska ha generato un potente tsunami che si è propagato attraverso l'Oceano Pacifico. Le onde hanno raggiunto Hilo, Hawaii, circa 5 ore più tardi, causando l'innalzamento del livello del mare a un'altezza pari a quella di due edifici di tre piani sovrapposti e devastando il lungomare. La gente lungo la costa correva per salvare la propria vita. La calamità ha prodotto 159 vittime alle Hawaii e ha provocato 26 milioni di dollari di danni (fotografia per gentile concessione del National Geophysical Data Center)

Alcune zone costiere della Terra sembrano essere attrattori naturali di tsunami. Hilo è una di queste. Il 23 maggio del 1960, quasi quindici ore dopo che il terremoto del Cile era avvenuto, onde di dieci metri si schiantarono sulla baia di Hilo. Sessantuno persone rimasero uccise; gli edifici con la struttura in legno furono distrutti e spazzati via.

Finanche sul lato più lontano dell'Oceano Pacifico le onde rimasero così potenti da mietere un tributo, causando centotrentotto morti in Giappone e trentadue nelle Filippine.

Sismologi e ingegneri di tutto il mondo si precipitarono a studiare i diversi aspetti del terremoto cileno. Avendo a disposizione dati senza precedenti registrati da sismografi in tutto il pianeta, i sismologi americani si concentrarono nuovamente su studi su scala globale. Per la prima volta, avevano osservazioni inconfutabili delle cosiddette oscillazioni libere della Terra. Il terremoto era stato così grande da far risuonare l'intero pianeta.

Osservazioni di queste oscillazioni, così come di altri tipi di onde, hanno fornito ai sismologi nuovi strumenti con cui esplorare la struttura interna del pianeta.

Per la sismologia furono tempi emozionanti. I sismologi non sono certo mostri, ma resta il fatto che i dati per noi più interessanti spesso rappresentano un incubo per qualcun altro.

Alcuni sismologi erano particolarmente consapevoli di questo. Nei primi anni '60, Lou Pakiser guidava un gruppo di sismologi presso la sede dello United States Geological Survey a Denver. Il suo gruppo aveva ricevuto finanziamenti Vela per indagini sulla struttura della crosta, un campo d'indagine naturale per l'USGS, dato che il loro mandato originario riguardava la mappatura di risorse minerarie. Come i suoi colleghi del mondo accademico, Pakiser e il suo gruppo avevano una certa libertà nelle loro indagini finanziate dal progetto Vela. Nei primi anni '60, all'indomani del terremoto cileno, gli interessi di ricerca del gruppo cominciarono a spostarsi dallo studio della crosta terrestre a quello dei terremoti.

La macchina si era messa in moto. Il 27 marzo 1964 accelerò bruscamente quando si verificò un altro gigantesco terremoto, questa volta lungo la costa dell'Alaska. Nonostante le sue dimensioni, anche il grande terremoto del Venerdì Santo non causò un enorme numero di vittime, tuttavia 131 persone persero la vita e le drammatiche immagini dei danni ad Anchorage, causati dal terremoto e dallo tsunami furono trasmesse in tutto il mondo: un disastro in Technicolor all'inizio dell'era della televisione. Il monitoraggio e la valutazione del rischio sismico divennero subito una preoccupazione prioritaria per il governo degli Stati Uniti così come terremoti negli ambienti scientifici. Sebbene le nuove stazioni WWSSN fornissero buone registrazioni di forti terremoti a grandi distanze, quel tipo di strumenti andava fuori scala (saturava) in caso di forti terremoti a distanza ravvicinata, e in più non era abbastanza sensibile per registrare piccoli terremoti a distanza ravvicinata. Erano necessari strumenti differenti, in grado di registrare rispettivamente forti o deboli scuotimenti. Al tempo del terremoto del 1964, gli strumenti in grado di registrare forti scuotimenti (strumenti *strong-motion*) negli Stati Uniti erano pochi e questo tipo di monitoraggio era limitato; la Coast e Geodetic Survey gestiva un totale di circa 300 strumenti. La sismologia cosiddetta *weak-motion*, o regionale, che registra i piccoli movimenti del terreno, era stata in gran parte lasciata in mano alle università come Caltech, Università della California Berkeley e la St. Louis University.

Una commissione di esperti guidata da Frank Press del MIT venne convocata all'indomani del sisma in Alaska. Per l'autunno del 1965 tale commissione aveva stilato una serie di raccomandazioni urgenti per la Casa Bianca, in particolare un programma decennale, da 137 milioni dollari, volto a prevedere i terremoti e a mitigare i danni da essi prodotti. I responsabili dell'USGS compresero l'opportunità che gli era capitata tra le mani. Pochi giorni dopo che gli esperti avevano inviato le loro raccomandazioni, l'USGS si fece avanti con un annuncio a caratteri cubitali: un nuovo centro di ricerca stava per essere istituito a Menlo Park, in California. Come riportato dal giovane giornalista David Perlman, il nuovo centro sarebbe stato "progettato per dare l'assalto alla barriera che aveva fino ad allora impedito la previsione dei terremoti". Sfruttando la spinta iniziale, Pakiser guidò la carica, lasciando Denver, dove aveva diretto il Centro per gli studi crostali, per trasferirsi a Menlo Park, in California, a dirigere il nuovo National Earthquake Research Center.

Ci sarebbe voluto un altro decennio prima che il governo effettivamente finanziasse l'ambizioso nuovo programma di ricerca, che era stato proposto. Nel frattempo altre risorse erano state usate per sopperire alla carenza di fondi. Alla fine degli anni '60, la Divisione Geologia e Miniere della California, che in precedenza si occupava della mappatura delle risorse minerarie, aveva aumentato il suo finanziamento per la ricerca sui terremoti. Anche l'USGS aveva iniziato a sostenere il suo nascente programma. Questo portò a, utilizzando le parole dello storico Carl-Henry Geschwind, "litigi" politicamente imbarazzanti tra l'USGS e il Coast and Geodetic Survey (CGS), che era stato responsabile della rete *strong-motion* dal 1932. Secondo alcuni resoconti il Coast and Geodetic Survey era stato messo da parte per aver, nelle parole di Geschwind "acquisito la reputazione di impegnarsi solo nella raccolta ordinaria di dati piuttosto che nella ricerca innovativa."

Secondo l'opinione di altri l'agenzia centrale del CGS, la National Oceanic and Atmospheric Administration, decise di abbandonare il proprio programma di ricerca sui terremoti quando tagli ai finanziamenti minacciarono di compromettere programmi a priorità più elevata.

Mentre nell'arena politica erano in corso queste macchinazioni, un lungo periodo di quiete sismica nella zona di Los Angeles terminò bruscamente, un minuto dopo le sei di mattina del 9 febbraio 1971, quando un terremoto di magnitudo 6.6 colpì Sylmar, nella parte settentrionale della regione di San Fernando, a nord di Los Angeles.

Crollò un ospedale a Sylmar; un altro ospedale nella vicina comunità di Olive View subì gravi danni (Fig. 6.3A e 6.3B). Morirono sessantacinque persone, e i danni materiali ammontarono a mezzo miliardo di dollari.

Fig. 6.3 A Danni all'ospedale di Olive View, San Fernando prodotti dal terremoto di Sylmar, California nel 1971 (fotografia USGS)

Fig. 6.3 B Il terremoto di Sylmar ha prodotto un gradino, o scarpata, sulla superficie terrestre: il risultato del movimento verticale di una faglia compressiva che è proseguito fino alla superficie. Tale lineamento è stata eroso significativamente dal 1971, ma nel punto mostrato nella foto la scarpata è stato incorporata come aiuola nella progettazione del parcheggio di un fast-food (fotografia di Susan Hough)

Negli ultimi decenni i sismologi hanno imparato che terremoti come quello di Sylmar sono seguiti non solo da scosse di assestamento nelle vicinanze ma possono anche innescare terremoti più distanti. È altrettanto certo che un terremoto come quello di Sylmar innesca non solo altri terremoti, ma anche previsioni di terremoti. Quando un grande terremoto guadagna l'attenzione dei media, la comunità della pseudo-scienza entra immediatamente in azione con previsioni di eventi futuri e, spesso, rivendicando di aver previsto anche l'evento recentemente accaduto. Nel dicembre del 1971, l'auto-proclamatosi "profeta del terremoto" Reuben Greenspan, predisse che un terremoto devastante avrebbe colpito San Francisco il 4 gennaio 1972.

Ma la comunità della pseudo-scienza non è sola. Subito dopo il terremoto di Sylmar, Charles Richter, che durante tutta la sua vita fu un fervente critico della previsione dei terremoti, si espresse duramente a riguardo. Le persone che pretendono di fare previsioni deterministiche sono, per usare le sue parole, "ciarlatani, falsi, o bugiardi", un epiteto che, com'è noto, più tardi egli stesso sintetizzò in "pazzi e ciarlatani". Ma se nessuno scienziato ha contraddetto la valutazione Richter circa le capacità di previsione in quel momento, molti si sono affrettati a esprimere ottimismo circa la possibilità di prevedere i terremoti in un futuro non così lontano. Nel febbraio del 1971, il direttore del Caltech Seismo Lab, Don Anderson dichiarò che, con fondi adeguati per sostenere questo tipo di ricerca, "a mio parere sarà possibile prevedere un terremoto in una determinata area con la precisione di una settimana". Nel giugno del 1971 il Tribute Oakland riportò le parole del professor di geologia Richard Berry che diceva: "Se 10 anni fa mi fosse stato chiesto se fosse possibile prevedere i terremoti probabilmente avrei detto di no. Ora tutto lascia pensare che entro una decina d'anni avremo conoscenze che, entro certi limiti, renderanno possibile prevedere che cosa accadrà".

Da dove veniva un tale ottimismo? Parte di esso può essere ricondotta all'ex Unione Sovietica. All'inizio degli anni '70 nella comunità scientifica degli Stati Uniti si era diffusa la voce che in Unione Sovietica erano riusciti a prevedere dei terremoti utilizzando un metodo capace di rilevare piccole variazioni nella velocità di propagazione delle onde sismiche nella crosta terrestre. In particolare, gli scienziati sovietici avevano iniziato a investigare le variazioni del rapporto tra la velocità delle onde P (onde di pressione) e la velocità delle onde S (onde di taglio) all'interno della crosta terrestre, quello che oggi gli scienziati chiamano il metodo Vp/Vs.

Il metodo, che deriva da teorie sostanzialmente valide, si basa sul concetto che: se i terremoti sono preceduti dalla formazione di fratture nella roccia che costituisce la crosta terrestre, tali cambiamenti devono modificare il rapporto delle velocità di propagazione delle onde sismiche. E il rapporto tra velocità delle onde P e delle onde S può essere misurato con maggiore precisione rispetto alla velocità assoluta delle onde stesse.

L'interesse per lo studio e la previsione dei terremoti in Unione Sovietica risale a una serie di tre grandi terremoti che hanno colpito l'Asia centrale sovietica, nei pressi di Garm, in Tagikistan, tra il 1946 e il 1949, compreso un evento di magnitudo 7.4 verificatosi il 10 luglio 1949. Nel 1970 i sismologi sovietici parlarono di progressi in apparenza impressionanti ottenuti utilizzando il metodo Vp/Vs. Nel 1971 il convegno dell'Unione Internazionale di Geodesia e Geofisica (IUGG) si tenne a Mosca e i sismologi sovietici generarono grande fermento con ciò che sembrava essere un risultato entusiasmante. La notizia dell'apparente successo sovietico arrivò in Occidente. Il giorno seguente al verificarsi di un terremoto di magnitudo 5.8 nel febbraio del 1973, nei pressi di Ventura, in California meridionale, i lettori del Los Angeles Times appresero che "nessuno metteva in dubbio la validità della ricerca sovietica" sul metodo Vp/Vs.

Peter Molnar, che diventerà poi ricercatore presso la Scripps Institution of Oceanography, prese parte a un'escursione a Garm, prevista in concomitanza del convegno del 1971. Molnar ha descritto l'esperienza come un "viaggio divertente", ma ha aggiunto che in quell'occasione non fu permesso ai partecipanti di indagare i dettagli del programma di ricerca sovietico. Incuriosito, tornò a casa e successivamente fece domanda per una borsa di studio presso la National Academy of Sciences, per avere il modo di trascorrere un po' di tempo in Unione Sovietica. In particolare nella domanda egli propose di essere ospite all'Istituto Sismologico di Garm per saperne di più sul metodo Vp/Vs. Al suo atterraggio a Mosca, nel 1973, egli si rese conto fin dall'inizio che i suoi referenti scientifici non erano particolarmente entusiasti di organizzare il suo viaggio a Garm. Mentre era lì, però, una delegazione di scienziati di alto rango, tra cui vi era Frank Press, si recò in visita a Garm, ed evidentemente oliò i meccanismi: Molnar poté ben presto partire per l'Asia Centrale.

Il direttore dell'istituto, il noto scienziato sovietico Igor Nersesov, era via quando Molnar arrivò, ma due giovani scienziati, Vitaly Khalturin e sua moglie Tatyana Rautian, presero Molnar sotto la loro ala protettrice e fecero in modo che egli avesse accesso a sismogrammi importanti per lo studio del metodo Vp/Vs. Molnar era deciso a eseguire misurazioni dirette sui sismogrammi, in particolare gli esatti tempi di arrivo delle onde P e S per ogni terremoto a ogni stazione. Con queste informazioni, poteva riprodurre i calcoli che gli scienziati sovietici avevano fatto per determinare i valori di Vp/Vs prima e dopo i terremoti più rilevanti. Tre settimane più tardi Molnar si rese conto di non essere in grado di riprodurre gli interessanti risultati che aveva visto. I suoi calcoli di Vp/Vs mostravano un alto grado di variabilità ma non identificavano alcun andamento particolare nei giorni che precedevano i terremoti di grandi dimensioni.

Quando Nersesov fece ritorno all'Istituto, spiegò a Molnar in che modo quegli stessi dati erano stati analizzati dai sismologi di Garm. Molnar capì subito com'era andata. I ricercatori avevano prodotto mappe di come il Vp/Vs variava in tutta la loro regione di studio, includendo differenze sistematiche legate al tipo di roccia così come aree distribuite qua e là in cui il Vp/Vs era localmente superiore o inferiore alla media. Questi risultati erano in linea con quanto già si sapeva: la velocità delle onde sismiche e il rapporto tra velocità delle onde P e S possono variare un po' in tutta la crosta terrestre. Nel calcolare un valore di Vp/Vs anomalo da un particolare sismogramma, Nersesov aveva ampio margine in fase d'interpretazione; poteva attribuire il valore anomalo a un'area in precedenza identificata come anomala nella crosta terrestre o poteva dichiarare che si trattava di un'anomalia temporale.

Per analogia, immaginiamo di fare una serie di TAC per decidere se una scatola di uva passa e crusca è stata invasa dai vermi della farina. Una scansione iniziale rivelerà la posizione dei chicchi di uvetta, con un inevitabile grado d'incertezza. Nel corso del tempo scansioni successive riveleranno piccoli segnali anomali. Ma ciascuna apparente anomalia potrebbe semplicemente essere spiegata come parte di un'uvetta già identificata. Sarà una questione d'interpretazione decidere quali anomalie sono reali (vale a dire vermi della farina) e quali possono invece essere trascurate (in quanto semplici parti di uva passa). Se ognuno dà le proprie interpretazioni alla cieca, senza alcuna informazione di altro genere, si ottiene un risultato che ha un notevole grado d'incertezza, pur se privo di errori sistematici legati a teorie preconcette. Solo una raffica di puntini anomali avrebbe fornito una prova convincente che l'invasione era in corso.

Le interpretazioni di Nersesov, tuttavia, non erano casuali. Sapeva che sismogrammi stava guardando e conosceva i tempi di accadimento dei grandi terremoti che avevano colpito la regione. Molnar comprese che Nersesov e i suoi colleghi non erano stati consapevolmente disonesti nelle loro interpretazioni. Avevano, però, impostato le regole del gioco in modo tale per cui era fin troppo facile ingannare se stessi.

Al suo ritorno negli Stati Uniti Molnar spiegò le sue conclusioni ad alcuni colleghi, compresi due degli scienziati che avevano fatto parte della delegazione che aveva visitato Garm: Frank Press e Lynn Sykes. Molnar si scontrò con lo scetticismo dei due uomini, che rimasero entrambi convinti che le anomalie fossero reali.

Gli alti gradi, all'USGS, erano comunque desiderosi di saperne di più. Nel 1974 inviarono uno dei loro giovani scienziati, Rob Wesson, a Garm. Wesson descrive l'esperienza come "educativa culturalmente più che scientificamente." Al suo arrivo a Garm trovò sulle pareti dei poster simili, se non identici a quelli presentati al convegno dello IUGG. Ma non vi era traccia dei sismologi autori di quegli studi. E nessuno tra quelli presenti nell'istituto era preparato a discutere in dettaglio di quei lavori. Wesson andò via da Garm con l'impressione che i sismologi sovietici in realtà non avessero più piena fiducia nei risultati che erano stati pubblicizzati nel corso del convegno del 1971.

Le impressioni di Wesson furono successivamente confermate da Peter Molnar. Nonostante Molnar avesse presto abbandonato la ricerca sulla previsione, egli mantenne uno stretto rapporto professionale e personale con i suoi colleghi Rautian e Khalturin. Molti anni più tardi essi confessarono a Molnar che avevano considerato la sua visita come una sorta di test: il giovane scienziato americano avrebbe preso per buono quello che loro stessi sapevano essere il frutto del loro desiderio o sarebbe stato in grado di arrivare alla conclusione che, a essere onesti, anche loro conoscevano?

Nonostante l'esperienza di Garm non fosse stata all'altezza delle aspettative, alcuni ricercatori negli Stati Uniti non si lasciarono scoraggiare. Nel 1973, un gruppo di ricercatori del Lamont-Doherty Geological Observatory ha usato il metodo Vp/Vs per fare una previsione, apparentemente con successo, di un piccolo terremoto (magnitudo 2.6) nello Stato di New York. Sempre nel 1973, un gruppo di scienziati guidati da Christopher Scholz a Lamont, sviluppò la teoria della dilatanza, il processo attraverso il quale il volume delle rocce aumenta leggermente (si dilata) quando sottoposto a sforzo. L'aumento si verifica perché grani rocciosi vengono spostati, generando nuove microfratture. La teoria, che sembrava fornire una solida base fisica per i promettenti risultati osservati, generò entusiasmo tra i colleghi di Scholz a Lamont e altrove. Anche il legame tra iniezione di fluidi in profondità e terremoti, per la prima volta osservato nel 1960 e sviluppato durante gli anni '70, ha fornito agli scienziati una migliore comprensione del ruolo che la pressione dei fluidi può rivestire nella nucleazione di un terremoto. Sembrò che gli scienziati, per la prima volta, stavano trovando il modo per spiegare esattamente come e perché i terremoti avvengono.

All'interno del filone principale della comunità scientifica che studia i terremoti si incominciò con slancio a costruire un nuovo e ambizioso programma federale per la riduzione del rischio sismico su scala nazionale per sostenere la ricerca sismologica. Mentre prima i principali protagonisti della ricerca scientifica avevano fatto leva sugli interessi militari e strategici per aumentare i finanziamenti per la sismologia, negli anni '70 la riduzione del rischio era diventata una questione d'interesse nazionale. Qualunque fosse il motivo era una cosa positiva. La sismologia è una scienza importante per la società in virtù dei contributi che può dare alla valutazione della pericolosità sismica e alla mitigazione del rischio. Stime affidabili di scuotimento del suolo in caso di futuri terremoti, per citare solo un esempio, rappresentano la base per definire le regole con le quali si deve costruire. Anche se potessimo prevedere i terremoti con una precisione perfetta, i grandi terremoti rappresenterebbero catastrofici disastri economici se gli edifici e le infrastrutture non riuscissero a sopravvivere allo scuotimento.

Il problema con la valutazione del rischio sismico è che, di per sé, semplicemente non è attraente. Non è ciò che la gente vuole, e non si può affabulare il Congresso con la promessa di codici di costruzione migliori. Regolamenti edilizi migliori tendono a essere un boccone amaro: si alzano i costi di costruzione in virtù di qualcosa che potrebbe anche non accadere mai. La promessa certa della previsione dei terremoti, in particolare sulla scia di un terremoto come quello di Sylmar, quello sì che era roba attraente. All'inizio degli anni '70 progetti ambiziosi cominciarono a prendere forma, ad acquistare slancio sufficiente per un nuovo programma nazionale. E questi progetti sono stati promossi – in gran parte se non interamente – grazie alle promesse di previsione dei terremoti: promesse che, col senno di poi, erano a metà tra l'ottimistico e il totalmente irresponsabile.

Se il terremoto di Sylmar aveva portato la pentola della previsione a una lenta ebollizione, la scintilla che aumentò violentemente il bollore proveniva dall'altra parte del mondo. In termini d'intrighi, sarebbe stato difficile concepire una trama così ingarbugliata. Nei primi mesi del 1975 cominciano ad arrivare sulle coste occidentali alcune voci: pareva che i sismologi in Cina avessero previsto con successo il fortissimo terremoto di magnitudo 7.3 di Haicheng, evitando l'enorme perdita di vite che ci sarebbe sicuramente stata se il terremoto avesse colpito senza preavviso. Naturalmente, nel 1975 la Cina aveva appena cominciato a liberarsi dalla soffocante stretta della Rivoluzione Culturale. Mao era malato, ma vivo, e la Cina continuava a essere molto isolata dal – ed enigmatica per – il resto del mondo.

Il fatto che il terremoto si sia verificato è fuori discussione. Nel 1975, onde di un terremoto così grande furono registrate dalla rete mondiale di sismometri, fornendo ai sismologi di tutto il mondo dati sufficienti per determinarne la localizzazione e la magnitudo. Ciò che era accaduto in Cina, prima del terremoto, era invece meno chiaro. La linea del partito era chiara, dichiarata con convinzione e ripetuta innumerevoli volte. Il proclama è stato ripetuto a pappagallo fino ai giorni nostri da fonti autorevoli all'interno e all'esterno della Cina: "Il terremoto di Haicheng è stato previsto con successo, salvando innumerevoli migliaia di vite".

I sismologi occidentali avrebbero impiegato alcuni decenni a comprendere che tale affermazione è all'indefinito confine tra realtà e finzione.

Sette mesi dopo il terremoto, il neozelandese Robin Adams fu il primo sismologo non cinese autorizzato a recarsi nella zona di Haicheng. In Cina egli si imbattè in una marea di giacche blu di Mao, un indizio evidente che l'ossessione per la Rivoluzione Culturale era rimasta molto vivida anche se la salute del suo leader stava peggiorando. I sismologi dissero ad Adams: "Mao ci ha detto di prevedere i terremoti, quindi abbiamo dovuto trovare il modo per farlo". Insistendo ripetutamente, Adams aveva appreso che c'erano state diverse previsioni che avevano portato a evacuazioni prima del 1975, ma queste non erano state seguite da terremoti. I cinesi che ospitavano Adams erano vaghi su questo punto. Quando Adams chiedeva maggiori dettagli su come venissero fatte le previsioni prima del terremoto di Haicheng, la sceneggiatura era molto più chiara: "La sismologia camminava su due gambe, gli esperti e le grandi masse del popolo". Le "grandi masse" sono state incoraggiate a contribuire all'impegno, facendo semplici osservazioni sul livello delle acque e il comportamento degli animali. Nella mente di Adams, si trattava di "un raffinato inganno sociale per far credere alle persone comuni di essere coinvolte nella previsione, e astutamente in caso di errore, per evitare agli stessi esperti la critica del popolo".

Eppure, a quanto pare, nel 1975 una previsione era stata fatta, un terremoto si era verificato e delle vite erano state salvate. Il mondo ne prese atto. I più importanti scienziati in Occidente ne presero atto. La previsione dei terremoti, a quanto sembrava, era davvero possibile. La storia completa della previsione non sarebbe stata raccontata fino a quando i documenti non sono stati messi a disposizione, decenni più tardi. Nel 2006, in un articolo del Bollettino della Società Sismologica Americana, Kelin Wang e i suoi colleghi hanno raccontato una storia che ai sismologi occidentali era nota solo in parte. Scavando nei documenti originali, la squadra di Wang è stata in grado di ricostruire l'intera storia. Il senso generale era: sì, il terremoto era stato più o meno previsto. Se questo, che poteva essere considerato a tutti gli effetti un successo, offrisse una qualche generale prospettiva per poter fare previsioni affidabili era un'altra storia.

Da un punto di vista geologico la strada che portava ad Haicheng era iniziata con una serie di terremoti di moderata intensità alla fine degli anni '60 e nei primi anni '70, nella regione normalmente tranquilla del Mar di Bohai a sud-ovest di Haicheng e a est-sud-est di Pechino. Come i sismologi hanno imparato a comprendere negli ultimi decenni, i terremoti tendono a raggrupparsi nel tempo e nello spazio. Un grande terremoto perturba l'area circostante in modo tale da rendere i terremoti sulle faglie adiacenti più probabili. Come tessere del domino adiacenti possono cadere minuti, giorni o anni dopo essere state disturbate o non cadere affatto (Fig. 6.4). Verso la fine degli anni '60, i sismologi cinesi avevano già sviluppato teorie simili, sebbene più vaghe, per spiegare come i grandi sistemi di faglie avrebbero potuto attivarsi.

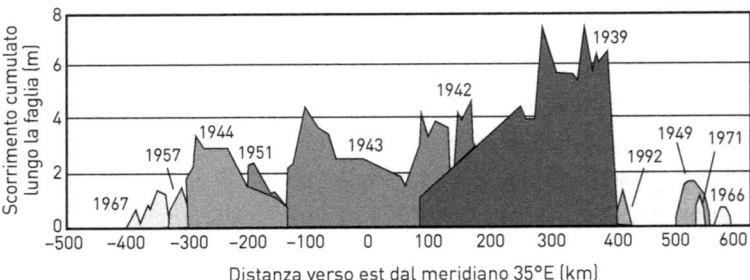

Fig. 6.4 La sequenza dei terremoti avvenuti sulla faglia Nord Anatolica nella parte settentrionale della Turchia. Un grande terremoto, nel 1939, determinò l'aumento dello stress su entrambe le estremità della sua rottura, apparentemente innescando a cascata una sequenza di eventi successivi di grandi dimensioni che sarebbero avvenuti nella restante parte del ventesimo secolo. Tale progressione di terremoti è stata osservata (e studiata) prima del 1999, quando altri due terremoti di grandi dimensioni (M 7.4 e M 7.2) hanno colpito la faglia Nord Anatolica immediatamente a ovest della sequenza raffigurata (tratto da *The Kocaeli* di Ross Stein, Tom Parsons et al.)

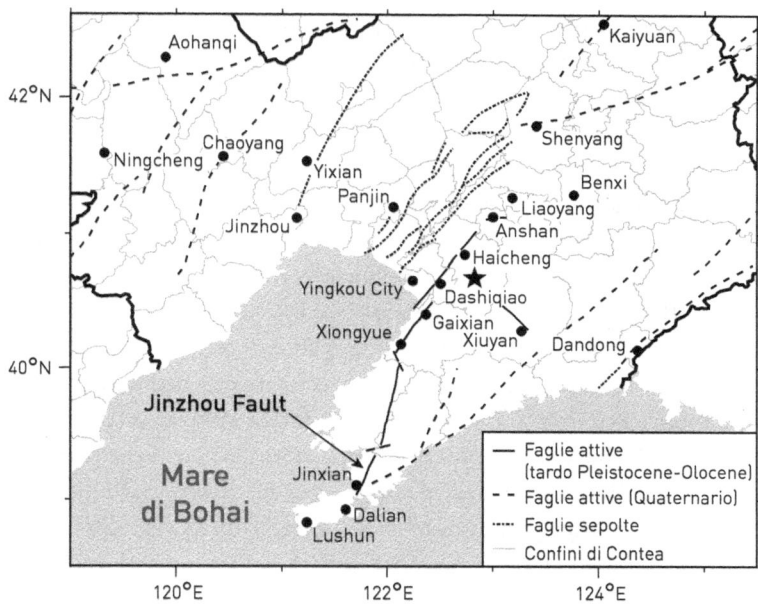

Fig. 6.5 Mappa che mostra le faglie e le città della regione di Haicheng, Cina. L'epicentro del terremoto di Haicheng del 1975 è indicato dalla stella (Wang et al., *Bulletin of the Seismological Society of America*, giugno 2006, ristampato con permesso)

Un rapporto segreto delle autorità provinciali nel 1970 dichiarava: "Gli epicentri dei recenti forti terremoti nella zona della baia di Bohai mostrano una tendenza a spostarsi verso nord (Fig. 6.5). Le città di Jinxian e Yingkou che si trovano sulla baia di Bohai potrebbero rientrare in questa zona di forti terremoti e essere distrutte". Il premier Zhou Enlai, un forte sostenitore della previsione dei terremoti, convocò una riunione nazionale sul tema quell'anno stesso. Un anno dopo fu creato l'ufficio sismologico di Stato (SSB), grosso modo l'equivalente cinese del programma terremoti dello United States Geological Survey. Nel 1972 lo SSB cominciò a organizzare conferenze periodiche sulla previsione dei terremoti.

Non appena gli sforzi per la previsione dei terremoti aumentarono d'intensità, funzionari pubblici lanciarono una vasta campagna di sensibilizzazione per educare il pubblico. Un tale impegno includeva la diffusione di conoscenze di base sul terremoto come parte della cosiddetta "scienza del cittadino". Opuscoli illustrati, per esempio, mostravano come era possibile per ognuno fare osservazioni amatoriali del livello di falda nei pozzi, del comportamento animale, e perfino delle correnti elettriche nel terreno.

Nel giugno del 1974 lo SSB organizzò una conferenza incentrata specificamente sulla valutazione dei futuri terremoti nella regione della baia di Bohai. Una relazione stilata col consenso generale affermava che "la maggior parte della gente pensa che un terremoto di magnitudo 5-6 potrebbe verificarsi durante quest'anno o in quello successivo nell'area di Pechino-Tianjin, nella parte settentrionale della regione del Mar di Bohai". Si può notare che una tale affermazione è ben lontana dal suonare campanelli d'allarme per quanto riguarda la prospettiva per i futuri grandi terremoti. La situazione è stata discussa a lungo. I sismologi presenti alla conferenza si dividevano in due gruppi: chi sosteneva che i terremoti nella regione erano rari, e non c'era motivo di aspettarsi alcun evento futuro in tempi brevi, e quelli che sostenevano che c'era pericolo imminente di terremoti di magnitudo 7.

Nella regione il monitoraggio continuò. Apparenti anomalie comparvero nelle registrazioni delle maree e nelle registrazioni geomagnetiche; entrambe furono ben presto riconosciute come false.

Nel 1974 gli studi di livellamento rivelarono un'evidente deformazione della crosta. Non è chiaro se questa osservazione sia stata causata dall'estrazione di acqua sotterranea o se davvero era collegata al terremoto imminente. Allora, in ogni caso, non fece altro che alimentare le preoccupazioni.

Con l'ordine perentorio di prevedere i terremoti, i sismologi cinesi si incontrarono nel mese di giugno del 1974 per valutare la probabilità di futuri forti terremoti nella regione nordorientale della Cina. In quell'occasione furono identificati sei posti – cinque dei quali molto lontani da Haicheng – che sarebbero potuti essere a rischio di forti terremoti negli anni successivi. I sismologi alla conferenza erano lontani da un accordo sulla maggior parte dei punti chiave, come la probabile posizione e la grandezza dei futuri terremoti di grandi dimensioni o le teorie alla base della previsione.

Nel dicembre del 1974 un terremoto di moderata magnitudo (5.2) colpì la parte settentrionale della regione del Mar di Bohai, si trattava, ancora una volta, di una regione che prima di allora aveva avuto poca esperienza di terremoti. Un team di ricercatori concluse che il terremoto era stato probabilmente causato dall'iniezione di fluidi in un bacino adiacente. La relazione del team non arrivò ai funzionari provinciali che alla fine di gennaio, nel frattempo la preoccupazione aveva fatto un notevole salto verso l'alto. L'Ufficio provinciale dei Terremoti tenne una riunione d'emergenza che durò tutta la notte per l'evento del 28 dicembre. Il giorno seguente fu annunciato che un terremoto di magnitudo intorno a 5 avrebbe potuto ancora verificarsi nella regione del Lioyang-Benxi. Due giorni dopo, essi affermarono più precisamente che era probabile che un terremoto si verificasse entro il 5 gennaio.

Scossi (letteralmente) dalla recente attività sismica, i funzionari provinciali presero molto sul serio la previsione. I capi militari, tra cui il generale Li Boqui, si fecero notare per le loro affermazioni audaci. "Questa volta", dissero, "dimostreremo preparazione nell'evitare il pericolo. È come combattere una guerra. Essere pronti a una grande guerra, una guerra imminente, una guerra nucleare e un attacco improvviso". I funzionari erano ben consapevoli della possibilità di falsi allarmi, ma li consideravano come il prezzo che si doveva pagare per la sicurezza.

Il 5 gennaio trascorse senza ulteriore significativa attività sismica. Il falso allarme aveva avuto delle conseguenze. Secondo quanto riferito, seicento lavoratori in un campo di produzione di petrolio a Panjin, per paura di possibili terremoti, lasciarono i loro posti di lavoro per tornare a casa, allungando le vacanze di Capodanno.

Il 10 gennaio l'Ufficio provinciale dei Terremoti annunciò che il rischio di nuovi eventi sismici significativi nella regione di Liaoyang-Benxi era diventata bassa. Alla fine del mese le autorità ricevettero la relazione sulla sequenza di terremoti del 22 dicembre.

Nonostante l'attività sismica si fosse apparentemente calmata, le osservazioni da parte della popolazione di fluttuazioni nel livello di falda e di strani comportamenti animali continuarono. Secondo quanto raccontato da cronisti dell'epoca, serpenti e rane erano venuti fuori dalla Terra, cosa che questi animali non dovrebbero fare durante la stagione del letargo invernale. In assenza di un'ulteriore rilevante attività sismica nel mese di gennaio, tali osservazioni non misero in allerta i funzionari che, a quel punto, erano probabilmente stanchi dei falsi allarmi.

Nei primi due giorni di febbraio diverse piccole scosse furono rilevate nei pressi di Haicheng – anche in questo caso, l'attività sismica era genericamente nella stessa regione degli eventi precedenti, ma in precedenza non erano mai stati registrati terremoti in quella specifica zona. Questa spolverata di terremoti di per sé non aveva generato paura. La sera del 3 febbraio la regione di Haicheng cominciò a brontolare sul serio. A mezzanotte il vicino osservatorio Shipengyu aveva registrato trentatré terremoti. Le scosse proseguirono nelle prime ore del mattino, aumentando in frequenza e intensità con la luce del giorno. Un terremoto di magnitudo 5.1 colpì alle 7:51.

Per metà giornata del 4 febbraio, si era verificato un certo numero di scosse di moderata magnitudo (Fig. 6.6). L'Ufficio provinciale dei Terremoti presentò una relazione ai funzionari provinciali alle due di pomeriggio, descrivendo l'attività sismica e il danneggiamento causato da questi terremoti. Lo scuotimento era stato abbastanza forte da far cadere camini e danneggiare addirittura le facciate di edifici in muratura che non erano stati progettati per resistere ai terremoti. La sera del 4, l'attività sismica si era un po' calmata, anche se l'osservatorio locale aveva continuato a registrare piccoli terremoti, alcuni dei quali abbastanza forti da essere avvertiti dalla popolazione.

Col ridursi dell'attività sismica, anche la preoccupazione avrebbe dovuto diminuire, ma non fu così. Il continuo susseguirsi di eventi sismici, mise in moto ingranaggi a vari livelli, in varie direzioni, e con diverso grado di fondamento scientifico.

A livello di gente comune, l'ondata di eventi risentiti e che ave-

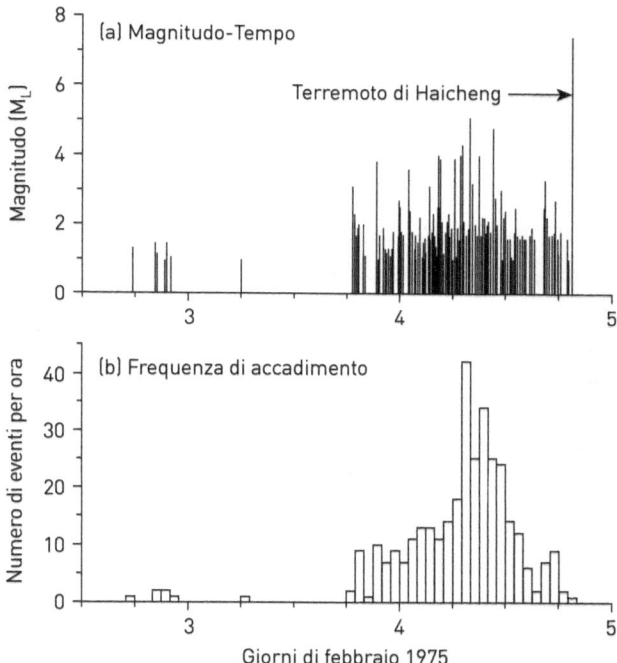

Fig. 6.6 Terremoti registrati che portarono al sisma del 1975 di Haicheng. Il pannello inferiore mostra il numero di eventi registrati per ora. Il pannello superiore mostra la magnitudo degli eventi (Wang et al., Bulletin of the Seismological Society of America, giugno 2006, ristampato con il permesso)

vano persino fatto danni era stata sufficiente a impressionare fortemente quelle persone immerse nella retorica della preparazione al terremoto e della sua previsione, la cosìddetta scienza del cittadino.

Nella contea di Yingkou, adiacente a quella di Haicheng, aveva prestato servizio come capo del locale ufficio dei Terremoti Cao Xianqing, sin da quando l'ufficio era stato creato nel 1974. Ex ufficiale dell'esercito, Cao aveva assunto il nuovo incarico con grande entusiasmo. Egli aveva supervisionato una rete di osservatori amatoriali nella sua contea. Sebbene sia stato accusato più di una volta di provocare il panico con la sua retorica incendiaria, aveva messo grande impegno nel lavoro di raccolta di osservazioni amatoriali, comprese quelle relative alle correnti sotterranee (telluriche) e al livello dell'acqua nei pozzi. Egli aveva notato continue anomalie durante i mesi di dicembre e gennaio, ed era convinto che preannunciassero un imminente terremoto di grandi dimensioni. Sotto la sua direzione, a partire dalla fine di gennaio tutti i comuni della contea avevano aperto i propri uffici dei terremoti.

Quando la Terra cominciò a brontolare, la sera del 3 febbraio, Cao entrò in azione, indicendo una riunione di emergenza dei funzionari di partito della contea alle 8:15 del mattino successivo. Cao informò la commissione che: "un grande terremoto potrebbe verificarsi oggi, durante il giorno o in serata". Si rivolse al Comitato di Contea: "si prega di prendere provvedimenti". Così fecero. Il loro editto fu emanato immediatamente dopo la riunione. Tutte le riunioni previste dovevano essere cancellate, tutti gli spettacoli pubblici e le manifestazioni sportive sospese, così come le attività di affari, tutto il lavoro di produzione interrotto. Ai comuni fu inoltre ordinato di assicurarsi che le famiglie del luogo lasciassero le loro case.

L'editto fu diffuso, attraverso messaggeri e anche attraverso altoparlanti. Molti nella campagna della contea di Yingkou dormirono fuori quella notte. Alle prese con il tipico freddo invernale nel nord della Cina non fu una decisione facile da prendere.

La vicina contea di Haicheng non aveva Mr. Cao, ma aveva un gruppo di osservatori amatoriali presso l'Osservatorio di Haicheng che avevano fatto osservazioni di correnti telluriche durante le scosse del 3-4 febbraio. All'alba, un paio d'ore prima del terremoto delle 7:51, le loro misurazioni avevano mostrato un notevole aumento. I valori misurati aumentarono nuovamente poco prima delle 14:00, spingendo la squadra di osservatori a dare l'allarme perché un terremoto di moderata o forte intensità si sarebbe potuto verificare di lì a poche ore. La dichiarazione fu portata da un messaggero in bicicletta presso l'Ufficio dei Terremoti della Contea. La notizia si diffuse rapidamente di bocca in bocca, attraverso il telefono, giacché sia la squadra dell'Osservatorio sia il messaggero informarono altre persone.

Il clima di emergenza nella contea di Haicheng era inferiore a quello nella contea di Yingkou. Il governo della contea si era riunito il 4 di febbraio, ma non prima delle 6 del pomeriggio. La cittadinanza di Haicheng era in generale consapevole del fatto che un grande terremoto avrebbe potuto colpire, ma la loro preoccupazione non era salita a un livello tale da convincere la gente a dormire fuori con temperature inferiori allo zero.

Qualcuno nella zona, avendo ascoltato le relazioni o le voci di possibili terremoti, era andato a letto – o aveva messo i propri figli a letto – con addosso abbigliamento invernale. Evacuazioni sporadiche erano avvenute quella notte nella contea, sulla base delle decisioni di funzionari comunali locali e di singoli individui. Ma, a differenza della contea di Yingkou, l'evacuazione non era generalizzata.

Nella Contea di Haicheng, la riunione sul terremoto terminò poco dopo le 7:00 di sera, senza alcun pronunciamento ufficiale. Durante il tardo pomeriggio e la sera era stata registrata solo una manciata di piccoli terremoti, probabilmente nessuno abbastanza forte da essere risentito.

Alle 19:36 una faglia sconosciuta vicino al confine delle contee di Yingkou e di Haicheng improvvisamente si destò, scatenando la furia di un terremoto di magnitudo 7.3 su tutto il territorio circostante. Il terreno stesso venne scosso con tale forza da farlo collassare in molti luoghi. Nelle aree occupate da materiale di riporto, il terreno franò e si spostò, le tubature sotterranee si ruppero. In altre aree, strati di sabbia naturale subirono fenomeni di liquefazione, generando spettacolari fontane di sabbia. Durante la scossa, crollarono anche case in muratura ben costruite. A Haichen quarantaquattro persone morirono nel crollo di un albergo di tre piani. Il conto totale delle vittime del terremoto fu relativamente basso: circa duemila persone considerando sia le cause dirette sia quelle indirette, come gli incendi e l'ipotermia. Molti neonati erano stati portati sani e salvi in rifugi, dove poi morirono per soffocamento, come risultato del disperato tentativo da parte degli operatori sanitari di tenerli al caldo.

Nel dopo-terremoto Radio Pechino riferì che il presidente Mao Tse-tung e altri leader erano "molto preoccupati" per la perdita di vite umane e di beni materiali. Sebbene le relazioni iniziali non contenessero molti dettagli, in Occidente gli esperti di affari cinesi espressero la preoccupazione che il solo fatto che la notizia fosse stata diffusa indicava che il disastro doveva essere di proporzioni enormi. Il 14 marzo arrivarono ai giornalisti occidentali maggiori dettagli. Un cittadino cinese aveva scritto in una lettera a un parente a Hong Kong: "Il terreno si è spaccato, le persone non riuscivano a restare in piedi, e molti comignoli e vecchie case sono crollate". Nello stesso periodo, l'agenzia di stampa ufficiale cinese, Hsinhua, comunicava che i sismologi erano stati in grado di fornire in anticipo segnalazioni che avevano contribuito a contenere le perdite.

Il basso numero di vittime non può, tuttavia, essere spiegato solamente dalle evacuazioni. Anche nelle regioni in cui le evacuazioni erano state sporadiche o inesistenti il bilancio dei morti era stato relativamente basso per un terremoto così violento in un'area urbana. I ricercatori oggi forniscono tre possibili spiegazioni per questo fatto. In primo luogo, le case della regione erano tradizionalmente costruite con la struttura portante in legno e le pareti di mattoni. Il primo strato del tetto era generalmente di legno, ricoperto da mattoni o da paglia. Una piccola casa con la struttura in legno, anche se di semplice progettazione e costruzione, possiede una naturale resistenza allo scuotimento. Anche se alcuni muri in mattoni crollarono durante il terremoto di Haicheng, molti sono rimasti in piedi, evitando il collasso catastrofico di tutta la struttura (Fig. 6.7).

Una seconda spiegazione per il basso numero di morti è che, alle 7:36 di sera, la gente era a casa, non al lavoro. Gli edifici più pericolosi della regione erano le moderne strutture costruite interamente in muratura non rinforzata: uffici, fabbriche, alberghi, scuole. Molti di questi hanno subito pesanti danni, proprio come è accaduto tre decenni più tardi, quando un terremoto di magnitudo 7.9 ha colpito la provincia di Sichuan, il 12 maggio 2008. Mentre il terremoto 2008 è avvenuto nel primo pomeriggio quando i bambini erano ancora a scuola, nel caso di Haicheng le scuole e le altre strutture di grandi dimensioni erano vuote o quasi.

Fig. 6.7 Danni dovuti al terremoto di Haicheng. Il numero di vittime è stato basso in parte grazie alla previsione, ma in parte anche per la prevalenza nella zona di case con struttura portante in legno. Tali strutture, anche se gravemente danneggiate, tendono a non crollare del tutto (per gentile concessione di Kelin Wang)

La terza fortuita circostanza era legata ancora all'ora in cui si è verificato il terremoto. Era ancora presto e solo poche persone – prevalentemente bambini – dormivano, ma la maggior parte erano ancora svegli e coscienti. Le persone furono in grado di lasciare le proprie case dopo la scossa, e di strappare i bambini addormentati dai loro letti.

Per le conseguenze che di solito ha un terremoto che colpisce un'area urbanizzata, il finale della storia Haicheng era stato migliore di altri. E chiaramente questo era stato propiziato dal fatto che il terremoto fu, almeno in parte, annunciato.

Dopo aver esaminato l'intera storia, così come è stata ricostruita nell'articolo del 2006 da Kelin Wang, Qi-Fu Chen, Shihong Sun e Andong Wang, si può rivisitare la linea ufficiale del partito: "Il terremoto di Haicheng è stato previsto con successo, salvando innumerevoli migliaia di vite". Gli sforzi deduttivi di Wang ei dei suoi colleghi rivelano che non vi era alcuna previsione ufficiale fatta dai principali funzionari a livello nazionale. L'aumento dell'attività sismica nel nord della Cina era stato osservato e discusso negli anni precedenti il terremoto, ma le valutazioni e gli annunci più importanti, quelli degli ultimi giorni e delle ultime ore provenivano da funzionari locali e dalla gente comune. Naturalmente il fatto che tali uffici della contea esistessero era dovuto a decisioni intraprese a più alto livello. Allo stesso tempo, la campagna di sensibilizzazione al problema e la diffusione della scienza del cittadino avevano instillato un'ampia consapevolezza del rischio sismico – a prescindere dal fatto che le persone ne avessero pienamente compreso o meno le argomentazioni.

In tutta la vicenda, le azioni intraprese da Cao Xianqing spiccano come particolarmente decisive ed efficaci nel salvare vite umane nella Contea di Yingko. Le cronache raccontano che nel corso dell'intera giornata del 4 febbraio 1975, Cao aveva continuato a esortare evacuazioni immediate. Il suo senso di urgenza si basava prevalentemente sull'istintiva preoccupazione derivante dal crescente numero di terremoti. Ma le sue affermazioni erano notevolmente precise. Egli aveva dichiarato che il terremoto avrebbe colpito prima delle otto di sera, e che la sua magnitudo sarebbe dipesa dall'ora esatta alla quale sarebbe avvenuto: magnitudo 7 alle sette, magnitudo 8 alle otto. Tale aspetto palesemente assurdo della previsione era a quanto pare basato su una sorta di estrapolazione dell'attività sismica che precede un forte terremoto. Il terremoto ha colpito alle ore 7:36 e la grandezza registrata è stata 7.3; i sismologi non sono in grado di fornire alcuna spiegazione a questo al di là della risposta corretta, ma pur sempre insoddisfacente: è stata una coincidenza.

Ma perché Cao era così sicuro che il terremoto sarebbe avvenuto prima delle otto? Nelle interviste dopo il terremoto spiegò che il motivo derivava da quello che aveva letto in un libro, *Serendipitous Historical Records of Yingchuan* (Registro Storico delle Coincidenze di Yingchuan). Secondo questo libro, a forti piogge autunnali "avrebbe sicuramente fatto seguito" un terremoto durante l'inverno. Cao ha spiegato che le piogge erano state molto forti, nell'autunno del 1974. La crescente attività sismica, quindi, indicava chiaramente che un terremoto di grandi dimensioni sarebbe avvenuto quell'inverno e, secondo il calendario cinese, l'inverno si sarebbe concluso alle otto di sera del 4 febbraio. Da qui la certezza che il terremoto sarebbe accaduto entro quell'ora. In effetti i calcoli di Mr. Cao erano sbagliati di un'ora: l'inverno ufficialmente terminava alle 18:59 quella notte. Il terremoto era stato in realtà mezz'ora in ritardo.

A volte si fanno scelte giuste per le ragioni sbagliate. Poi ci sono casi in cui si fa la scelta giusta per motivi straordinariamente sbagliati.

L'intuizione di Cao sull'energica sequenza di scosse che precedette il grande terremoto era tuttavia, peraltro precisamente, sostenuta da almeno un'evidenza scientifica. I sismologi sanno ormai da tempo che circa metà di tutti i terremoti è preceduta da scosse premonitrici (*foreshocks*), piccoli terremoti vicino al luogo dove poi avverrà l'evento principale. Per ragioni che ancora non conosciamo, alcuni grandi terremoti non hanno scosse premonitrici, alcuni ne hanno poche e altri hanno molte scosse premonitrici. Il terremoto di Haicheng aveva avuto moltissime scosse premonitrici.

Le scosse premonitrici, o *foreshocks*, rappresentano un caso unico tra i possibili precursori dei terremoti, in quanto noi sappiamo che sono reali. Ma essi sono quasi completamente, se non del tutto, inutili a scopi di previsione. Il problema è che, come è noto, solo la metà di tutti i terremoti forti è preceduta da piccole scosse premonitrici, e non c'è nulla in una scossa premonitrice che la distingue dalla moltitudine di piccole scosse che non sono seguite da alcun terremoto più grande. L'unico barlume di speranza che una sequenza di scosse possa essere identificata come precursore di successivi grandi terremoti è l'evidenza che, quando si verificano, le sequenze di foreshocks sono energetiche e più concentrate nello spazio e nel tempo rispetto all'innumerevole varietà di tutte le altre piccole scosse. Questa è tuttora un'osservazione controversa e potrebbe essere non sempre vera. Tuttavia, la sequenza sismica che ha caratterizzato i giorni immediatamente precedenti il terremoto di Haicheng è coerente con questa osservazione.

Anche l'attività sismica regionale negli anni precedenti Haicheng ricalca un andamento che, almeno secondo alcuni sismologi, rappresenta un indizio reale. Oltre alle classiche scosse premonitrici, sembra che alcune regioni diventino sismicamente attive per alcuni anni o decenni. Noi non riusciamo a capire del tutto perché questo accada. Come è noto, alcune teorie spiegano questo fenomeno con le variazioni di sforzo indotte da altri terremoti, un meccanismo simile a quello che fa cadere le tessere del domino. O forse gli strati più profondi della crosta più plastici, al di sotto dello strato sismogenetico della crosta, vengono lentamente deformati dopo forti terremoti, e infine spingono le faglie circostanti a muoversi. In ogni caso, i sismologi cinesi erano più avanti dei loro colleghi occidentali nell'individuazione di andamenti particolari a scala regionale delle scosse sismiche e questo ha avuto importanza nella storia di Haicheng.

E poi, come piace ricordare agli amanti della previsione dei terremoti, c'erano quelle altre anomalie. Correnti telluriche, variazioni del livello di falda, deformazioni della superficie, rane e serpenti.

Le misure di correnti elettriche sotterranee sono notoriamente instabili. Se si sta confrontando una misura che fluttua costantemente con i tempi di accadimento dei terremoti, non è difficile trovare apparenti segnali precursori. Le montagne di misurazioni effettuate dagli osservatori amatoriali, comprese le scolaresche, pone una sorta di sfida per gli scienziati. Anche se i funzionari provinciali hanno spesso discusso di queste misurazioni durante le riunioni, a quanto pare non furono prese veramente sul serio, visto che non sono mai state menzionate in relazioni ufficiali.

Le anomalie segnalate nel livello d'acqua nei pozzi e nel comportamento animale sono apparentemente più convincenti. Gli inverni sono freddi nel nord della Cina; è un grosso rischio, che può rivelarsi mortale, per un serpente di uscire dal letargo. Il territorio non era esattamente infestato dai serpenti, ma ci sono stati circa un centinaio di avvistamenti di serpenti documentati nella regione di Haicheng, durante il mese precedente il terremoto.

Come si può spiegare questo fatto? La spiegazione più semplice è che sono stati disturbati dall'attività sismica in corso, compresi quei terremoti troppo piccoli per essere avvertiti dagli esseri umani. O forse gli avvistamenti segnalati riflettono solo una sorta d'isteria collettiva delle persone alle quali era stato chiesto di controllare. Non c'è dubbio che la mente umana sia capace di straordinaria inventiva, se opportunamente stimolata. Ma nessuna si queste spiegazioni è pienamente soddisfacente. Il numero delle segnalazioni – avvistamenti di rane e serpenti e variazioni di livello d'acqua nei pozzi – non ricalca né l'andamento dell'attività sismica né i momenti in cui il senso d'emergenza avvertito dalla popolazione locale e dai funzionari era maggiore. Ognuna di queste spiegazioni potrebbe essere giusta; la verità è che non lo sappiamo. Haicheng ci lascia con indizi e, forse, promesse, ma alla fine con molti più dubbi che risposte.

Prima di esplorare le interessanti possibilità su cosa possano significare le osservazioni di Haicheng, è inevitabile chiudere la storia con una nota di cautela. Qualsiasi cosa abbia turbato rane e serpenti e variato il livello d'acqua nei pozzi, nella regione di Haicheng, una cosa è certa: non si tratta di qualcosa che si verifica spesso prima di terremoti di grandi dimensioni. Sebbene aneddoti su comportamenti anomali degli animali vengano immancabilmente a galla, dopo forti terremoti, raramente vengono segnalate anomalie così importanti come avvenne nella regione di Haicheng. Kelin Wang e i suoi colleghi hanno suggerito che, forse, i rettili delle regioni sismicamente più attive, come la California e il Giappone, non reagiscono ai terremoti imminenti, perché i terremoti in quelle regioni sono frequenti, mentre nel nord della Cina sono rari. Sulla base delle conoscenze biologiche, questa spiegazione suona falsa: gli animali non possono sviluppare istinti verso ciò che i loro antenati non hanno mai, o solo molto raramente, sperimentato.

Quando i serpenti si svegliano

Nel 1978 Helmut Tributsch, un professore di chimica presso la Libera Università di Berlino, ha scritto il libro *Wenn die Schlangen Erwachen*. La traduzione in inglese, *When the Snakes Awake* (Quando i Serpenti si Svegliano), è stata pubblicata nel 1982 dalla "Massachusetts Institute of Technology press". Il libro è un interessante intreccio di aneddoti accettati acriticamente, ma anche di vera e propria scienza. Tributsch avanza l'ipotesi che particelle cariche nell'atmosfera – pezzetti di materia di dimensioni che variano da poche molecole ad alcuni un micrometri – sono responsabili del comportamento anomalo degli animali prima di forti terremoti. Che le particelle di aerosol cariche possano influenzare gli animali, nonché produrre altri effetti elettromagnetici, non è un'idea bizzarra. Il punto critico sta nel perché i campi elettrici generati all'interno della Terra dovrebbero liberare particelle cariche in atmosfera, e, anche se Tributsch avanza svariate ipotesi, gli argomenti a tal proposito sono poco convincenti.

Se i serpenti e rane di Haicheng stavano reagendo a qualcosa, quel qualcosa era, se non assolutamente unico, almeno insolito. Nelle prime ore del mattino del 28 luglio 1976, un terremoto di magnitudo 7.5 ha colpito la città di Tangshan, circa 120 chilometri a est di Pechino. Gli sforzi per coinvolgere nella previsione dei terremoti la gente comune erano vivi e vegeti nella regione di Tangshan, così come in altre parti della Cina, prima del terremoto. Riportando le parole di Kelin Wang: "Qualcuno sembrava aver rilevato alcune anomalie interessanti". Ma, egli continua, le attenzioni dell'Ufficio Sismologico di Stato non erano concentrate su questa regione, e le osservazioni di Tangshan non furono esaminate attentamente, né tantomeno prese in considerazione prima del terremoto.

"Questo fatto ha portato", osserva Wang, "ad avere un grande e confuso ammontare di segnalazioni relative a fenomeni precursori per il terremoto di Tangshan. Questa è una situazione ideale per selezionare materiale e scrivere storie sensazionali, ma rende molto difficile la comprensione ai ricercatori". Presunte anomalie includevano strane luci la notte prima del terremoto e oscillazioni nel livello della falda acquifera, così come da altri segnali geofisici. Wang conclude che le osservazioni delle luci da terremoto – viste, come riportato, pochi attimi prima che la scossa venisse risentita – erano credibili. Per quanto riguarda il resto dei presunti precursori, che fossero veri o no, non erano stati comunque sufficienti ad attirare l'attenzione dei sismologi o dei funzionari del governo sulla regione di Tangshan.

Mentre Haicheng è una storia di scelte fortunate, più o meno a ogni suo passaggio, le stelle si allinearono in modo diverso, metaforicamente parlando, per Tangshan.

Circa un milione di persone viveva nella città industriale, la maggior parte in edifici in muratura, con resistenza sismica molto scarsa

Fig. 6.8 Veduta aerea degli estesi danneggiamenti causati dal terremoto del 1976 a Tangshan, Cina (fotografia USGS)

(Fig. 6.8). Il sisma ha colpito senza preavviso e nel cuore della notte. Alle 3:42 del mattino quasi tutti dormivano profondamente quando la Terra ha preso a tremare e le case a crollare. Gli abitanti non ebbero il tempo di reagire, non ebbero alcuna possibilità di fuggire. In migliaia devono essere morti sul colpo o quasi, schiacciati dai detriti o soffocati. Il potente terremoto lasciò la città senza corrente elettrica; quelli che giacevano feriti sotto le macerie rimasero senza assistenza fino all'alba. A ottanta chilometri di distanza, nella città di Tientsin (oggi Tianjin), la scossa fu abbastanza potente da rovesciare mobili pesanti e fare letteralmente a pezzi la Casa di Accoglienza di Tientsin, una struttura di recente costruzione.

Secondo le stime ufficiali del governo, circa 250.000 persone persero la vita nel terremoto di Tanghan. Il numero è terribile, ma molti pensano che la cifra reale sia almeno due volte, forse tre volte più grande. Qualunque cosa si fosse messa in moto, per così dire, sotto la superficie della Terra per generare le scosse premonitrici e altri segnali anomali di prima del terremoto di Haicheng, non si era ripetuta qui. Se un giorno dovessimo comprendere appieno la sequenza di lancio che ha preceduto il terremoto di Haicheng noi potremmo avere le basi per la previsione di alcuni terremoti. Il *se* e il *potremmo* in questa frase occupano una posizione preminente; così come gli *alcuni*. Alcuni autorevoli sismologi sostengono che i terremoti non saranno mai prevedibili. È anche possibile che alcuni terremoti possano essere più prevedibili di altri. La previsione di alcuni terremoti sarebbe certamente una buona cosa, ma non sarebbe una soluzione del tutto soddisfacente. Rimarremmo sempre con la consapevolezza che un grande terremoto può colpire ovunque, in qualsiasi momento, senza alcun preavviso di sorta.

7. Infiltrazioni

La prova definitiva e coerente dell'esistenza di precursori idrologici ed idrogeochimici è difficile da trovare
               Michael Manga e C.Y. Wang

Guardando indietro agli eventi che hanno portato al terremoto di Haicheng, ci si trova – o almeno, alcuni si trovano – con la sensazione che stava accadendo qualcosa, negli anni precedenti al 1975, al di sotto del Mare di Bohai e nei suoi dintorni. Occorre ribadirlo: la deduzione più ovvia potrebbe essere sbagliata. I terremoti possono addensarsi nel tempo e nello spazio semplicemente perchè il movimento di una faglia influenza le faglie vicine. Certo non gioverebbe alla causa della previsione se i terremoti si verificassero solo a causa della cosiddetta interazione terremoto-terremoto. Se fosse vero, i terremoti in una regione si innescherebbero l'un l'altro, e semplicemente guardando le pedine di domino cadute capiremo come il funziona il gioco. Ma il fatto che una pedina di domino, cadendo, ne ribalti un'altra potrebbe dipendere da dettagli che non possiamo sperare di conoscere o di prevedere.

A oggi, perlomeno, non sembra esserci alcun modo per dire in anticipo quando una faglia vicina sarà disturbata al punto di produrre un altro forte terremoto. L'alternativa, vale a dire il fatto che una sequenza di terremoti come quella del Mare di Bohai, negli anni 1960-1970, sia innescata da un qualche tipo di perturbazione che li genera, potrebbe alimentare maggiori speranze per la previsione. Se riuscissimo a identificare la perturbazione che li innesca – sempre ammesso che esista – potremo sapere quando i terremoti stanno per verificarsi.

Si tratta di una possibilità? È possibile che qualcosa sotto la superficie terrestre si propaghi prima di grandi terremoti?

In alcuni casi la risposta è chiaramente sì. Nella tarda estate del 1965 un notevole sciame di terremoti ebbe inizio nel bacino di Matsushiro, nella città di Nagano in Giappone centrale. Lo sciame, che continuò per due anni, produsse migliaia di terremoti. Nel momento di picco lo sciame consisteva in circa 100 terremoti al giorno, abbastanza forti da essere risentiti. Durante lo sciame furono liberati grandi volumi di acqua di falda satura di gas, tra cui anidride carbonica; ancora oggi la zona è costellata di sorgenti attive e alte concentrazioni di CO_2. Accurate analisi dei gas indicano come sorgente una falda acquifera posta a una profondità di circa 15 km all'interno della crosta. Un team di scienziati giapponesi guidati da Norio Yoshida ne ha dedotto che uno strato impermeabile di roccia, che in precedenza aveva mantenuto la falda ben confinata, si era rotto nel 1965, permettendo la risalita di grandi volumi di acqua in pressione nella crosta, causando così fratture e l'indebolimento della roccia. Il team di scienziati ha inoltre trovato dell'acqua con una composizione chimica simile in un'altra regione, dove si era verificata intensa attività sismica.

Ci sono prove che i fluidi svolgano un ruolo anche in altre sequenze sismiche, come gli sciami di piccoli terremoti nelle regioni vulcaniche e geotermiche; anche nei terremoti che sono apparsi di tanto in tanto, in tempi passati e recenti, nei pressi della cittadina di Moodus nel Connecticut.

In pochi casi il legame tra idrologia e attività sismica è così evidente. Ma l'idea che le acque sotterranee abbiano qualcosa a che fare con i processi sismici non è bizzarra. Il terreno sotto i nostri piedi potrebbe sembrare solido, ma noi sappiamo che nel mondo sotterraneo, anche a grande profondità, c'è di più che strati su strati di roccia intatta. Gli strati del sottosuolo sono particolarmente attivi e animati nelle zone di subduzione e nelle regioni vulcaniche. Lungo le prime, dove placche di fondale marino sprofondano a grandi profondità nell'interno terrestre, i minerali sono soggetti a pressioni e temperature progressivamente più alte, e sono così sottoposti a quello che i geologi chiamano transizioni di fase. In breve, i minerali "vengono spremuti" per trasformarsi in altri minerali di composizione simile ma con struttura più compatta. Questo processo crea sottoprodotti, inclusa l'acqua. Essendo più leggera di quello che la circonda l'acqua risale e si allontana dalla placca che affonda, facendosi strada lungo – e creando – fratture. Quando l'acqua incontra il materiale roccioso nella crosta sovrastante, essa permette a certi materiali di iniziare a fondere a temperature inferiori rispetto a quelle necessarie affinché la fusione inizi in assenza di acqua. Così, contrariamente a quanto potrebbero far pensare certe illustrazioni dei libri, il magma in realtà non si genera lì dove il fondo marino affonda, ma nella crosta sovrastante.

Negli ultimi anni i sismologi hanno osservato un nuovo tipo di segnale dalla Terra, noto come tremore non vulcanico. (Il fenomeno del tremore vulcanico è causato dal movimento del magma attraverso i condotti sotterranei al di sotto dei vulcani attivi.) Lungo alcune zone di subduzione, comprese quelle del Pacifico nord-occidentale e del Giappone il movimento del fondo oceanico che sprofonda al di sotto della placca sovrastante genera talvolta un sommesso ronzio. In Giappone, l'accurata analisi di questi segnali da parte di un gruppo di ricercatori statunitensi e giapponesi indica che il tremore si genera all'altezza dell'interfaccia tra la placca in subduzione e quella che gli scorre sopra. Anche se ad oggi, i risultati delle analisi non dimostrano in modo definitivo come vengono generati i segnali, la maggior parte degli studi hanno concluso che essi sono facilitati, se non generati, da fluidi presenti lungo l'interfaccia tra le placche. Un'ipotesi su cui si lavora è che i fluidi essenzialmente lubrifichino il margine di placca, consentendogli, una volta raggiunto la sforzo necessario, di scorrere quasi senza attrito, generando vibrazioni che registriamo come tremore.

In ogni caso sappiamo che i fluidi sono generati lungo le zone di subduzione e sotto le catene di vulcani nelle zone di subduzione. Sono le zone di subduzione a generare la maggior parte dei vulcani che vediamo sulla Terra emersa, il restante 5 per cento di vulcani sono quelli che vengono chiamati vulcani di hot-spot come le isole Hawaii, che si pensa siano il risultato di una risalita prolungata o plume (pennacchio) di magma dalle profondità del mantello terrestre (la maggior parte dell'attività vulcanica del pianeta avviene sott'acqua, lungo le dorsali medio-oceaniche, dove si genera nuova crosta oceanica). Chiaramente, sistemi di fluidi in movimento esistono al di sotto di tutti i tipi di vulcani. In tutti gli apparati vulcanici profondi, quando il magma fonde e interagisce con la roccia circostante vengono prodotti dei gas. I più comuni sono il vapore acqueo, il biossido di zolfo e il biossido di carbonio. I vulcani possono anche rilasciare piccole quantità di altri gas come il solfuro d'idrogeno, l'idrogeno, il monossido di carbonio, l'acido cloridrico, l'acido fluoridrico e l'elio.

Le eruzioni vulcaniche possono rilasciare enormi volumi di gas nell'atmosfera. I vulcani a volte possono anche "ruttare" tranquillamente, rilasciando gas senza eruttare. Nel maggio del 1980, sistema vulcanico di Long Valley, in California, si attivò, producendo numerosi terremoti di moderata magnitudo mentre il magma si spostava verso l'alto sotto la caldera centrale. L'irrequietezza del vulcano andò avanti a scatti. La seconda metà del 1989 fu uno dei periodi di attività; uno sciame di piccoli terremoti si verificò sotto Mammoth Mountain, e di nuovo gli strumenti di monitoraggio rilevarono una migrazione verso l'alto del magma situato nelle profondità della Terra.

L'episodio del 1989 si concluse di nuovo senza un'eruzione. Ma negli anni seguenti gli uomini del Servizio Forestale notarono aree di alberi morti e morenti su un lato della montagna. Tratti di foresta possono morire a causa della siccità o di un'infestazione, ma tali cause furono analizzate ed escluse. Gli scienziati dell'USGS confermarono ciò che i ranger del Servizio Forestale sospettavano: gli alberi erano stati uccisi da alte concentrazioni di biossido di carbonio nel suolo (Fig. 7.1). L'anidride carbonica (o biossido di carbonio) è più pesante dell'aria e, una volta raggiunta la superficie, alla fine si dissolve; tuttavia concentrazioni elevate possono accumularsi nel suolo e in avvallamenti della superficie. Il gas non è letale solo per gli alberi. Nel 2006 tre membri della pattuglia di sciatori di Mammoth Mountain morirono dopo essere caduti in una cava di neve creata da uno sfiato di gas e satura di biossido di carbonio.

In regioni vulcaniche attive, i terremoti sono causati da processi vulcanici. Per ragioni che non comprendiamo pienamente, i volumi

7. Infiltrazioni

Fig. 7.1 Alberi uccisi da monossido di carbonio nei pressi di Mammoth Lakes, California (fotografia di Susan Hough)

di magma non sono sempre in movimento. Mentre il magma si fa strada fino alla superficie, la crosta sovrastante crepita e scoppietta in risposta. Nuove fratture vengono create, si verificano terremoti e a volte vengono liberati dei gas. Se il magma risale abbastanza, il vulcano erutta. Quando questo accade, l'attività sismica non si affievolisce, piuttosto aumenta in un modo che gli scienziati hanno imparato a riconoscere. Così le eruzioni vulcaniche sono, nella maggior parte dei casi, prevedibili.

Nella maggior parte dei casi. Le nostre sfere di cristallo per prevedere il comportamento dei vulcani sono migliori di quelle per i terremoti, ma non sono perfette. Un grande, complicato sistema vulcanico come quello di Long Valley può iniziare ad animarsi e poi fermarsi. E quindi re-iniziare e poi rifermarsi. Alla fine del 1997, l'infiltrazione del magma mostrò segni di aumento che sembravano portare a un'eruzione, con migliaia di terremoti registrati nelle settimane prima del giorno del Ringraziamento. Di fronte alla decisione se aumentare il livello di allerta da "verde" a "giallo", il sismologo David Hill si sentiva, per così dire, "verde pallido". Quando il "verde pallido" era ormai al limite tendente al giallo, la sequenza dei terremoti mostrò segni di rallentamento e l'USGS non formulò una previsione di eruzione che si sarebbe rivelata un falso allarme. Ma ci andarono vicino.

Altre previsioni sono state fatte nel corso degli anni, alcuni falsi allarmi, ma un maggior numero di successi, tra cui la previsione dell'eruzione di Mount St. Helens nel 1980.

Ma cosa dire riguardo alla stragrande maggioranza dei terremoti che non sono associati ai processi vulcanici attivi? Per quanto abbiamo capito – o almeno, per quanto oggi gli scienziati in genere ritengono – i terremoti accadono in risposta a un accumulo di sforzo nella crosta estremamente lento e costante, non per un qualche tipo di improvviso sommovimento sotterraneo. Sono imprevedibili, o almeno molto difficili da prevedere, perché le faglie barcollano sull'orlo della rottura per anni, decenni, forse molto più a lungo. Noi non conosciamo quello che infine porta la faglia a rompersi.

Lontano dalle zone di subduzione e dagli hot spot attivi, gli strati della Terra sono meno dinamici. Non ci sono enormi placche di fondale oceanico che affondano nel mantello; e neppure zampilli di magma che da lungo tempo si fanno strada attraverso la crosta. A una profondità di una decina di chilometri, la pressione nella crosta è abbastanza alta da rendere le rocce quasi del tutto impermeabili al flusso dei fluidi. Niente si muove facilmente a queste profondità. Ma qualcosa comunque si muove. I fluidi sono presenti.

Il funzionamento interno della crosta terrestre resta misterioso perché quasi tutte le nostre informazioni si basano su inferenze indirette. È possibile forare la crosta e osservare direttamente gli strati; possibile, ma non facile, e sicuramente non a buon mercato.

A oggi, la perforazione più profonda ha raggiunto una profondità di dodici chilometri nello Scudo Baltico. Il Kola Superdeep Drillhole è stata una gigantesca impresa scientifica dell'ex Unione Sovietica. La perforazione è iniziata nel 1970 e prevedeva una serie di pozzi di ramificazione a partire da un foro centrale. Nel 1989 i ricercatori speravano di perforare fino a una profondità di 13.5 km, ma dovettero fermarsi a 12.2 km, quando la temperatura nel foro raggiunse 180 °C – sensibilmente più calda di quanto avessero previsto, e al limite estremo di quanto la punta della trivella potesse sopportare. Eppure era un risultato impressionante. L'esperimento ha prodotto varie sorprese, incluso il fatto che la crosta terrestre è più eterogenea di quanto ci aspettassimo e anche molto più umida. Sulla base di lavori precedenti, i ricercatori si aspettavano che le rocce al di sotto di circa cinque chilometri di profondità fossero differenti da quelle più superficiali. In particolare, si aspettavano di raggiungere una roccia vulcanica nota come basalto. La trivellatrice ha rivelato un cambiamento alla profondità prevista, ma non quello che i ricercatori si aspettavano. Gli strati più profondi erano rocce metamorfiche, inizialmente simili per composizione agli strati più superficiali, ma che erano stati profondamente alterati dal calore intenso e dall'elevata pressione. Il processo di metamorfosi aveva estratto l'acqua, non diversamente da quanto fanno i processi che generano i fluidi nelle zone di subduzione. Anche se più leggera, l'acqua era rimasta intrappolata in profondità nello Scudo Baltico, incapace di farsi strada attraverso strati impermeabili sovrastanti.

Ripeto che, in un posto come lo Scudo Baltico, gli strati profondi della Terra si trasformano molto più lentamente che in una zona di subduzione attiva. Ma i minerali subiscono trasformazioni, il mantello sotto la crosta continua il suo moto di convezione, e i fluidi profondi della crosta possono a volte essere perturbati.

Che i terremoti influenzino il comportamento dei fluidi nella crosta terrestre è fuori discussione. Una montagna di evidenze, così come il comune buon senso, ci dicono che quando enormi blocchi di crosta si spostano, il sistema idraulico sotterraneo viene influenzato. I livelli dei pozzi possono salire o scendere, le sorgenti si possono seccare, o essere create e i geyser possono cambiare i loro ritmi. Il geyser più famoso del mondo per la sua regolarità, Old Faithful, eruttava regolarmente ogni sessantaquattro minuti fino a quando un grande terremoto avvenne nei pressi di Yellowstone nel 1959. Ora erutta in media ogni novanta minuti. Due cose controllano il comportamento di un geyser: la geometria dei circuiti nel sottosuolo e il rifornimento di fluidi profondi. Un terremoto di grandi dimensioni può plausibilmente modificare uno o entrambi questi fattori.

Ma l'equazione può esser letta nell'altro verso? Potrebbero i fluidi nella crosta avere qualcosa a che fare con la nucleazione dei terremoti? Gli studi di laboratorio dicono che la risposta potrebbe essere sì. Infatti, in un campione di roccia sottoposto a sforzo, prima di raggiungere un punto di rottura, si sviluppa una diffusa microfratturazione. Dato che queste fratture crescono e si uniscono, si creano le condizioni perché acqua e gas possano muoversi. Quando i fluidi intrappolati sono sottoposti a uno sforzo crescente, la pressione del fluido, cosiddetta pressione di poro, aumenta – un processo che può causare la fratturazione delle rocce. Una volta che le fratture si sono generate, i gas possono essere rilasciati, possono farsi strada fino alle acque sotterranee, cambiandone la composizione chimica. Notevoli volumi di acqua possono essere liberati da falde acquifere in precedenza confinate, potenzialmente modificando la conducibilità elettrica delle rocce. Nelle parole dell'esperto d'idrologia dei terremoti Michael Manga "scenari di questo tipo hanno prodotto la non irragionevole aspettativa che precursori idrologici, idrogeochimici e precursori geofisici a essi correlati potrebbero manifestarsi prima del verificarsi di terremoti di grandi dimensioni".

Manga cita gli studi sovietici sul rapporto V_p/V_s come esempi di tali (possibili) precursori. Altri interessanti e documentati precursori includono la risalita del livello della falda acquifera locale tre giorni prima di un terremoto di magnitudo 6.1 in California centrale, e i cambiamenti nel chimismo delle acque sotterranee nei giorni precedenti il terremoto del 1995 a Kobe, in Giappone, di magnitudo 7.2.

Alla fine degli anni '90 un team di ricercatori guidato da Dapeng Zhao ha utilizzato le onde sismiche per investigare la crosta terrestre in prossimità del terremoto di Kobe. Guardando le onde nella regione di Kobe, il team di Zhao ha trovato una velocità anomala delle onde sismiche in una regione di circa trecento chilometri quadrati intorno al punto d'inizio o ipocentro del terremoto di Kobe. Anomalie simili sono state osservate in luoghi dove sono avvenuti altri grandi terremoti questo suggerisce che i terremoti si generino in regioni in cui, in profondità nella crosta, sono presenti fluidi.

Altre linee di ricerca, ai margini, se non addirittura al di là dei confini del pensiero scientifico prevalente, si basano sulla possibilità che i terremoti siano preceduti dal rilascio di gas sotterranei, in particolare di radon. L'idea delle cosiddette anomalie di radon risale agli anni '70. Il radon è un gas inerte presente in piccole quantità nelle formazioni rocciose; questo gas, secondo la teoria, viene rilasciato quando le rocce subiscono una pressione crescente prima di un grande terremoto. Un certo numero di studi hanno avuto la pretesa di mostrare un aumento del rilascio di radon prima di forti terremoti. Tutti questi studi usano il solito trucco, individuando precursori in dati poco chiari perché affetti da rumore, dopo che i terremoti si sono verificati – il ben noto spauracchio della ricerca sulla previsione dei terremoti.

Nel 1979 gli scienziati del Caltech, guardarono con ottimismo alle apparenti anomalie di radon prima di terremoti di magnitudo 4.6 e 4.8 nel sud della California, l'1 gennaio e il 29 giugno dello stesso anno. Ma il ben più forte terremoto di Coyote Lake, di magnitudo 5.7, colpì la California settentrionale nei pressi della capitale dell'aglio Gilroy il 6 agosto dello stesso anno, senza essere annunciato da alcuna fluttuazione significativa dei dati rilevati da uno qualsiasi degli strumenti di controllo, tra cui registratori radon, in funzione nei pressi della faglia. I primi di ottobre i sismologi del Caltech annunciarono che, nei precedenti mesi di giugno e luglio, nuove anomalie erano state rilevate in due pozzi nel sud della California, uno a Pasadena e l'altro circa 15 miglia a est, nella città di Glendora. L'osservazione guadagnò l'attenzione tanto degli ambienti scientifici quanto dei media, con titoli di giornale dai toni inquietanti. Il 15 ottobre, alle 4:45 ora locale, il sud della California fu scosso da un forte terremoto, ma l'evento di magnitudo 6.4 dell'Imperial Valley colpì il deserto vicino al confine USA-Messico, troppo lontano dalle anomalie di radon segnalate perché chiunque potesse suggerire una connessione tra i due fatti. Cominciò ad apparire chiaro a tutti che i livelli di radon hanno una certa inclinazione a fluttuare su e giù per motivi diversi dall'approssimarsi di un forte terremoto.

In alcuni casi, per esempio in uno studio fatto da Egill Hauksson e John Goddard sui terremoti in Islanda è stata valutata la significatività statistica delle anomalie del radon. Questi ricercatori sono partiti con un set di dati che comprendeva ventitré terremoti e cinquantasette osservazioni totali di emissioni di radon prima di questi terremoti (osservazioni effettuate in più siti nello stesso momento). Esaminando le cinquantasette osservazioni hanno trovato nove apparenti precursori radon che precedevano i terremoti, ma quarantotto casi in cui i precursori non erano stati rilevabili prima dei terremoti. Hanno anche trovato un alto tasso di "falsi allarmi" – apparenti precursori radon che non erano stati seguiti da terremoti. La conclusione di Hauksson e Goddard è stata che non vi è alcuna evidenza statisticamente significativa dell'esistenza di una relazione tra anomalie di radon e i terremoti.

Dopo il terremoto del 2009 a L'Aquila in Italia, uno studioso italiano ha richiamato l'attenzione pubblica su una sua precedente previsione, lamentando che era stata ignorata. Un esame attento ha rivelato una storia ben nota. Anche se in questo caso la previsione era stata apparentemente confermata dall'accadimento del terremoto si basava su osservazioni di piccoli terremoti e anomalie nella rilevazione del radon – che, come sappiamo, non forniscono la base per una previsione affidabile.[1]

Per la maggior parte dei sismologi se analizzato con rigore nessuno degli studi fatti finora sul radon presenta argomenti convincenti. In altri ambienti della ricerca scientifica, gli studi sul radon proseguono alacremente. Negli ultimi anni il fisico russo Sergey Pulinets è stato uno dei principali promotori di tale ricerca. Considerando le conseguenze del rilascio di radon, Pulinets sostiene che il gas genererebbe particelle di aerosol nell'aria. Questi aerosol, come ha argomentato Helmut Tributsch, potrebbero spiegare altri tipi di (pre-

---

[1] Vedi nota dei traduttori sul terremoto de L'Aquila a fine volume.

7. Infiltrazioni

sunti) precursori osservati, comprese le cosiddette nubi da terremoto, la riduzione di conducibilità dell'aria e le anomalie di temperatura (anomalie termiche). Pulinets non è un ciarlatano; le sue teorie sono generalmente sensate e non possono essere liquidate come scienza spazzatura. Il problema (o almeno un problema) sta nelle osservazioni che la teoria pretende di spiegare. Pulinets e i suoi colleghi mostrano immagini di apparenti anomalie termiche o nubi terremoti, prima di grandi terremoti del passato. Ma qui ancora una volta si sta prevedendo il terremoto dopo che è avvenuto. Gli scettici riguardo al lavoro di Pulinets chiedono: dove sono le statistiche che dimostrano che queste anomalie sono qualcosa di più che la solita fluttuazione di dati rumorosi? Dove sono le statistiche rigorose che stabiliscono un legame tra le presunte anomalie e i terremoti?

Qui è importante tornare a un punto esaminato in precedenza, vale a dire che è possibile che alcuni dei segnali siano reali – cioè, che fluidi e gas abbiano a che fare con la nucleazione del terremoto, e generino quei segnali che sono stati identificati come precursori dei terremoti, ma non sono di alcuna utilità pratica per la previsione semplicemente perché i precursori non sono indicatori affidabili di terremoti imminenti. Il grande sismologo Hiroo Kanamori, che ha esaminato la letteratura della previsione dei terremoti e ne ha lungamente dibattuto, sospetta che questo potrebbe essere il caso. Considerando esempi come lo sciame sismico di Matsushiro egli ritiene possibile, se non probabile, che almeno alcuni dei precursori dei terremoti identificati, tanto idrologici quanto elettromagnetici, siano reali, nel senso che sono stati causati da un processo associato all'attività sismica successiva. Tuttavia egli ritiene che i processi siano così vari e complicati che siamo in grado di identificare i precursori solo a posteriori: non riusciremo mai a sviluppare un metodo affidabile di previsione sulla base di questi precursori.

Così ci ritroviamo con la suggestione che i fluidi o i gas nella crosta potrebbero avere qualcosa a che fare con l'occorrenza di forti terremoti. Invece abbiamo solo delle idee sul come e quando questi fluidi si muovano o addirittura concorrano a provocare la fratturazione delle rocce e, tranne che in pochissimi casi, non una reale comprensione dei fenomeni. La conclusione di Michael Manga è, che per tutti gli intriganti precursori idrologici e idrogeochimichi che sono stati descritti nella letteratura scientifica, la prova definitiva e stringente ci sfugge.

Quando guardiamo indietro alla attività sismica nella regione del Mar di Bohai prima del terremoto di Haicheng, il nostro intuito ci dice che qualcosa stava "bollendo" in profondità nella crosta prima che accadesse il terremoto. La nostra intuizione potrebbe essere giusta o potrebbe essere sbagliata. I fluidi nella crosta potrebbero avere qualcosa a che fare con la genesi del terremoto, ma siamo assai lontani dalla comprensione delle osservazioni, e ancor più dalla formulazione di una teoria. E tuttavia, i processi di infiltrazione che hanno giocato un ruolo nella previsione dei terremoti dopo Haicheng sono oggi molto più chiari.

8. I giorni di gloria

> *Che cosa raggiunge i 25 cm di altezza in alcuni punti, si estende per circa 12000 km² e preoccupa come l'inferno tanto la gente commune quanto gli esperti?*
>
> George Alexander, Popular Science, novembre 1976

La storia completa riguardo alla previsione di Haicheng è rimasta nascosta per diversi decenni e non ha conquistato immediatamente le prime pagine in tutto il mondo. La comunità scientifica era ovviamente ben consapevole che un terremoto di magnitudo portentosa aveva colpito il nord della Cina. E ancor prima del terremoto di Haicheng i sismologi occidentali erano a conoscenza del fatto che in Cina fosse attivo un programma di previsione dei terremoti. Nei mesi successivi al terremoto, gli ambienti scientifici occidentali cominciarono a mormorare. Il 27 febbraio 1975, poche settimane dopo il terremoto, l'allora presidente del Dipartimento di Scienze della Terra e Planetarie del MIT, Frank Press, scrisse un editoriale apparso su diversi giornali degli Stati Uniti, dicendo ai lettori che "i recenti risultati scientifici in Unione Sovietica, Cina e Stati Uniti indicano che variazioni misurabili che si verificano nella crosta terrestre segnalano l'avvicinarsi di un terremoto. Un ulteriore sviluppo di questi studi può portare alla previsione dei grandi terremoti anche molti anni prima che questi avvengano".

I commenti equilibrati, ma abbastanza favorevoli di Clarence Allen sul programma cinese di previsione dei terremoti furono riportati, il 27 aprile del 1975, dal *Los Angeles Times*. Ad agosto, sullo stesso giornale, l'editoriale principale cominciava così: "I sismologi si stanno avvicinando a un risultato importante: la capacità di prevedere con sempre maggiore precisione la posizione, la data e la magnitudo dei terremoti".

Il sismologo Robert Hamilton, allora a capo dell'Ufficio Studi sul Terremoto del Dipartimento degli Interni, si propose di mettere insieme i rapporti pubblicati così come le informazioni provenienti dalla visita fatta in Cina da Robin Adams. Nel novembre del 1975 egli annunciò pubblicamente che le autorità cinesi avevano previsto il terremoto di Haicheng. La versione della storia proposta da Hamilton ripeteva ancora una volta, pedissequamente, la linea del partito in Cina: una previsione fatta dai vertici dell'amministrazione, poi trasmessa ai governatori locali, che aveva portato all'evacuazione generale di Haicheng e Yingkow nel pomeriggio del 4 febbraio. Il copione, scritto in Oriente, era stato ufficializzato in Occidente.

L'annuncio di Hamilton, verso la fine del 1975, ottenne un discreto, ma non enorme interesse dei media. All'inizio del novembre 1975, Hamilton riunì scienziati dello United States Geological Survey (USGS) e i funzionari governativi di nove stati occidentali. L'ordine del giorno della riunione era: discutere di come scienziati e funzionari avrebbero reagito se una previsione credibile fosse stata fatta negli Stati Uniti. Chiaramente se si riuniscono i massimi esponenti delle amministrazioni per discutere di come ci si sarebbe dovuti comportare in caso di una previsione di terremoto, il messaggio implicito è evidente: non solo gli scienziati, ma anche i funzionari pubblici si aspettavano che fosse ormai prossimo il giorno in cui i terremoti si sarebbero potuti prevedere su base regolare. Hamilton dichiarò addirittura che previsioni accurate sarebbero state possibili entro appena un anno. "In California," disse Hamilton, "dove una previsione potrebbe essere fatta presto, la maggior parte delle costruzioni hanno le strutture portanti in legno, che reggono bene in caso di terremoto. Alcuni edifici più pericolosi dovranno essere evacuati, ma questi potranno essere specificatamente identificati a priori".

I media continuarono a prendere nota. Il 9 novembre 1975, i lettori del *Fresno Bee* furono informati che "nel giro di un anno da ora il governatore Edmund G. Brown Jr. potrebbe ricevere una chiamata telefonica allarmante. All'altro capo della linea ci potrebbe essere uno scienziato dello United States Geological Survey (USGS). Il suo messaggio potrebbe essere: entro 30 giorni, nella Baia di San Francisco o a Los Angeles o in una qualsiasi delle altre città lungo la faglia di San Andreas è atteso un forte terremoto. Questo fa capire quanto i geologi americani siano ormai prossimi alla previsione dei terremoti".

Hamilton era, naturalmente, ben consapevole del generale senso di eccitazione che era rimasto nell'aria del subito dopo il terremoto di Sylmar del 1971. Egli sapeva che molti esperti del settore erano pervasi da un vero e proprio senso di ottimismo sul fatto che la previsione dei terremoti fosse a portata di mano. Sapeva che lo USGS aveva inviato uno dei suoi migliori giovani scienziati a Garm per meglio comprendere gli apparentemente promettenti sviluppi in Unione Sovietica.

Ma egli sapeva di più.

All'indomani del terremoto Sylmar, gli scienziati dell'USGS Jim Savage e Bob Castle avevano iniziato a collaborare per "vedere se ci potesse essere qualcosa nei segnali geodetici". In particolare, si chiedevano se la superficie terrestre avesse subito una qualche deformazione anomala prima o dopo il terremoto. Nel 1970 la geodesia si basava ancora su misurazioni fatte a terra, i dati erano scarsi e imprecisi rispetto agli odierni dati GPS e InSAR. Ma, allora come oggi, una grande quantità di misurazioni era disponibile per la California meridionale. Con tali dati, primitivi rispetto a quelli odierni, era difficile discriminare le piccole deformazioni orizzontali, tali dati erano tuttavia abbastanza efficaci nell'indicare se il terreno si fosse spostato verso l'alto o verso il basso. Savage e Castle capirono che se mai fossero esistiti interessanti segnali precursori da trovare, la California meridionale era il posto giusto per cercarli. Raccolsero i dati delle campagne di misurazione disponibili e cercarono di capire cosa avesse fatto la superficie terrestre sia prima sia dopo il 1971.

Castle e Savage trovarono apparenti variazioni di quota nella zona della Valle di San Fernando, negli anni precedenti al 1971. Il loro studio è stato pubblicato sulla prestigiosa rivista *Geology* nel novembre del 1974. Essi inoltre trovarono un sollevamento significativo di una porzione di crosta nel deserto del Mojave, a nord di Los Angeles, centrata più o meno lungo la faglia di San Andreas. Dopo aver attentamente analizzato tutte le possibili fonti di errore conosciute che avrebbero potuto contaminare l'analisi, Castle e Savage conclusero che il segnale di sollevamento era reale.

Né Savage né Castle insistettero particolarmente nel reclamizzare il segnale del Mojave come precursore di un grande terremoto futuro. Castle è il primo a riconoscere che il suo collega Jim Savage è "quanto più conservatore possibile" nella sua interpretazione delle osservazioni. Gli studiosi di scienze della terra sono noti per considerare, talvolta, le osservazioni per quello che appaiono, piuttosto che esplorarle nella loro interezza con l'occhio critico necessario per assicurarsi che esse siano reali. Jim Savage ha costruito la sua carriera – la sua reputazione – sul suo occhio critico. Nel 1998 è stato insignito della Medaglia della Società Sismologica Americana, l'onorificenza più alta. Lavorando con Bob Castle la sua prudenza era giustificata, ma anche il più critico degli scienziati non era del tutto immune dall'ottimismo del momento. La frase finale del articolo del 1974 recita: "Se si stabilisse che il sollevamento [nel Mojave] sia, di fatto, essenzialmente un fenomeno premonitore associato all'aumento di deformazione sulla faglia di San Andreas, esso suggerirebbe l'imminenza di un terremoto di grandezza almeno pari all'evento di San Fernando". In altre parole, il segnale potrebbe non essere un precursore, ma potrebbe anche esserlo; e se così fosse, allora il sisma imminente sarebbe probabilmente grande. Sebbene Castle e Savage fossero stati cauti e attenti nell'evitare clamori e dichiarazioni ingiustificate, l'ottimismo era chiaramente nell'aria. Il sollevamento di Palmdale aveva rapidamente generato un gran fermento all'interno della comunità scientifica.

Quando c'è abbastanza elettricità nell'aria non ci vuole molto più di una scintilla per provocare un'esplosione. Altri scienziati si affrettarono a identificare il segnale del Mojave come un probabile precursore e a sviluppare teorie per spiegarlo. Tra loro Max Wyss, che nel 1977 pubblicò un articolo sulla rivista *Nature*, in cui sosteneva che il sollevamento poteva essere spiegato dal processo della dilatanza, il fenomeno per cui il volume di un materiale aumenta (si dilata) quando è sottoposto a sforzi di taglio. Si trattava del medesimo processo che era stato descritto per la prima volta parecchi anni prima per spiegare i risultati sovietici sul rapporto Vp/Vs. Wyss fornì un'interpretazione scientificamente credibile delle osservazioni di Castle, concludendo che la crosta intorno alla faglia di San Andreas aveva cominciato a gonfiarsi nel 1961, il segnale si era allargato fino a includere la regione di Sylmar nel 1971 e aveva continuato a crescere negli anni successivi. Wyss ha dunque spiegato il terremoto del 1971 come un "evento marginale rispetto a una futura eventuale ripetizione del terremoto del 1857, in cui la faglia di San Andreas si è rotta dando luogo a un evento di magnitudo superiore a 8".

L'articolo di Wyss non fu pubblicato fino all'aprile del 1977, ma l'esplosione negli ambienti della politica ebbe luogo molto prima.

Bob Hamilton era a conoscenza dei risultati di Castle, quando rilasciò le sue audaci dichiarazioni pubbliche, nel novembre del 1975? "Ci puoi sommettere che lo era" è la risposta di Castle.

Tra le "api operaie" della comunità dedita allo studio delle scienze della terra le osservazioni di Castle generarono entusiasmo e ottimismo, temperati da prudenza e scetticismo. Tra le fila dei maggiori dirigenti scientifici – quegli individui con la giusta combinazione di acume scientifico e leadership politica adatta a promuovere i programmi di ricerca – tale ambivalenza si riscontra meno. Frank Press, in quel periodo a capo della commissione consultiva per gli studi sul terremoto dello United States Geological Survey (USGS), fu informato per la prima volta del rigonfiamento nel Mojave a dicembre del 1975, durante una riunione della commissione. Nel gennaio del 1976 Frank Press e diversi funzionari del USGS furono invitati alla Casa Bianca per una presentazione delle attività dell'USGS, un'occasione che essi sfruttarono per richiedere un aumento dei finanziamenti destinati alla ricerca sulla previsione dei terremoti. Press colse l'occasione per parlare del rigonfiamento di Palmdale al vicepresidente Nelson Rockefeller, che manifestò il suo interesse e chiese maggiori dettagli. Tuttavia, durante tutto il 1976, l'amministrazione Ford si rifiutò di aumentare i finanziamenti per ottenere i quali Press e gli altri stavano spingendo.

L'articolo scientifico che descriveva il rigonfiamento è stato pubblicato sulla rivista *Science* nel mese di aprile del 1976. Ma pochi giorni dopo che un terremoto di magnitudo 7.5 aveva colpito il Guatemala, il 4 febbraio 1976, uccidendo più di ventimila persone e riempiendo le prime pagine dei giornali di tutto il mondo, l'USGS aveva rilasciato un comunicato stampa relativo al rigonfiamento. In data 11 marzo 1976, gli scienziati dello USGS espressero la loro preoccupazione per il sollevamento alla Commissione per la Sicurezza Sismica dello Stato della California. Gli scienziati migliori presentarono un punto di vista equilibrato, sottolineando, per bocca del noto geologo Robert Wallace, che "[essi non stavano facendo] una previsione, almeno non ora. Il sollevamento è semplicemente un'anomalia che davvero non comprendiamo". Clarence Allen del Caltech fu altrettanto accurato nell'evitare qualsiasi tono allarmistico: "Non possiamo dire che un terremoto si verificherà domani, il prossimo anno o tra dieci anni". Egli inoltre osservò, abbastanza ragionevolmente, "ritengo che ci sia motivo di essere preoccupati. C'è sempre stato motivo di essere preoccupati". Né Castle né Savage erano stati invitati alla riunione.

Nonostante le parole temperate e non allarmistiche, il messaggio era giunto forte e chiaro: la comunità scientifica era preoccupata. Indipendentemente da che cosa fosse stato esattamente detto nel corso della riunione, il fatto che gli scienziati avessero portato i loro risultati alla Commissione di Stato – rendendoli di fatto pubblici – elevò il tono. Seguirono titoli prevedibili: "Rigonfiamento su una faglia attiva: può essere un avvertimento", fu detto ai lettori dell'*Independent Long Beach Press-Telegram*.

Nell'aprile del 1976 Frank Press parlò in una sessione speciale dell'American Geophysical Union, descrivendo il successo della previsione di Haicheng, che egli raccontò essere stato in gran parte basato sull'osservazione di un sollevamento della crosta terrestre. In una conferenza dal titolo "A Tale of Two Cities" (la storia di due città), Press discusse del "preoccupante sollevamento" che era stato rilevato lungo la faglia di San Andreas. Egli inoltre riportò la notizia che "ricercatori sismologici in California meridionale sostenevano che il loro lavoro era stato rallentato dai finanziamenti insufficienti", facendo notare che la regione che destava le maggiori preoccupazioni non era adeguatamente strumentata con sensori in grado di rilevare il movimento della superficie del terreno, le concentrazioni anomale di gas, le variazioni di livello nei pozzi e così via. Press scelse con cura le sue parole e le loro implicazioni.

Nella primavera del 1976 le notizie dalla California avevano cominciato a occupare i titoli dei giornali nazionali. Nelle mani dell'esperto giornalista scientifico George Alexander, il sollevamento osservato da Castle era diventato il "rigonfiamento di Palmdale". "Che cosa raggiunge i 25 cm di altezza in alcuni punti, si estende per circa 12.000 km^2 e preoccupa come l'inferno tanto la gente comune quanto gli esperti?" chiese Alexander nell'apertura di un articolo del 1976 su *Popular Science*.

Alcuni importanti scienziati continuarono a esprimere ottimismo temperato dalla prudenza. A interpretare il ruolo di eminente scettico vi era Charles Richter. Richter, che aveva elaborato la sua famosa scala per la misurazione della magnitudo di un terremoto agli inizi della carriera, negli anni '30, vide apparire il rigonfiamento di Palmdale verso la fine della sua carriera. Richter, che fu portavoce entusiasta ed efficace della scienza per tutta la vita, non espresse mai il suo scetticismo in pubblico. Ma negli ambienti scientifici il suo punto di vista era ben noto, e stando ai racconti di chi l'ha conosciuto, egli eresse un muro tra lui e alcuni degli scienziati che erano stati suoi più stretti collaboratori.

Eppure molti scienziati furono comprensibilmente affascinati dai rapporti provenienti dalla Cina e considerarono il rigonfiamento di Palmdale con reale preoccupazione. Nel frattempo iniziavano a comparire altri risultati, apparentemente credibili, e altrettanto allettanti. Nel 1976 il ricercatore Jim Whitcomb del Caltech si fece avanti con la previsione che un terremoto di moderata magnitudo avrebbe colpito a nord di Los Angeles prima dell'aprile del 1977. Tale previsione era basata non sul rigonfiamento, ma piuttosto sui risultati che sembrano indicare che le rocce nelle vicinanze della faglia di San Andreas avevano subito un cambiamento significativo negli anni precedenti – lo stesso tipo di cambiamento che affermavano di aver identificato i ricercatori in Unione Sovietica. Whitcomb aveva fatto una precedente previsione utilizzando lo stesso metodo. Nel dicembre 1973 egli aveva previsto che un terremoto di magnitudo 5.5 o superiore avrebbe colpito a est di Riverside, in California, entro tre mesi. Sebbene tale previsione sia stata in seguito considerata da alcuni un successo, il 30 gennaio 1974 si verificò un terremoto di magnitudo 4.1: gli scienziati oggi non considererebbero questa come una previsione esatta.

Nel 1976 la previsione dei terremoti era diventata un argomento "scottante", mentre Whitcomb e la sua previsione arrivarono sulle pagine della rivista *People*, in un altro articolo scritto da George Alexander. "La previsione dei terremoti, a lungo considerata come lo zio strano della famiglia sismologica," egli scrisse, "è, negli ultimi anni, diventato il nipote prediletto da tutti."

Mentre la storia del rigonfiamento di Palmdale rimbalzava sui media e generava accresciuta ansia in California meridionale, Hamilton, Press e altri lavoravano in ambienti politici per tradurre le preoccupazioni del pubblico in sostegno politico.

Gli sforzi per avviare un programma più completo di studi sui terremoti erano ormai iniziati da quasi un decennio. Era stato nel 1965 che una commissione guidata da Press aveva consigliato alla Casa Bianca che un programma di 137 milioni di dollari era necessario immediatamente per prevedere i terremoti e mitigare il rischio sismico. Guardando indietro dal 1975 si può ricostruire la decennale lotta per ottenere un tale programma. L'USGS aveva occupato un ruolo da protagonista con la creazione di un centro di studi sui terremoti a Menlo Park, avviando in pratica il programma prima di avere il finanziamento. Nel 1969 il direttore dell'USGS, William Pecora, era a capo del comitato interministeriale che scrisse la proposta per un programma decennale nazionale sul rischio sismico. Questa relazione, considerata da molti come eccessivamente settoriale, non comprendeva per di più attori importanti nella comunità di mitigazione del rischio e non fu, quindi, accolta con molto entusiasmo. In particolare, il piano di Pecora si era concentrato esclusivamente sulla sismologia, lasciando fuori, al freddo, la valutazione del rischio e l'ingegneria sismica.

Un anno dopo, Karl Steinbrugge mise insieme una proposta più ampia che fu accolta come base per la creazione di un documento di consenso. Steinbrugge era un ricercatore stimato che, come Frank Press, era diventato influente nei circoli politici. Durante gli anni '70 entrambi furono usati come consulenti per l'Ufficio di Gestione e Bilancio. Il rapporto di Steinbrugge del 1970 aveva evitato il difetto di quello di Pecora. Mentre Pecora aveva dettagliato i bilanci mettendo a conoscenza immediatamente tutti i partecipanti dell'entità della torta da dividere e di quale fetta potenzialmente spettasse a ciascuno di loro, Steinbrugge evitò l'argomento soldi completamente. Era un piano che poteva piacere a tutti.

Al rapporto scritto da Steinbrugge fu riconosciuto il merito di aver fornito un importante slancio, ma nell'immediato non accadde niente. La National Academy of Sciences nominò una commissione di esperti per valutare la questione della previsione dei terremoti. Il loro incarico: stabilire se la previsione fosse veramente un obiettivo realizzabile per la sismologia. All'inizio degli anni '70, il presidente della commissione, Clarence Allen, aveva indicato in una relazione preliminare che la commissione avrebbe risposto in modo affermativo alla domanda.

In assenza di un chiaro e nuovo programma federale, l'USGS aveva continuato i suoi sforzi per varare il suo nascente programma di studio dei terremoti. Il processo attraverso il quale un organismo come l'USGS richiede finanziamenti comporta un prolungato valzer di passaggi tra l'agenzia, il Congresso e l'Ufficio di Gestione e Bilancio. Di fatto, un'agenzia chiede quello che gli è consentito chiedere. Lo United States Geological Survey ha inoltre una serie di diversi programmi e deve valutare la richiesta di nuovi fondi per un programma rispetto alle esigenze di altri programmi. Nel 1975 l'USGS ha chiesto un supplemento di 16 milioni di dollari per avviare un programma completo di previsione e di preparazione ai terremoti. In risposta, l'Ufficio di Gestione e Bilancio autorizzò la spesa di soli 2.6 milioni per i programmi di studio dei terremoti, ma non aumentò il budget complessivo USGS. I soldi dovevano essere ricavati dall'esistente bilancio dell'USGS e del National Science Foundation (NSF). Così il nascente centro di studi del terremoto dovette mantenersi a galla da solo recuperando pochi fondi qui e là.

Allora l'intera società e gli amministratori si trovarono di fronte quello che gli esperti avevano ritratto come un pericolo reale e incombente. Robert Olson, direttore esecutivo della Commissione per la Sicurezza Sismica della California, fece pressioni affinché l'Amministrazione federale di Assistenza per le Calamità sostenesse lo studio del rischio sismico in California meridionale. La proposta di un nuovo programma per lo studio dei terremoti aveva inoltre trovato sostenitori, e nuovo slancio, sul palcoscenico nazionale.

Nell'autunno del 1976 la NSF e l'USGS produssero quella che divenne poi nota come la relazione di Newmark-Stever, dai nomi di Guy Stever, consigliere scientifico del presidente Gerald Ford, e Nathan Newmark, famoso ingegnere dell'Università dell'Illinois. Nelle parole di Bob Wallace, la commissione decise che era "il momento di impegnarsi in programmi concreti e di agire". Dodici anni dopo il grande terremoto del 1964 in Alaska, e undici anni dopo la prima proposta di un programma nazionale, si intravedeva finalmente il traguardo.

All'inizio del 1976 il senatore Alan Cranston e il deputato Philip Burton, entrambi originari della California, presentarono una legislazione per la mitigazione dei danni causati dai terremoti che prevedeva lo stanziamento di 50 milioni di dollari all'anno per i dieci anni di durata del programma nazionale per lo studio dei terremoti. Non era il primo tentativo di introdurre una normativa del genere da parte di Cranston; egli aveva in precedenza collaborato con Charles Mosher, dell'Ohio, e con il deputato californiano George Brown, per costituire un gruppo di pressione affinché tale legislazione venisse approvata. Disegni di legge erano stati introdotti nel 1972, 1973 e di nuovo nel 1974, ma il programma era rimasto bloccato sulla rampa di lancio. Nel 1976 i terremoti erano sullo schermo radar dell'intera nazione. I ricordi del sisma del 1971 a Sylmar non erano ancora svaniti. La zona sismica di New Madrid, negli Stati Uniti centrali, aveva manifestato cenni di attività, con una scossa verificatasi il 13 giugno del 1975; si era trattato di un terremoto non così forte da causare danni, ma che era stato ampiamente risentito in tutta la regione. La terribile scossa che il 4 febbraio del 1976 aveva colpito il Guatemala si era verificata spaventosamente vicino casa, per gli abitanti degli Stati Uniti occidentali. Nel giugno dello stesso anno, il *National Geographic* pubblicò due articoli, uno sui disastri causati dai terremoti, il successivo che descriveva l'ottimismo per il fatto che la previsione dei terremoti potesse ormai essere a portata di mano. Prima della fine dell'anno fu l'USGS a pubblicare un rapporto attento e dettagliato su questo terremoto [il terremoto del Guatemala, n.d.r.], sottolineando nell'introduzione che "c'è molto da imparare da questo terremoto che è direttamente pertinente al problema di riduzione del rischio sismico negli Stati Uniti". Nel frattempo un sinistro rigonfiamento minacciava la California meridionale [il rigonfiamento di Palmdale, n.d.r.] e, mentre i cinesi avevano già raccolto i frutti dei loro importanti investimenti sulla previsione dei terremoti, alla comunità scientifica statunitense mancavano i fondi per poter valutare la situazione in modo corretto.

Dopo che il disegno di legge di Cranston ebbe finalmente negoziato la sua approvazione presso il Congresso, l'amministrazione Ford istituì una commissione guidata da Nathan Newmark per formulare un piano di lavoro per il nuovo programma. Costituita da un mix di scienziati e di ingegneri, la commissione valutò in che misura avrebbe dovuto concentrarsi sulla previsione, rispetto agli sforzi per ridurre il rischio sismico. I geologi Joe Ziony dell'USGS e Lloyd Cluff della società di consulenza Woodward-Clyde si trovarono in minoranza, nel sostenere l'importanza della ricerca volta a migliorare la nostra comprensione dei ratei di sismicità e dello scuotimento indotto dai terremoti, e a rafforzare la solidità degli edifici e delle infrastrutture. Le loro posizioni non prevalsero. Come ricorda Cluff, il collega e membro della commissione, Clarence Allen, espresse riserve sul fatto che la previsione dei terremoti fosse un obiettivo realizzabile a breve termine. Allen era ottimista sul fatto che un progresso potesse essere ottenuto, ma prevedeva che sarebbe stata un'impresa ardua, su un tema scientifico estremamente complicato. Altri nella commissione fecero molte pressioni affinché la previsione fosse l'elemento centrale del nuovo programma.

Alla fine la commissione di Newmark raccomandò che i finanziamenti per gli studi di pericolosità sismica fossero aumentati dai correnti $ 20 milioni fino a $ 75-105 milioni entro il 1980. Suggerirono un programma equilibrato, con finanziamenti per studi di pericolosità così come per la ricerca ingegneristica, ma consigliarono esplicitamente un cospicuo aumento dei finanziamenti alla ricerca sulla previsione dei terremoti. Per tutta l'estate e l'autunno del 1976, gli articoli di giornale descrissero il programma come uno sforzo per la riduzione del rischio sismico, ponendo allo stesso tempo l'accento su "l'incremento dei finanziamenti per la previsione dei terremoti". Quando il disegno di legge non passò una votazione alla Camera dei Deputati, il *Northwest Arkansas Times* fece un grosso articolo, il 29 settembre. Il titolo diceva: "La legge sul rischio sismico bocciata alla Camera". La prima frase dell'articolo informava i lettori che "la previsione dei terremoti non è riuscita, con 192 voti a favore e 192 contrari, a ottenere la maggioranza di due terzi necessaria a cambiare le regole e far passare la Legge per la Riduzione del Rischio Sismico." La forma grammaticale era dubbia, ma il dato di fatto era chiaro.

La proposta di legge di Cranston decadde, dopo un timido accenno di successo nel 1976, ma il vento sarebbe girato con le elezioni presidenziali di novembre. Nel gennaio del 1977, Jimmy Carter portò con sé alla più alta carica del paese la sua sensibilità d'ingegnere nucleare. Nel febbraio del 1977 Frank Press fu in grado di parlare dal pulpito, non solo come uno dei sismologi più importanti del momento, ma anche come "l'uomo che stava per diventare il consigliere scientifico del presidente Carter". Tornato alla Caltech, di cui aveva in precedenza fatto parte, per una serie di conferenze di eminenti personalità scientifiche, parlò della necessità di ricerca e cooperazione internazionale per lo sviluppo di una previsione efficace dei terremoti.

Nel maggio del 1977 la Legge per la Riduzione del Rischio Sismico (Earthquake Hazard Reduction Act, EHRA, Public Law 95-124) era stata approvata all'unanimità dal Senato degli Stati Uniti. In ottobre fu approvata da entrambe le Camere del Congresso. La legge del Congresso del 1977 definiva gli obiettivi di un programma nazionale di riduzione del rischio sismico e affidava all'Ufficio di Politica Scientifica e Tecnologica (Office of Science and Technology Policy, OSTP) la responsabilità di sviluppare un piano di attuazione. All'epoca, l'OSTP era diretto da niente meno che Frank Press, che da quel momento aveva effettivamente assunto il ruolo di consigliere scientifico di Jimmy Carter. Press incaricò Steinbrugge di coordinare gli sforzi per mettere insieme un piano di attuazione; Steinbrugge, a sua volta, incaricò un gruppo di esperti che rappresentavano una vasta gamma di discipline. E così tutti quegli anni di programmazione – di strategia, di scrittura di relazioni, di fare politica – finalmente pagarono. Così, nelle parole dello storico Carl-Henry Geschwind: "la mitigazione del rischio sismico [diventa] un concetto radicato all'interno dell'apparato governo federale".

A posteriori, ora si può riflettere avendo una migliore prospettiva sul lungo percorso che era culminato nel lancio del Programma Nazionale per la Riduzione del Rischio Sismico (*National Earthquake Hazards Reduction Program*, NEHRP). In un articolo retrospettivo del 1997, Christopher Scholz ha osservato che la ricerca sulla previsione dei terremoti non è in effetti mai stata una grande parte del programma. Ma leggendo articoli di giornale, a partire dalla metà degli anni '70, appare chiaro che, agli occhi del pubblico così come degli amministratori, la prospettiva della previsione dei terremoti era certamente il fattore trainante. Alcuni percepirono la retorica dietro tale argomento come eccessiva. Una vignetta in un editoriale del *Los Angeles Times* del 1976 raffigurava un pollo tutto agitato con la testa staccata dal corpo che schiamazzava: "La Terra sta tremando! La Terra sta tremando!". Ma il successo del percorso aveva totalmente a che fare con l'idea che un'iniezione di dollari federali avrebbe fornito alla popolazione ciò che voleva, e cioè la capacità di prevedere in modo affidabile i terremoti.

È interessante, se non addirittura proficuo, riflettere sulle motivazioni. Quando gli scienziati decidono di varare nuovi programmi, il confine tra reale convinzione e opportunismo può essere sfocato. Dal di fuori, è difficile se non impossibile, distinguere le due cose. Ma se la convinzione fu in alcuni casi rinforzata dalla convenienza, non c'è dubbio che convinzione e eccitazione fossero reali. La comprensione dei terremoti aveva fatto, o almeno così sembrava, un notevole balzo in avanti negli ultimi anni.

Quando Peter Molnar partì per Garm per saperne di più dell'apparente successo sovietico riguardo alla previsione dei terremoti, egli portò con sé un innato scetticismo di scienziato, ma anche curiosità e una certa dose di ottimismo. Apparteneva, dopo tutto, a una generazione di giovani scienziati che aveva appena visto una nuova, rivoluzionaria idea – la teoria della tettonica a placche – avere la meglio su opinioni diffuse e consolidate sostenute della vecchia guardia. Non era una generazione priva di fiducia. L'ottimismo di Molnar poteva essere evaporato durante la sua visita a Garm, ma il rapporto che fece a Frank Press, a quel tempo al MIT, non era riuscito a soffocare la convinzione di quest'ultimo che i sovietici avevano conseguito un reale successo con il loro programma di previsione dei terremoti. Altri giovani scienziati che avevano parlato con Press a metà degli anni '70 erano meno certi riguardo alle convinzioni dei loro colleghi più anziani. Lloyd Cluff, storicamente scettico riguardo alla previsione dei terremoti, ha sempre ritenuto il dibattito condizionato dalle tensioni politiche del momento. Gli Stati Uniti erano dietro i loro due principali nemici nella Guerra Fredda, Cina e Unione Sovietica, in una ricerca d'importanza fondamentale per la salvaguardia della vita umana. Chiaramente, gli Stati Uniti dovevano recuperare. Quando il disegno di legge di Cranston fu bocciato dalla Camera, un articolo sulla prima pagina del *Los Angeles Times* riportò le parole del responsabile del disegno di legge, che lo descriveva come un tentativo di chiudere "il gap di conoscenze sui terremoti tra noi [gli Stati Uniti, n.d.r.] e la Cina".

Quanto la previsione sia stata propagandata per una mera questione di opportunità politica, non lo sapremo mai. Quanto il "sincero ottimismo" sia stato alimentato da pie illusioni, o peggio, non lo sapremo mai. Una cosa sappiamo e possiamo valutare: che cosa è stato di tutto quell'ottimismo una volta che il programma nazionale fu varato.

9. I postumi della sbornia

> *La previsione a breve termine dei terremoti costituisce un problema scientifico più complesso di quanto non pensasse la maggior parte di noi cinque anni fa, quando il programma Nazionale di Riduzione del Rischio Sismico ebbe inizio, e i nostri progressi non sono stati così rapidi come inizialmente sperato*
>
> Clarence Allen, 1982

Sebbene finanziato in gran parte per le promesse di previsione, lo scopo dichiarato dal Congresso per il Programma Nazionale di Riduzione del Rischio Sismico (National Earthquake Hazard Reduction Program-NEHRP) era: "ridurre i rischi di perdite di vite umane e beni materiali a causa di futuri terremoti negli Stati Uniti attraverso la creazione e il mantenimento di un efficace programma di riduzione del rischio sismico". Fin dall'inizio il Congresso riconobbe che più di un'agenzia federale avrebbe potuto contribuire alla missione del NEHRP. Oggi ci sono quattro principali agenzie NEHRP: la Federal Emergency Management Agency (FEMA), il National Institute of Standards and Technology (NIST), la National Science Foundation (NSF), e lo United States Geological Survey. Tutte e quattro le agenzie svolgono un ruolo importante, ma durante gli anni '60 e '70 fu l'USGS a muoversi con maggiore destrezza. L'USGS, fondato nel 1879 con il compito principale di eseguire la mappatura delle risorse minerarie, ha sin dall'inizio assunto il ruolo di protagonista all'interno NEHRP sia per quel che riguarda la ricerca sismologica sia per la valutazione del rischio.

Il programma di studio del rischio sismico dell'USGS, finanziato dal NEHRP, include programmi svolti da personale USGS così come importanti finanziamenti ai ricercatori nelle università. A oggi, il programma di studio del rischio sismico dell'USGS annovera molti successi: il miglioramento delle mappe nazionali di pericolosità sismica, il grande progresso nel monitoraggio dei terremoti, lo sviluppo di sofisticati sistemi di notifica dei terremoti, una migliore comprensione dei terremoti e dello scuotimento che producono, e così via. Quando oggi la gente clicca su una pagina web e vi trova la magnitudo, l'ubicazione e la distribuzione dello scuotimento relativo a un terremoto avvenuto pochi minuti prima, sta concretamente vedendo i frutti del NEHRP. Il programma di studio del rischio sismico dell'USGS inoltre ha portato enormi frutti dal punto di vista scientifico, con numerosi studi che hanno fatto progredire la nostra comprensione dei terremoti.

Ma cercando tra i siti web che elencano oggi i numerosi successi del programma, un aspetto della sismologia è del tutto assente: la previsione dei terremoti. Guardando indietro si può vedere come i sentimenti riguardo alla previsione dei terremoti si siano evoluti in seguito al lancio di NEHRP.

Il fermento che il tema della previsione dei terremoti aveva generato non svanì subito negli ambienti scientifici e presso l'opinione pubblica. Continuarono qua e là a comparire articoli, in particolare sui giornali della California, che reclamizzavano risultati apparentemente promettenti. Nel 1980 gli scienziati del Caltech parlarono ai media circa la possibilità che un aumento della concentrazione di radon potesse presagire futuri terremoti sulle faglie di San Andreas o di San Jacinto. Articoli nel 1980 e nel 1981 descrivevano una concomitanza apparentemente inquietante di strani segnali dalla Terra, non solo il radon, ma anche altri cambiamenti, tra cui la risalita della falda acquifera in alcune parti della regione di San Bernardino e cambiamenti nell'attività delle sorgenti nei pressi della faglia di San Andreas. John Filson, allora direttore della sede di studi sismologici dell'USGS, dichiarò al Los Angeles Times, "Queste anomalie destano in noi una certa preoccupazione", anche se, aggiunse, "Non c'è niente in questo momento che giustifichi un cambiamento nella nostra valutazione della pericolosità sismica del sud della California."

Sebbene, dopo un periodo di forte eccitazione, sia naturale una fase d'assestamento, il calo di ottimismo fu, in retrospettiva, troppo precipitoso. Le aspettative generate dalla previsione del terremoto di

Haicheng subirono un duro colpo ancor prima che il NEHRP decollasse. Il devastante terremoto di Tangshan, di magnitudo 7.8, nel luglio del 1976, mise la comunità scientifica e il mondo di fronte alla realtà dei fatti. Se pure i cinesi avevano predetto con successo un terremoto, era evidente che non avevano scoperto il segreto per un'affidabile previsione dei terremoti. Alla fine degli anni '70, anche intorno al famoso rigonfiamento di Palmdale si svilupparono seri dubbi. Un certo numero di eminenti scienziati cominciò a discutere e analizzare gravi errori di misura presenti dietro l'apparentemente minaccioso segnale di rigonfiamento a Palmdale. Castle e alcuni suoi colleghi dell'USGS rimasero fermi nella loro convinzione che le fonti di errore erano state considerate con attenzione, e non potevano spiegare il sollevamento.

Altri scienziati sostenevano il contrario, generando un dibattito che in ultimo divenne così intenso, surriscaldato, personale, e cattivo come nessun altro dibattito riguardante le scienze della terra nel recente passato. Ross Stein, uno dei primi scienziati dell'USGS a rompere le fila, per ben due volte trovò sacchetti di carta pieni di escrementi di cane nella sua casella di posta al lavoro. David Jackson, uno dei primi scienziati a esplorare con attenzione le fonti di errore, aggiunse "Alcune persone mi hanno detto che sono un sacco di merda, ma nessuno me l'ha mai mandata".

Nel 1981 l'esperto giornalista scientifico Dick Kerr scrisse un articolo su Science: "I dubbi sul rigonfiamento di Palmdale sono ora presi sul serio." Pochi anni dopo il rigonfiamento era del tutto naufragato. Ironia della sorte, anche dopo che le acque si furono calmate e che tutte le fonti di errore furono riconsiderate con attenzione, il rigonfiamento non sparì mai del tutto; alla fine è stato spiegato come una conseguenza del terremoto del 1952, nella Contea di Kern. Ma, come presagio di sventura non era chiaramente stato all'altezza delle aspettative. Come ormai avveniva dal 1857, la faglia di San Andreas rimase bloccata.

Nemmeno il terremoto che aveva previsto Jim Whitcomb si verificò. Verso la fine degli anni '70, anche il metodo del V_p/V_s che era sembrato un tempo così promettente, stava nel suo complesso andando a fondo. Nel 1973, sia il New York Times sia la rivista Time avevano immediatamente accreditato Yash Aggarwal e i suoi colleghi del successo di una previsione basata su questo metodo. Riflettendoci con calma il piccolo terremoto è facile da spiegare all'interno di una sequenza di terremoti che comprendeva eventi di magnitudo massima 3.6, iniziata a metà luglio. Dopo aver esaminato attentamente il metodo, i sismologi si sono resi conto che in quel caso le apparenti variazioni di Vp/Vs derivavano dal fatto che le misurazioni a tempi diversi erano state realizzate su gruppi di terremoti che non erano localizzati nello stesso posto. Quando si guardava alle variazioni di Vp/Vs utilizzando le onde generate dalle esplosioni di cava, che a differenza terremoti erano sorgenti di onde sismiche controllate e ripetibili, le anomalie scomparivano. Fin dall'inizio alcuni scettici all'interno della comunità sismologica avevano nutrito sospetti su questo tipo di studi. Se gli scettici della previsione dei terremoti si erano dovuti mordere la lingua negli anni '70, a fronte dell'ottimismo dei loro colleghi, entro la fine di quel decennio quelle lingue si sciolsero, visto il crescente numero di problemi riscontrati in quegli studi che precedentemente avevano entusiasmato.

La dilatanza è morta?

Chris Scholz, lo scienziato che per primo propose la teoria della dilatanza per spiegare le osservazioni di Vp/Vs, sottolinea che la teoria in sé rimane valida. Esperimenti di laboratorio ci dicono che quando le rocce sono sottoposte a sforzi crescenti, si formano crepe, e il volume della roccia aumenta. Questi cambiamenti daranno luogo a variazioni di Vp/Vs. Secondo Scholz, i primi studi osservazionali non smentirono la dilatanza; piuttosto ai risultati mancava la precisione sufficiente per dimostrare o confutare la teoria. Egli fa inoltre notare come tutta una serie di studi volti a cercare le prove dell'esistenza della dilatanza fossero fondamentalmente sbagliati perché si basavano su tipi di faglie, tra cui la San Andreas, per le quali sarebbe estremamente difficile rilevare segni di dilatanza. Se la prova osservazionale della dilatanza risorgerà, ora che i sismologi sono in grado di sviluppare strumenti per scrutare la Terra con precisione quasi chirurgica, resta da vedere. Secondo Scholz, la fine della dilatanza è stata, come minimo, ampiamente esagerata.

Un altro capitolo inglorioso negli annali della ricerca sulla previsione dei terremoti fu scritto proprio quando la vicenda del rigonfiamento Palmdale si stava sgonfiando. Due scienziati, Brian Brady e William Spence, formularono la specifica previsione che un forte terremoto sarebbe avvenuto vicino a Lima, in Perù, nel 1981. Brady, che aveva conseguito un dottorato di ricerca in geofisica nella Colorado School of Mines, veniva dallo United States Bureau of Mines (USBM), dove si occupava prevalentemente di studiare i crolli di roccia nelle miniere. Fondato nel 1910, l'USBM è stato per anni in prima linea nel campo della ricerca sui minerali e sulle miniere. Al tempo in cui Brady comparve sulla scena l'importanza di quell'agenzia si stava indebolendo, mentre le fortune dell'USGS erano in ascesa. Spence lavorava presso l'ufficio dell'USGS di Golden, al tempo un ufficio dello USGS con compiti più amministrativi rispetto al potente centro di ricerca di Menlo Park.

Sebbene Spence fosse un energico sostenitore della previsione alla quale è collegato il suo nome, il suo collega Brian Brady fu, fin dal principio, la forza trainante della previsione. L'interesse di Brady per la previsione dei terremoti era iniziato con la ricerca per capire i crolli di roccia: la spontanea, spesso violenta, frattura della roccia che si verifica a volte quando vengono scavati profondi pozzi di ventilazione nelle miniere, per la riduzione della pressione confinante sulla roccia vicina. Brady aveva concluso che i crolli di roccia sono preceduti da caratteristici, identificabili andamenti di terremoti molto piccoli – in sostanza fratturazione della roccia prima del crollo, e aveva avuto un certo apparente successo nella previsione di crolli di roccia. Egli cominciò a sviluppare una teoria per spiegare come una cosiddetta zona di inclusione si sviluppa, evolve, e alla fine collassa. I fondamenti della teoria, che Brady espose in una serie di articoli a metà degli anni '70, erano essenzialmente qualitativi, vale a dire, descritti tramite concetti e non da equazioni. Ciononostante Brady aveva individuato tre classi di precursori che dovevano precedere il cedimento di un sistema: gli indicatori a lungo termine, gli indicatori a breve termine e gli indicatori a brevissimo termine di una rottura imminente.

Appellandosi a un principio noto come invarianza di scala, Brady sosteneva che non ci dovrebbe essere alcuna differenza tra i processi che controllano i crolli di roccia e quelli che generano i terremoti. I sismologi generalmente credono nell'invarianza di scala, in quanto i terremoti piccoli e grandi sembrano diversi solo nella misura, non nella natura del meccanismo fisico che li genera. Quanto siano simili i processi fisici che controllano i crolli di roccia e quelli che controllano i terremoti è tutta un'altra questione. Secondo Brady, le idee convenzionali sulla nucleazione dei terremoti erano sbagliate in quanto non "affrontavano il problema fondamentale di come la faglia per la prima volta si formasse". I sismologi, a loro volta, consideravano questo aspetto come problematico: la crosta terrestre è solcata da faglie che sono esistite per molto tempo. Zone di faglia possono continuare a svilupparsi e "crescere", ma quasi senza alcuna eccezione, i terremoti si verificano su faglie preesistenti. I terremoti comunque rappresentano un tipo completamente diverso di rottura rispetto ai crolli di roccia. Nell'ambito dei principi scientifici, l'invarianza di scala è un buon principio in molti casi, ma non prevede alcuna comunanza tra i crolli di roccia e i terremoti se questi due fenomeni sono controllati da processi fisici diversi. Soprattutto essa non permette, come ha fatto Brady in un articolo, di utilizzare un'equazione che descrive la variazione di energia associata al crollo di roccia in uno spazio vuoto per trarre conclusioni sui precursori dei terremoti.

Rompere la roccia

Poiché i crolli di roccia si verificano quando lo scavo di una miniera riduce la pressione di confinamento sulla roccia vicina, gli esperimenti di laboratorio di Brady, che consistevano nel sottoporre campioni non confinati di granito a uno sforzo crescente, sono stati considerati dai sismologi e dagli esperti di meccanica delle rocce, non utili a chiarire il processo di fagliazione durante un terremoto. Applicando gli insegnamenti tratti da tali esperimenti ai terremoti si incorre in una fondamentale contraddizione: le faglie sono in profondità nella Terra, potrebbero essere relativamente deboli rispetto alla crosta circostante, ma, a differenza delle pareti di una miniera, esse rimangano sottoposte all'azione di una enorme pressione di confinamento.

Col senno di poi si resta sbalorditi dalle contraddizioni così come dalle basi concettuali degli articoli di Brady. Ma negli anni '70, nel periodo di massimo splendore della previsione dei terremoti, sono stati pubblicati vari articoli che a un lettore moderno potrebbero risultare assolutamente poco rigorosi. Anche oggi, come negli anni '70, articoli lunghi e difficili a volte s'infilano attraverso il processo di revisione, oltrepassandolo, nonostante gravi carenze. Quando ciò accade, il giudizio finale è spesso dato dalla comunità scientifica: il lavoro viene ignorato.

Brady comunque si spinse oltre. Aveva cominciato a osservare i terremoti nei primi anni '70. Studiando i terremoti che avevano preceduto quello di Sylmar, nel 1971 in California, egli ritenne di poter identificare andamenti analoghi a quelli che di norma precedono i crolli di roccia. Ne concluse che il terremoto avrebbe potuto essere previsto se quegli andamenti fossero stati riconosciuti in anticipo. Il 3 ottobre 1974, un terremoto di magnitudo 8.1 colpì la regione a sud-ovest di Lima, in Perù, uccidendo 78 persone e provocando gravi danni. Brady rivolse la sua attenzione a quella regione e cominciò a preoccuparsi perché osservava degli andamenti della sismicità che sembravano preludere a un terremoto molto più grande nel prossimo futuro. In particolare, egli era preoccupato perché la sequenza di scosse di assestamento si arrestò bruscamente dopo una replica di magnitudo 7.1, il 9 novembre. Sulla base delle osservazioni e delle teorie di Brady, un tale andamento della sismicità suggeriva che la fase di preparazione di un grande terremoto avesse avuto inizio.

Nel corso degli anni seguenti, Brady continuò ad analizzare i dati e ad affinare la sua teoria. Nell'agosto del 1977 formulò la sua prima previsione specifica, vale a dire che un terremoto di magnitudo 8.4 sarebbe avvenuto nei pressi di Lima alla fine del 1980. Dopo ulteriori studi, la previsione divenne ancora più preoccupante. In una nota interna del giugno del 1978 egli scrisse che "il prossimo evento avverrà tra la fine di ottobre e novembre 1981, l'entità della scossa principale sarà intorno a 9.2 +/- 0.2. Questo terremoto sarà paragonabile al terremoto del Cile del 22 maggio 1960". La magnitudo del terremoto predetto salì poi ulteriormente a 9.9, il che, secondo le parole di Clarence Allen, "certamente non contribuì ad aumentare l'attendibilità della previsione". Nel luglio del 1980 uno dei più importanti funzionari dell'USGS scrisse una nota interna a John Filson, il capo dell'Ufficio Studi sui Terremoti dell'USGS. "Per tua informazione e per il tuo divertimento" scriveva "ho parlato con Krumpe dell'ufficio AID/OFDA [Uffico per l'assistenza e l'aiuto a seguito di catastrofi in paesi extra USA, n.d.t.] che mi ha, in tutta serietà, informato sull'ultima previsione di Brady: il terremoto in Perù [...] le scosse inizieranno il 23 settembre 1980; la scossa principale si verificherà 316 giorni dopo. Io adoro proprio le stime precise, e tu?"

Da parte sua, il contributo scientifico Spence consisteva in gran parte nel valutare l'attività sismica precedente e la struttura della zona di subduzione al largo della costa peruviana, che, egli concluse, potrebbe in effetti ospitare un evento molto più grande. Tuttavia, egli continuò a sostenere il lavoro di Brady sulla previsione. Nel 1978 fu tra gli autori di un rapporto nei resoconti di una conferenza sulla previsione dei terremoti; le teorie di Brady occupavano un posto di rilievo in quella relazione.

Nel 1978 Brady era in contatto con uno scienziato di primo piano in Perù così come con alti funzionari presso l'US Geological Survey. Nonostante il forte interesse nella previsione dei terremoti da parte del USGS, i suoi funzionari e i migliori scienziati non erano impressionati dalla previsione di Brady. Nel corso di un fondamentale incontro, nella primavera del 1979, gli scienziati della sede dello USGS di Menlo Park, sottolinearono l'assenza di pubblicazioni che spiegassero la teoria in modo completo, per non parlare poi di articoli scientifici che ne dimostrassero la validità.

La riunione comprendeva anche rappresentanti della USBM, l'ufficio dell'USGS di Golden, gli scienziati del principale istituto geofisico in Perù, e l'US Office of Foreign Disaster Assistance (OFDA). L'OFDA, la cui missione è promuovere la mitigazione dei rischi e prevenire le calamità in tutto il mondo, era a favore della non cancellazione della previsione.

Poiché la discussione, che in alcuni momenti lasciava intravedere avvisaglie dei contrasti e delle rivalità tra le diverse agenzie, negli Stati Uniti continuava, alla fine del 1979 la voce della previsione cominciò a raggiungere il pubblico peruviano. Nel febbraio del 1980, il presidente della Croce Rossa peruviana, fece visita al direttore della OFDA per richiedere gli aiuti degli Stati Uniti, includendo un elenco di cose indispensabili in previsione del disastroso evento. La notizia di questa richiesta di aiuto trapelò presso i media peruviani, la cui attenzione si focalizzò immediatamente su un particolare elemento della lista: la richiesta di centomila sacchi per i cadaveri. La notizia si schiantò con la forza di uno tsunami attraverso l'etere e sui giornali peruviani.

Entro l'inizio del 1981, la notizia della previsione aveva permeato tutti gli strati della società peruviana. Molti additarono la previsione come la causa di un significativo calo di presenze di turisti stranieri, allora come oggi linfa vitale dell'economia. La Protezione Civile peruviana era stata sopraffatta dalle richieste d'informazione.

Nel gennaio del 1981 il governo peruviano richiese al Consiglio Nazionale di Valutazione della Previsione dei Terremoti (National Earthquake Prediction Evaluation Council-NEPEC) che fosse valutata la previsione di Brady e Spence. Già nel 1976, quando la spinta per la realizzazione del NEHRP era finalmente vicina al traguardo, il Congresso degli Stati Uniti aveva formalmente autorizzato il NEPEC, un gruppo di esperti che sarebbe stato disponibile a controllare "le previsioni e risolvere il dibattito scientifico per evitare controversie pubbliche o false dichiarazioni". Il Consiglio, presieduto da Clarence Allen, si riunì a Golden, in Colorado, il 26 e 27 gennaio del 1981, per esaminare la previsione di Brady. L'evento, affollato da troupe televisive e da esponenti degli altri media, fu un esercizio di profonda frustrazione per tutti gli interessati. Brady aveva contato di trascorrere due giorni per spiegare la sua previsione; Allen suggerì che lui e Spence concludessero la loro presentazione in un totale di cinque ore.

Brady, quindi, cercò di spiegare le sue teorie non ortodosse e essenzialmente concettuali al Consiglio. Da quello che poi ha raccontato Spence, Brady "fece marcia indietro" dopo aver cercato di spiegare la sua teoria ed essersi trovato fuori strada a ogni curva. La trascrizione dell'audizione rivela che a metà del primo giorno Brady si lanciò in una lunga discussione delle sue teorie più recenti, che tentavano di incorporare forze magnetiche, stabilità termodinamica ed equazioni che Brady assimilava all'equazione di campo di Einstein. Ancora una volta, le teorie erano essenzialmente concettuali, il che fece alla commissione l'effetto di un mal di testa che induce confusione d'idee. Quando Brady iniziò a parlare di cosmologia, Clarence Allen lo interruppe. "C'è stata una richiesta da parte della commissione di fermarci perché nessuno riesce a capire cosa sta succedendo." Il comitato includeva alcune delle migliori menti nel campo della scienza che studia i terremoti, con competenze che andavano dalla sismologia alla fisica delle rocce. Il gruppo costituito da queste nove intelligentissime persone si perse nei discorsi di Brady. Svariati membri del comitato sottolinearono il fatto che essi non avevano ricevuto alcuna informazione preventiva circa le teorie molto complesse di cui parlava Brady. Rivolto a Brady, Allen osservò: "Spero che tu ti renda conto del fatto che stai in una certa misura irritando i membri del Consiglio, anche perché parli di cose di cui non siamo stati informati, nonostante sia noto da mesi che questo incontro si stava preparando e che la previsione è stata fatta più di un anno fa".

Il membro del Consiglio Jim Savage disse a Brady: "Questa non è una critica, ma io credo che i membri della commissione non abbiano capito quello che stai dicendo. Stai sprecando il tuo tempo, e faresti meglio ad arrivare a qualcosa di comprensibile, o a presentare i tuoi argomenti in modo più accurato così che possiamo capire quello che vuoi dire". Il collega David Hill, che aveva sempre ammirato la capacità di Savage di saper cogliere l'essenza di complesse argomentazioni teoriche, capì immediatamente cosa Savage intendesse dire, che quello di cui parlava Brady non aveva alcun senso.

Entro la fine del primo giorno tutti i membri del NEPEC avevano, infatti, concluso che le teorie di Brady erano, in effetti, prive di senso: non semplicemente sbagliate, ma formulate anche in modo tutt'altro che rigoroso e prive di fondamenti tanto teorici quanto osservazionali, certamente non pronte, quindi, per essere diffuse. Essi videro i difetti delle teorie basate sull'invarianza di scala, compreso un errore che era stato evidenziato dall'eminente sismologo Keiiti Aki in un articolo pubblicato nel 1981, ma distribuito in forma di bozza in precedenza.

Quando Brady iniziò a disquisire delle connessioni tra la previsione dei terremoti e la teoria della relatività di Einstein, ai membri della commissione sembrò che la discussione si svolgesse nell'iperspazio. I loro commenti dopo il primo giorno – "Accidenti, ci dispiace, noi non capiamo..." – seguivano l'ormai consolidata prassi degli scienziati: comportarsi in modo cortese nei confronti di chi fa della scienza che non è considerata credibile.

Teorie non ortodosse

Grandi scoperte della scienza a volte si verificano quando i ricercatori riescono a trovare connessioni inaspettate tra i campi scientifici apparentemente molto distanti. Anche se Brady non pubblicò mai un documento che spiegasse in dettaglio le teorie presentate nel 1981 alla commissione di esperti del NEPEC, nel 1994 scrisse, nei resoconti di un convegno, che il meccanismo di fratturazione della roccia poteva essere compreso nel contesto della cosiddetta teoria del punto critico. Essenzialmente, un punto critico viene raggiunto quando un sistema si trova in un limbo tra due stati – per una faglia, tra lo stato in cui lo sforzo viene accumulato e quello in cui viene rilasciato. Non si può escludere la possibilità che nuove conoscenze sui meccanismi che generano i terremoti saranno un giorno acquisite a partire da questa teoria, o da uno degli altri approcci molto poco ortodossi che Brady aveva esplorato. Queste conoscenze, tuttavia, dovranno essere supportate dal rigoroso sviluppo di una teoria. La scienza basata su concetti può portare a idee interessanti, ma può trascinare lungo un sentiero che non porta da nessuna parte, e, nella migliore delle ipotesi, può farti arrivare solo fino a un certo punto.

Alla fine di quella lunghissima giornata, un membro della commissione, Lynn Sykes decise di tornare a casa. Un altro membro del gruppo, Rob Wesson, era giunto alla conclusione che sarebbe stato necessario mettere in discussione Brady in modo più diretto. La sua determinazione e quella dei suoi colleghi era cresciuta, e la loro intenzione di continuare a comportarsi in modo cortese si era molto indebolita, anche perché i notiziari della sera e della mattina, nella loro visione, ritraevano il comitato del NEPEC come incapace di comprendere le nuove teorie presentate da un brillante e innovativo giovane scienziato. Un articolo pubblicato il martedì mattina sul *Rocky Mountain News* raccontava di come Brady avesse usato "elaborate formule matematiche" per sviluppare teorie secondo cui "il tempo, il luogo, e la magnitudo di taluni tipi di terremoti possono essere previsti con estrema precisione". L'articolo inoltre rilevava che "i membri della commissione avevano ammesso di non riuscire a capire le sue formule e gli avevano chiesto se quelle teorie fossero essenziali per la sua previsione". L'articolo proseguiva citando Paul Krumpe, consigliere scientifico dello USAID/OFDA, che diceva, "Questo è progresso della scienza. Potrebbe esserci il nuovo Einstein lassù". Lo stesso tono era evidente nel paragrafo conclusivo di un articolo pubblicato dopo il secondo giorno di audizione, "Brady sosteneva che la sua applicazione della teoria della relatività di Einstein al meccanismo di rottura delle rocce e ai terremoti era un aspetto essenziale della sua previsione e si lamentò più volte durante l'audizione per il fatto che i membri della commissione non volessero sentirne parlare".

Il secondo giorno della riunione fu quindi caratterizzato da un tono diverso. Il comitato non riusciva a comprendere i fondamenti della teoria o la connessione logica tra la teoria, i dati e una determinata previsione. Misero sotto pressione Brady su questioni specifiche a ogni passaggio. Siccome Brady aveva cercato di descrivere la zona di nucleazione in termini di "orizzonti cosmologici" A_H e A_C, un membro del comitato chiese a Brady di scrivere le equazioni per questi "orizzonti" nel caso più semplice possibile. Brady rispose in maniera evasiva, e Wesson, non del tutto cortesemente, chiese come poteva la commissione escludere che Brady non stesse prendendo la sua previsione dal Libro Tibetano dei Morti.[1]

James Rice, uno dei principali esperti di fisica delle rocce, che non faceva parte del NEPEC ma era stato invitato a partecipare alla riunione come consulente senza diritto di voto, incalzò Brady, mettendo in dubbio le sue conoscenze in tema di fratturazione delle rocce. "La fratturazione delle rocce è stata studiata", ha osservato, "ed è un argomento scientifico trattato da un gran numero di anni. Ci sono molti problemi… che sono stati ragionevolmente compresi, e risolti, e io sto cercando di trovare qualche contatto con la letteratura e le conoscenze di base sull'argomento per i concetti che tu stai esponendo qui".

La commissione incalzò Brady anche su altri aspetti particolari della previsione, insistendo per vedere le equazioni che non erano ancora saltate fuori. Brady alla fine produsse un'equazione molto semplice per dimostrare che la durata dei fenomeni precursori era proporzionale alla dimensione del terremoto in arrivo.

La commissione si avventò su un'apparente contraddizione. L'andamento della sismicità considerata come precursore, che Brady aveva identificato prima del terremoto di Sylmar del 1971, si era sviluppato per circa otto anni prima dell'evento, mentre erano passati solo sette anni da quando l'andamento della sismicità considerato come precursore interessava il Perù, ciononostante, Brady aveva previsto un terremoto molto più grande. Brady replicò che "entrano in

---

[1] La trascrizione dell'audizione del NEPEC è piena di errori. La terminologia scientifica è storpiata: "diffatazione" invece di "deformazione", "Ace of H" invece di "A_H" ("A sub H") ecc. La trascrizione attribuisce in modo errato le parole relative al "Libro Tibetano dei Morti" a Bob Engdahl, con grande costernazione di Rob Wesson, il membro del comitato responsabile delle parole.

gioco tante grandezze, la temperatura, il carico preesistente...". Rob Wesson rispose a sua volta, "Ritengo sia questo il motivo per cui abbiamo bisogno di un'equazione".

Quando l'audizione volgeva ormai al termine, il membro del comitato Barry Raleigh sottolineò l'incapacità di Brady di presentare una spiegazione teorica convincente per sostenere la sua previsione. Egli fece anche notare "nei lavori di Brady precedentemente pubblicati ci sono degli errori, che non abbiamo discusso, ma questo non mi dà grande fiducia... nel cosiddetto lavoro che viene presentato qui oggi". Rivolgendosi a Brady egli concluse che, a suo parere "gli andamenti della sismicità che tu un pretendi di mostrare qui come precursori sono costruiti ad hoc, e io non ci vedo alcun rapporto con la teoria".

Dopo una riunione esecutiva, il Consiglio affermò che era impossibile dire che un terremoto non si sarebbe verificato in un dato giorno, ma la loro valutazione della previsione specifica era inequivocabile.

Non era "stato mostrato nulla nei [...] dati osservati, o nelle teorie per il poco che ne era stato presentato, che desse sostanza alla previsione in termini di tempo, di luogo e di magnitudo dei terremoti". Il pronunciamento del NEPEC fu trasmesso attraverso il Dipartimento di Stato americano al presidente del Perù: la previsione non meritava seria considerazione.

In Perù, tuttavia, la preoccupazione continuava ad aumentare; preoccupazione in qualche modo alimentata da Paul Krumpe. Nell'aprile del 1980 Rob Wesson scrivendo a un collega in Francia, rilevava che "i sostenitori della previsione (Brady, Bill Spence dello USGS Golden, e Paul Krumpe dello USAID) sembrano condividere una convinzione e un fervore quasi messianico". Krumpe continuò a sostenere Brady negli ambienti burocratici, spiegando che "l'attuale ipotesi di Brady è unica nel senso che si allontana dall'accettata fisica di Einstein (teoria del campo) e dalla meccanica delle rocce classica. Egli offre una spiegazione razionale fisica completa per i seguenti fenomeni che, a prescindere dalla scala, contribuiscono alla rottura, ai crolli di roccia e al verificarsi di terremoti". Al contrario dei massimi esperti di sismologia e fisica delle rocce che le avevano valutate nel corso della riunione del NEPEC, Krumpe soltanto, a quanto pare, apprezzava le teorie rivoluzionarie Brady. Nel luglio del 1981, quando ormai la tensione si era allentata, Clarence Allen, uno scienziato ben noto tra i colleghi per la pacatezza delle sue parole, scrisse all'allora capo dello USAID per esprimere preoccupazione sul fatto che Krumpe, "aveva preso questa posizione non solo per sostenere la previsione Brady, ma in realtà per aiutare e favorire il dottor Brady nella sua carriera". Allen proseguì dicendo che "Mr. Krumpe sembra aver assunto il ruolo di chi protegge il brillante, giovane martire dal potente e cattivo establishment scientifico". Altri si chiesero fino a che punto Krumpe stava cercando di promuovere le proprie stesse ambizioni. Il giudizio professionale su Krumpe da parte dei membri del comitato del NEPEC non fu migliorato dalla sua adesione alla setta religiosa del giorno del giudizio, nel Montana, fondata nel 1990 dalla profetessa Elizabeth Clare. Brady stesso considerava estremiste le convinzioni personali di Krumpe.

I dettagli della previsione di Brady, tra cui i tempi e le magnitudo dei terremoti più forti, erano stati un bersaglio sin dall'inizio; nell'aprile del 1981 aveva previsto un'importante scossa (magnitudo 8.2-8.4) per il 28 giugno e più tardi la scossa principale di magnitudo superiore a 9.

A giugno del 1981 William Spence rinnegò formalmente la previsione, dopo che la prima scossa prevista non si era verificata, affermando in una nota che egli aveva sempre ritenuto che la definizione "previsione di Brady-Spence" sopravvalutasse il suo ruolo nella formulazione della previsione stessa. Brady non fece marcia indietro, anche se aveva detto che avrebbe ritirato la sua predizione se il primo evento previsto non si fosse verificato.

Nell'aprile del 1981 l'ambasciata americana a Lima aveva invitato John Filson, allora vice capo dell'Ufficio Studi sui Terremoti allo USGS di Reston, in Virginia, a visitare Lima nel mese di giugno. La richiesta diceva: "Il personale dell'ambasciata crede fermamente che la visita in Perù del Dr. Filson in questo momento sarebbe molto importante per aiutare a dissipare la paura della popolazione e a mettere le previsioni di Brady nella giusta prospettiva".

Filson accettò l'invito, giungendo a Lima il 25 giugno. Pur essendo stato dentro al dibattito per diversi anni la visita fu per lui una rivelazione. "Non avevo idea", scrisse in un rapporto, "di quale fosse il livello di ansia e preoccupazione che queste previsioni hanno provocato a Lima. Durante il mio soggiorno, tutti i giornali hanno avuto almeno un articolo in prima pagina su Brady; il valore delle proprietà immobiliari è sceso drasticamente; molti di quelli che possono permetterselo hanno lasciato la città durante il fine settimana, e il personale dell'hotel dove ho soggiornato mi ha detto che le loro prenotazioni sono scese a circa un terzo del normale". Filson ricorda la calma inquietante che ha trovato, andando in giro per una città nota invece per essere una vibrante comunità urbana. A casa dell'ambasciatore americano, dove era stato invitato una sera, la moglie dell'ambasciatore aveva servito sandwich al tonno per cena. Il personale domestico, tra cui il cuoco, era andato a casa per restare, forse, per morire con la propria famiglia.

Il 28 giugno trascorse tranquillo, almeno da un punto di vista geologico. La visita durata quattro giorni di Filson, durante la quale egli aveva ripetutamente ribadito il rifiuto formale della previsione da parte del comitato del NEPEC, era su tutte le prime pagine dei giornali. Il giornale peruviano *Expreso* stampò a tutta pagina il titolo: "NO NADA PASO" ("Non è successo nulla"). Nel sottotitolo era citata l'affermazione del noto sismologo John Philson [sic] che la previsione non era mai stata considerata scientificamente credibile. Così pure suonavano le dichiarazioni delle autorità peruviane, che in precedenza erano state più ambigue, ma ora esprimevano il rifiuto inequivocabile della previsione.

In un rapporto del 9 luglio sul suo viaggio, Filson rilevò con preoccupazione che la data del terremoto predetto era stata spostata almeno tre volte dal mese di maggio, fino ad arrivare al 10 luglio. "Se gli è consentito di continuare a giocare a questo gioco… finirà per indovinarci e le sue teorie saranno considerate valide da molti", egli scrisse. I timori di Filson furono presto accantonati. Stando a quel che si dice, Brady iniziò a scrivere una smentita formale il 9 luglio, anche se questa non fu resa nota fino al 20 luglio. La previsione e l'intero episodio furono messi da parte. Negli annali della previsione dei terremoti, la "previsione di Brady-Spence" non è considerata come un momento particolarmente brillante.

Così, con un eclatante fiasco in un caso di previsione e le promesse di studi precedenti, non completamente mantenute, gli inebrianti giorni dei primi anni '70 cedono il passo a una sorta di sbornia di previsione dei terremoti. Per John Filson l'episodio segnò un punto di svolta definitivo. Era stato scelto come capo dell'Ufficio dello USGS per gli Studi sui Terremoti, e aveva iniziato a svolgerne la funzione nel febbraio del 1980. Al tempo il programma era partito da meno di tre anni, e aveva poca pianificazione o definizione. Nei suoi programmi interni ed esterni l'USGS aveva sostenuto una vasta gamma di ricerche, nelle parole di Filson, "tutti ovunque".

Nel bel mezzo di quest'epoca di grande libertà nella scelta dei temi e dei luoghi della ricerca sui terremoti, di tanto in tanto il telefono di Filson suonava nelle prime ore del mattino: un ricercatore chiamava col respiro rotto dall'eccitazione per segnalare letture anomale dai propri strumenti. Più tardi, dopo un controllo con altri ricercatori, si sarebbe sentito dire che, il segnale non era reale, dopo tutto lo strumento aveva un condensatore bruciato... Il geofisico Mark Zoback, poi passato allo USGS, guardava la sbornia passare da un punto di vista privilegiato, vicino alle trincee scientifiche dove la battaglia sulla previsione dei terremoti si era combattuta. Vide l'ottimismo dissolversi di fronte a "una progressione infinita di risultati negativi". Più accuratamente gli scienziati esaminavano alcuni apparenti precursori, meno convincenti diventavano i risultati.

Ma né lo USGS né la comunità sismologica degli Stati Uniti abbandonarono del tutto la ricerca sulla previsione dei terremoti. In particolare, guidati dalla ritrovata convinzione di Filson che un approccio più mirato fosse corretto, nel 1984 gli scienziati dell'USGS formularono la previsione che avrebbe alleviato il peso dell'infamia, vale a dire che un terremoto di moderata magnitudo si sarebbe verificato sulla faglia di San Andreas, vicino a Parkfield, entro quattro anni a partire dal 1988. L'USGS proseguì lo studio con un esperimento mirato, dopo che lo stato della California aveva accettato di mettere a disposizione i fondi necessari per la strumentazione. Il Consiglio Nazionale di Valutazione della Previsione dei Terremoti (NEPEC) si riunì e appoggiò le motivazioni scientifiche su cui si basava questa previsione. Lo USGS investì tempo e risorse cospicue nell'installazione di strumentazione per "catturare" il terremoto previsto. Col senno di poi, alcuni scienziati più giovani fanno notare come l'esperimento di Parkfield sia stato varato nella speranza di catturare i precursori dei terremoti, ma in base una previsione probabilistica piuttosto che una previsione deterministica; cioè in base all'idea che le scosse ricorrano regolarmente su certe faglie, e non in base ad alcuna indicazione specifica che un terremoto fosse imminente. È forse una sottile distinzione. L'entusiasmo per i programmi di previsione dei terremoti non scomparve certo in una notte, soprattutto all'interno dell'organizzazione che era diventata la principale agenzia per la ricerca sui terremoti nell'ambito del NEHRP.

Tuttavia, l'entusiasmo era decisamente scemato. Nel 1982 Clarence Allen scrisse un breve articolo per il *Bulletin of the Seismological Society of America (BSSA)*. La prima frase del diceva: "La previsione a breve termine dei terremoti costituisce un problema scientifico più complesso di quanto non pensasse la maggior parte di noi 5 anni fa, quando il Programma Nazionale di Riduzione del Rischio Sismico ebbe inizio, e i nostri progressi non sono stati così rapidi come inizialmente sperato". Anche se Allen continuò a dichiararsi incerto sulla questione se la previsione dei terremoti sarebbe mai stata possibile, e ad affermare che la previsione rimaneva una degna e importante branca della ricerca sismologica, egli elencò tutta una serie di risultati iniziali che non avevano superato un attento scrutinio, e discusse nuove linee di ricerca che guardavano ai terremoti come a fenomeni imprevedibili.

Il tono degli articoli sui mezzi di comunicazione più diffusi cominciò a seguire l'esempio di scienziati come Allen. L'11 luglio 1982, un articolo del *San Francisco Chronicle-Telegram* si occupò dei progressi realizzati riguardo al "problema terremoto"; i progressi si intendono in termini di preparazione, non di previsione. L'articolo arrivò a discutere i primi lavori degli scienziati sulla previsione, inclusa la verifica delle anomalie del livello di radon e del comportamento animale, sottolineando che "queste anomalie devono ancora essere verificate, ma le loro connessioni con i terremoti si sono rivelate più incerte – o almeno più difficile da trovare – del previsto".

Nel 1976 il *Los Angeles Times* ha pubblicato oltre 150 articoli sui terremoti, tra cui svariate decine sulla previsione e sulla decisione di avviare un nuovo programma federale. Nel 1985 il quotidiano annoverò un totale di 126 articoli sui terremoti, 85 dei quali apparsi nel mese seguente al devastante terremoto in Messico, il 19 settembre dello stesso anno.

La comunità delle scienze della terra statunitense non era ancora sicura di cosa fare della presunta previsione di Haicheng, ma il fatto che il successivo catastrofico terremoto di Tangshan non fosse stato previsto gettava un'ombra di dubbio su qualsiasi considerazione su Haicheng. Forse la previsione di Haicheng, se non proprio una frode, era stata un colpo di fortuna. Nei primi anni '70 la previsione dei terremoti sembrava appena dietro l'angolo. Negli ambienti scientifici che si occupavano della stima della pericolosità sismica, almeno negli Stati Uniti, si levò un nuovo mantra: le risorse dovevano essere concentrate non sugli sforzi per la previsione che potrebbero non aver mai successo, ma sulla ricerca che prometteva di aiutarci a capire meglio lo scuotimento e la pericolosità sismica. Valutazione della pericolosità, quindi, non previsione dei terremoti. La valutazione della pericolosità sismica potrà non essere particolarmente sexy, e forse non è quello che il pubblico vuole vedere, ma il NEHRP era stato lanciato e i professionisti nel settore della mitigazione del rischio sismico si accinsero a creare un programma per ridurre il rischio.

Oggi si può apprendere la storia del programma del NEHRP su una pagina web all'indirizzo www.nehrp.gov. Il sito sottolinea che "cambiamenti si sono verificati nei dettagli del programma in alcuni dei successivi rinnovi, ma i quattro obiettivi fondamentali del NEHRP rimangono invariati". Questi sono gli obiettivi elencati:

1. Sviluppare le procedure per la riduzione delle perdite dovute al terremoto;
2. migliorare le tecniche per la riduzione della vulnerabilità sismica;
3. migliorare la stima della pericolosità e i metodi di valutazione del rischio;
4. migliorare la comprensione dei terremoti e dei loro effetti.

Nonostante la ricerca sulla previsione dei terremoti rientri probabilmente nell'ultimo di questi punti, il termine previsione non compare nella pagina web. Senza dubbio, il programma è stato direttamente responsabile di passi concreti verso tutti questi obiettivi. Il progresso verso la previsione dei terremoti, però, ha rallentato rapidamente e alla fine si è praticamente fermato.

Col trascorrere degli anni '80, il Consiglio Nazionale di Valutazione della Previsione dei Terremoti (National Earthquake Prediction Evaluation Council, NEPEC), costituito per pronunciarsi su una serie di previsioni, compresa quella di Brady-Spence e quella di Parkfield nel 1984, cominciò ad avere sempre meno da fare. Nel 1995 il NEPEC è scomparso, senza clamori. Nelle parole del geofisico Michael Blanpied dell'USGS, la commissione era semplicemente rimasta "senza lavoro".

Il fatto che l'USGS abbia ricostituito il NEPEC nel 2005, forse serve a dimostrare che, sebbene lo scetticismo sia ancora profondamente radicato, la sbornia è tuttavia diminuita al punto che gli scienziati possono di nuovo pronunciare la parola previsione senza il timore di dire un bestemmia. Ma gli anni '70 non sono storia antica. I giovani scienziati di oggi e quelli a metà della loro carriera non hanno vissuto in prima persona quei momenti, ma hanno certamente sentito le storie. Al di là della previsione, i ricercatori sismologi hanno avuto modo di vedere quanto possano essere scivolose le statistiche quando si cerca di caratterizzare l'andamento dei terremoti. Ora che siamo complessivamente più vecchi; ci piace pensare che, almeno, siamo complessivamente più saggi.

10. Accesi dibattiti

> *Molti strani fenomeni precedono i grandi terremoti. Alcuni sono noti da secoli, persino da millenni. La lista è lunga e variegata: rigonfiamenti della superficie terrestre, variazioni del livello di falda nei pozzi, nebbie striscianti, ed emissioni elettromagnetiche a bassa frequenza, bagliori sismici sulla cresta e sulla cima delle montagne, anomalie magnetiche fino allo 0.5% dell'intensità del campo magnetico terrestre, anomalie di temperatura di parecchi gradi su vaste aree [...] cambiamenti della densità del plasma ionosferico e comportamento anomalo degli animali*
> Friedemann Freund, Journal of Scientific Exploration, 2003

Mentre l'ottimismo generato dalla prospettiva di prevedere i terremoti in modo affidabile stava svanendo negli Stati Uniti, dall'altra parte del pianeta nuovi drammatici eventi si stavano compiendo. Il 24 febbraio del 1981, un terremoto di magnitudo 6.7 investì Atene, uccidendo sedici persone e ferendone migliaia. Proprio come il terremoto di Sylmar aveva mobilitato gli scienziati americani un decennio prima, questo disastro galvanizzò la comunità scientifica in Grecia. Subito dopo il terremoto, Panayotis Varotsos e Kesser Alexopoulos, esperti di fisica dello stato solido, iniziarono il monitoraggio dei segnali elettrici all'interno della Terra, sostenendo che quando lo sforzo raggiunge un punto critico prima di un grande terremoto si dovrebbero generare delle correnti elettriche. Un terzo collega, Kostas Nomicos, ben presto si unì al gruppo, dando vita al cosiddetto metodo di previsione dei terremoti VAN, dalle iniziali dei tre studiosi. E subito iniziò il dibattito.

I tre ricercatori (il team VAN) continuarono a sviluppare e perfezionare il loro metodo, includendo, in anni più recenti, oltre all'analisi dei segnali elettrici l'andamento della sismicità. Il cuore del metodo, tuttavia, consiste nel fatto che "segnali elettrici sismici", o SES, sono generati nella Terra prima dei terremoti. Questi segnali, almeno così dice la teoria, non sono rilevabili ovunque quando un terremoto sta per avvenire, ma solo in "siti sensibili".

I dettagli del metodo VAN sono descritti in lunghi e densi articoli scientifici. E non solo: interi libri sono stati scritti sul metodo. Per evitare di inciampare in una selva di alberi intricati, ci si può concentrare su due aspetti della foresta.

Prima c'è la natura fondamentale della scienza moderna. La scienza progredisce – la scienza può solo progredire – sulla base di ipotesi verificabili. Uno scienziato sviluppa un'idea su come funziona il mondo basandosi su delle osservazioni. L'idea sembra spiegare bene le osservazioni. L'idea è comunque inutile se non porta alla previsione di future osservazioni, previsioni che possono essere testate per dimostrare o confutare l'ipotesi iniziale. Il concetto di "sito sensibile" pone il metodo VAN su una china scivolosa, per non dire sull'orlo di un dirupo. Perché, nessun ammontare di prove negative – l'assenza di SES prima dei grandi terremoti – potrà mai confutare l'ipotesi, in quanto ognuno o la totalità dei risultati negativi può essere liquidata dicendo che la misurazione era stata fatta in siti non sensibili.

Poi c'è il fatto che il metodo VAN viene usato, come è noto, da oltre due decenni, abbastanza a lungo per aver stabilito una buona casistica. I critici del metodo a volte evidenziano l'assenza di un solido quadro teorico. In realtà non ci sarebbe necessariamente bisogno di capire come un metodo di previsione dei terremoti funzioni, se si potesse dimostrare, senza ombra di dubbio, che funziona. Ma il metodo VAN funziona? I sostenitori sono pronti a dire sì: a quanto pare, ha avuto successo nella previsione di alcuni terremoti di moderata magnitudo.

Un esame attento rivela una storia diversa. I segnali interpretati come SES non sono infrequenti; il passaggio di un treno è in grado di generare segnali molto simili (se non identici). L'identificazione di un SES significativo è quindi in qualche modo un'arte più che una scienza. Allo stesso tempo, la Grecia è nota per la sua propensione a un'attività sismica a sciami. Vale a dire che, pur sapendo che i terremoti in qualsiasi area tendono a raggrupparsi, la Grecia è tra le aree in cui questa

10. Accesi dibattiti

tendenza è particolarmente forte. Dopo un terremoto di moderata magnitudo in Grecia, dire che ne seguiranno altri è una scommessa abbastanza facile da vincere. Esaminando attentamente la casistica del metodo VAN nei primi anni '90, Francesco Mulargia e Paolo Gasperini hanno scoperto che le previsioni del VAN tendevano a seguire, piuttosto che a precedere i terremoti significativi. Altri studi hanno raggiunto conclusioni simili, vale a dire che gli apparenti successi propagandati dagli inventori del metodo VAN possono essere attribuiti alla loro capacità di sfruttare la tendenza dei terremoti a raggrupparsi nello spazio e nel tempo. Altri dubbi sono stati ulteriormente sollevati, tra gli altri, dal sismologo Max Wyss, a proposito di vere e proprie falsificazioni da parte dei sostenitori del VAN.

Ma anche qui, quando alcuni sismologi, tra cui Hiroo Kanamori, considerano la situazione geologica generale della Grecia, ritengono plausibile che i fluidi nella crosta abbiano qualcosa a che fare con l'attività sismica nella regione. La Grecia è in un ambiente geodinamico estensionale, cioè, la crosta viene stirata dalle forze che governano la tettonica a placche: il Golfo di Corinto, si sta aprendo a una velocità di 1-1,5 centimetri all'anno. In ambienti geodinamici estensionali, il magma nonché altri fluidi presenti nella crosta verosimilmente troveranno percorsi lungo i quali migrare verso l'alto e il movimento di fluidi all'interno delle rocce può generare segnali elettrici. Pertanto, mentre Kanamori apprezza, per così dire, il processo di fratturazione tra gli elementi della teoria proposta da Varotsos e dai suoi colleghi, egli si chiede ancora se i segnali SES possano effettivamente essere collegati a processi in atto all'interno della Terra. A suo giudizio l'acceso dibattito sulla previsione è una deprecabile distrazione da quello che dovrebbe essere l'attività della scienza, ovvero l'attenta indagine di questi processi.

In Giappone, gli sforzi per la previsione dei terremoti hanno seguito una traiettoria ancora differente rispetto a quella degli Stati Uniti. Come negli Stati Uniti, l'interesse del governo giapponese per la previsione risale al periodo d'iniziale ottimismo, nel corso degli anni '60. Mentre questo ottimismo era in gran parte svanito negli

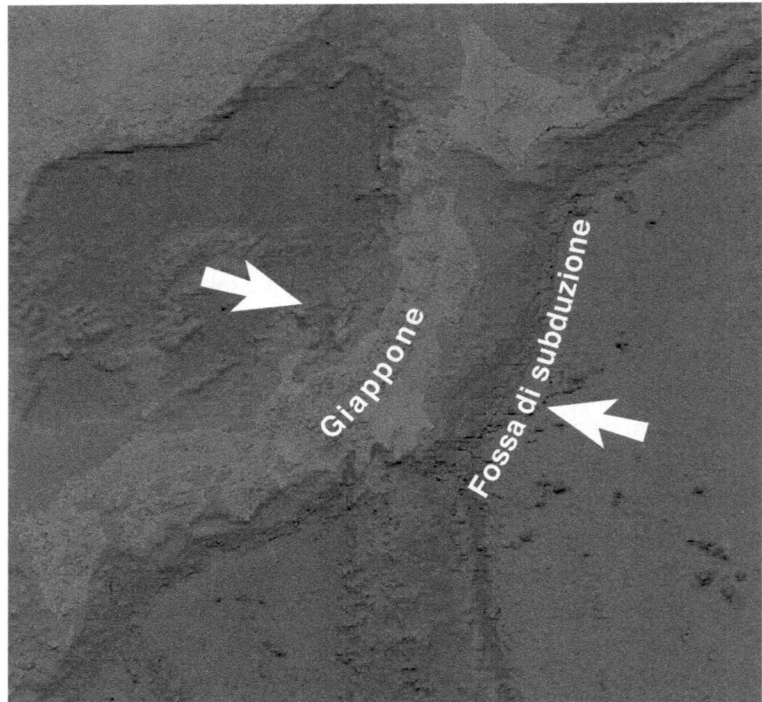

Fig. 10.1 La placca pacifica sprofonda, o meglio subduce, in corrispondenza della fossa giapponese (per gentile concessione dell'USGS)

Stati Uniti alla fine degli anni '70, nel 1978 il governo giapponese promulgò la legge della previsione del terremoto di Tokai, nota in Giappone con l'abbreviazione DaiShinHo. Facendo eco alla precedente saga di Haicheng, la preoccupazione per un futuro grande terremoto (magnitudo 8) a Tokai era stata alimentata da una serie di piccole scosse nella regione negli anni '70. Che un futuro grande terremoto in questa regione, situata a un centinaio di chilometri da Tokyo, sia inevitabile, è fuori discussione. Le isole che costituiscono il Giappone sono quello che i geologi chiamano un arco insulare, una sorta di zattere geologiche galleggianti lungo una zona di subduzione attiva (Fig. 10.1). L'ultimo terremoto devastante in questa zona si è verificato nel 1923: si tratta del terremoto di Kanto, di magnitudo 8.3, che ha causato oltre centomila vittime come conseguenza del crollo degli edifici e degli incendi che ne seguirono.

L'ultimo grande terremoto ha colpito la regione di Tokai nel 1854, e aveva una magnitudo stimata di 8.4. La lunga documentazione sismica del Giappone rivela la solita storia di intervalli irregolari. In media il tempo trascorso tra i grandi terremoti va da 110 a 120 anni. Ancora una volta la Terra presenta una notevole variabilità intorno alla regola delle medie, ma il segmento di Tokai è per il Giappone quello che la porzione meridionale della San Andreas è per la California – potrebbe non rompersi domani, ma sicuramente dovrà rompersi prima o poi.

Quando la regione del Mar di Bohai, in Cina, iniziò a tremare, alla fine degli anni '60, i sismologi cinesi non avevano alcun motivo per aspettarsi un grande terremoto in quella particolare regione. In generale, sappiamo che la Cina settentrionale viene colpita da un minor numero di forti terremoti rispetto alle propaggini meridionali del paese, dove la crosta viene schiacciata e fratturata dalla spinta continua verso nord del subcontinente indiano. Quando la regione di Tokai, geologicamente molto attiva, fu interessata da un certo numero di terremoti, negli anni '70, si generò ovviamente una certa preoccupazione. Nel 1978 il governo approvò una legge che autorizzava non solo la prevenzione sismica, ma anche la previsione del prossimo grande terremoto di Tokai.

DaiShinHo fu, fin dall'inizio, molto più di un semplice programma di previsione dei terremoti. Esso canalizzò importanti risorse economiche per sostenere gli sforzi di preparazione al terremoto, per esempio per la costruzione di mura di protezione contro gli tsunami nei porti. Solo una piccola frazione delle risorse del programma è stata destinata alla ricerca, compresa quella riguardante la previsione. Tuttavia, quell'ammontare di denaro ha continuato a esistere, e, sebbene i finanziamenti alla scienza che studia i terremoti siano quelli che sono, i sismologi in qualsiasi paese raramente possono permettersi di ignorare qualunque fonte di finanziamento che possa continuare a sostenere le loro ricerche. La comunità scientifica giapponese che si occupa dei terremoti è cresciuta a passi da gigante, in dimensioni e qualità, negli anni '70 e '80. Anche in questo caso, l'iniziale ottimismo per la previsione svanì tra i sismologi più quotati allorquando i primi promettenti risultati non furono confermati dal lavoro svolto successivamente.

A differenza degli Stati Uniti, però, il Giappone ha avuto sessanta anni di quasi ininterrotto governo da parte di un unico partito, e un'enorme inerzia burocratica. Cosicché DaiShinHo esiste ancora. A parere del sismologo laureatosi alla Caltech, Robert Geller, portavoce degli scettici della previsione dei terremoti, che ha trascorso la sua carriera facendo ricerca e registrando le onde alla facoltà dell'Università di Tokyo, i maggiori sismologi universitari in Giappone hanno camminato per anni su un filo sottile nello scrivere le proposte di finanziamento per continuare importanti indagini sismologiche, facendo del loro meglio per evitare di dire vere e proprie bugie quando descrivevano come i loro progressi scientifici servissero a una causa nella quale essi non credevano. "Allo stato attuale," dichiarò nel 1994 il professore di fisica Masayuki Kikuchi, "la maggior parte dei sismologi in Giappone ritiene la previsione dei terremoti impossibile o molto difficile".

Il 17 gennaio 1995, un anno dopo il terremoto di Northridge, in California, un terremoto di magnitudo 6,9 colpì la regione di Hanshin (Kobe) nel Giappone centro-meridionale. Mentre Northridge, nel 1994, pur causando enormi perdite economiche, mieté solo poche vittime, nel terremoto Hanshin persero la vita oltre cinquemila persone, soprattutto nella città di Kobe. Edifici e infrastrutture subirono danni molto pesanti. Per un paese che andava fiero della sua preparazione ai terremoti, Hanshin costituì uno shock psicologico, oltre che geologico. Al di là dei confini del Giappone, il mondo ne prese atto. Era il tipo di danneggiamento e il numero di morti che ci si aspettava di vedere in un paese in via di sviluppo, non in una potenza economica come il Giappone – certamente non in un paese che era all'avanguardia nel mondo in fatto di prevenzione del rischio sismico.

Il finanziamento per lo studio dei terremoti e per la prevenzione salì alle stelle. Gran parte di questo denaro fu spesa in modo ragionevole ed equilibrato. Una piccola parte fu destinata alla ricerca sul metodo VAN; non furono dei sismologi a occuparsene, ma piuttosto scienziati di altre discipline di scienza della Terra che avevano in quel momento sviluppato un interesse per quel metodo. Questi sforzi non sono mai stati accolti favorevolmente dalla comunità sismologica giapponese, ma dall'esterno, si sarebbe potuta facilmente avere l'impressione che la ricerca sulla previsione dei terremoti era viva e vegeta in Giappone.

In generale, sin dai cosiddetti giorni della sbornia, negli anni '80, la ricerca sulla previsione dei terremoti non è stata considerata con favore negli Stati Uniti, così come nel Regno Unito, e in gran parte d'Europa. Nel corso di questi anni, tuttavia, a tale ricerca si sono dedicati con più ottimismo ed entusiasmo scienziati di altri paesi, e talvolta amministratori che non riconoscevano il punto di vista dei loro maggiori scienziati.

Iran

Si stima che circa 35.000 persone abbiano perso la vita quando un grande terremoto ha colpito il nord-ovest dell'Iran, il 20 giugno 1990. In seguito a questo disastroso evento, la comunità scientifica che si occupa dei terremoti in Iran ha spinto con successo per ottenere un nuovo programma di riduzione del rischio sismico. Il risultato a "lungo termine" de "la Strategia di Riduzione del Rischio Sismico in Iran", ha portato a un'importante programma per valutare e rafforzare la sicurezza sismica degli edifici scolastici del paese. Anche se il miglioramento della resistenza allo scuotimento rimane una sfida aperta in un paese dove la pericolosità sismica è alta e le costruzioni storiche sono molto importanti da un punto di vista culturale, ma vulnerabili da quello sismico, migliaia di edifici scolastici sono stati ristrutturati o sostituiti – e altre migliaia saranno ristrutturati o sostituiti negli anni futuri – nell'ambito del programma. Mentre terremoti disastrosi in altri paesi hanno evidentemente portato a un clamore per la previsione dei terremoti, l'Iran è stato molto efficace nel convogliare le risorse disponibili nella riduzione del rischio. Alla domanda su come l'Iran sia riuscito a imboccare una via diversa, uno dei più importanti ingegneri sismici iraniani, Mohsen Ghafory-Ashtiany replica che, pur essendoci interesse tra gli scienziati per la previsione dei terremoti, lui e i suoi colleghi hanno fatto un enorme sforzo per evitare di parlare ai responsabili politici e all'opinione pubblica della previsione, affinché non fossero tentati di inseguire un obiettivo irraggiungibile a scapito di ciò che gli ingegneri sapevano avrebbe effettivamente contribuito alla sicurezza della popolazione.

Negli ultimi decenni gli scienziati che studiano i terremoti si sono divisi per linee disciplinari e internazionali. Se la previsione dei terremoti è caduta in disgrazia tra gli scienziati che si definiscono sismologi essa è stata invece abbracciata con più entusiasmo da (alcuni) scienziati con competenze in campi differenti, per esempio, i geomagnetisti e quelli che studiano fisica dello stato solido.

In particolare, i ricercatori hanno continuato a esplorare l'antica idea che i terremoti siano preceduti da precursori elettromagnetici rilevabili, e a sviluppare metodi analoghi al VAN che si basano su osservazioni elettromagnetiche. I segnali elettromagnetici si presentano in varie forme e dimensioni. Il metodo VAN si basa su segnali elettrici; altri tipi di anomalie sono stati proposti, e presumibilmente osservati. Nei giorni precedenti al terremoto di magnitudo 6.9, di Loma Prieta, a sud della San Francisco Bay Area, un magnetometro in funzione vicino all'epicentro registrò quello che sembrava essere un segnale molto insolito. Lo strumento era stato installato dal professore dalla Stanford University Anthony Fraser-Smith per monitorare le variazioni a frequenza ultra-bassa (ultra-low-frequency, ULF), del campo magnetico terrestre; Fraser-Smith stava cercando di studiare le tempeste magnetiche solari, la consueta causa di variazioni ULF. Il 5 ottobre 1989, il suo strumento vicino alla città di Corralitos registrò un aumento di intensità della ULF. Il 17 ottobre, tre ore prima del terremoto, il segnale subì un aumento ancor più drammatico, raggiungendo un'ampiezza circa 30 volte più grande del normale. Nessuna variazione simile era stata registrata durante i due anni di funzionamento prima di quel momento. I risultati sono stati pubblicizzati sulla rivista Science meno di due mesi dopo il terremoto, e pubblicati nel 1990.

Tra i più fervidi adepti della fede nella previsione dei terremoti, poche mucche sono sacre come la registrazione di Corralitos. Corralitos è di per sé una piccola comunità (2430 abitanti), relativamente benestante in una remota parte delle montagne di Santa Cruz. È su una strada che non porta da nessun'altra parte. Il californiano medio probabilmente non ha idea che Corralitos esista. Il fan della previsione dei terremoti, dilettante o professionista che sia, sa tutto di Corralitos. Questo breve scampolo di dati ha dato lo spunto a migliaia di idee. L'idea di precursori elettromagnetici non era certo nuova nel 1989. Ma quando la registrazione di Corralitos apparve sulle pagine di Science sembrò assumere l'aspetto di un'osservazione assolutamente fortuita e veramente convincente: la chiave della previsione dei terremoti non si trovava quindi nel monitoraggio dei terremoti, ma del campo magnetico terrestre.

Comprensibilmente, Fraser-Smith e altri stabilirono di installare ulteriori strumenti in regioni soggette ai terremoti. Niente che assomigli al segnale di Corralitos è stato visto dal 1989. Nel 2006, il geofisico Jeremy Thomas incuriosito dalla famosa registrazione, cominciò a confrontarla con la manciata di registrazioni derivanti da strumenti analoghi in altri luoghi. Si rese conto che per molti versi, i dettagli della registrazione di Corralitos erano simili ai dettagli di registrazioni fatte a migliaia di chilometri di distanza, in linea con le aspettative secondo cui le variazioni ULF sono generalmente dovute a variazioni di energia solare piuttosto che a fenomeni locali. Ha poi trovato un modo semplice per far sì che le registrazioni dei diversi strumenti si assomigliassero ancora di più, in sostanza, assumendo che il segnalatore del tempo e l'amplificatore dello strumento di Corallitos si era guastato il 5 ottobre. In breve, egli dimostrò che la spettacolare anomalia poteva essere spiegata col malfunzionamento dello strumento o un trattamento errato dei dati. Non è un'ipotesi così strana. Negli anni '80 le apparecchiature per il monitoraggio geofisico erano affette dai limiti di memoria e di calcolo dei computer. I dati originali dello strumento di Corralitos non sono nemmeno stati archiviati, esistono solo piccoli scampoli di dati già elaborati. Questo particolare strumento era inoltre installato in una postazione remota, affidato alle cure abituali di un volontario e visitato non molto spesso da un ricercatore o da un tecnico. Il registro che descrive le attività di mantenimento dello strumento non è mai stato reso disponibile.

L'analisi di Thomas non prova che il segnale anomalo fosse dovuto a un malfunzionamento dello strumento. Le vacche sacre sono dure a morire. Al convegno internazionale di Geodesia e Geofisica (IUGG), tenutosi in Italia nel 2007, scienziati provenienti da paesi di tutto il mondo si sono esibiti in una lunga serie di presentazioni nell'intento di mostrare le correlazioni tra i segnali elettromagnetici e i terremoti. L'articolo che riassumeva il lavoro di Thomas, presentato nella stessa sessione del convegno, non fu accolto molto calorosamente. Né il geofisico dello USGS, Malcolm Johnston, contribuì a migliorare i rapporti internazionali tra gli scienziati, quando presentò una critica generale alla ricerca sulla previsione dei terremoti basata su precursori elettromagnetici.

I dettagli della ricerca presentata al convegno IUGG del 2007 annebbierebbero la mente di chiunque. Il metodo VAN che, in letteratura, è stato oggetto di un dibattito molto esaustivo, è solo uno tra i vari tipi di metodi di previsione basati su fenomeni elettromagnetici attualmente al vaglio di scienziati di tutti i paesi. Una discussione dettagliata delle teorie, dei risultati e dei dibattiti sarebbe incomprensibile per qualsiasi lettore per cui la ricerca sulla previsione dei terremoti non fosse uno scopo di vita.

Tra i tedofori di questa comunità, si erge l'esperto di fisica dello stato solido Friedemann Freund. La sua ricerca comprende indagini di laboratorio e fornisce prove convincenti che le correnti elettriche possono essere create quando alcune rocce sono sottoposte a sforzi – ciò che è diventato noto come fisica di Freund.

Il percorso della fisica di Freund è iniziato con la chimica. Nelle sue indagini sui processi chimici e fisici all'interno di cristalli, Freund scoprì che piccole quantità di acqua sono incorporate nel reticolo cristallino quando un minerale cristallizza a pressioni che si hanno in profondità nella crosta terrestre. L'acqua non rimane nel reticolo come H_2O, ma forma coppie costituite da due differenti molecole, ciascuna delle quali contiene un atomo di ossigeno, un atomo d'idrogeno e un atomo di silicio. Quando queste coppie si formano, ciascun atomo d'idrogeno prende un elettrone da ciascun atomo di ossigeno, creando atomi di ossigeno carichi positivamente. Tali atomi – caricati in virtù di reazioni chimiche – sono noti come ioni. Questi ioni di ossigeno formano un legame con gli atomi di silicio, che sostanzialmente li blocca.

Anche se Freund "non diede molta importanza a questa scoperta" per anni, a un certo punto egli cominciò a chiedersi se questa avrebbe potuto essere la chiave per spiegare le presunte osservazioni di segnali elettromagnetici prima dei terremoti. Freund si rese conto che in condizioni normali le rocce sono ottimi isolanti elettrici, vale a dire, conduttori molto cattivi di correnti elettriche. Ma quando le rocce sono soggette a stress, come lo sono nel profondo della Terra, i legami tra gli ioni di ossigeno e di silicio possono essere rotti, generando così dei portatori di carica noti come ioni positivi o, tecnicamente, p-holes ("foles").

Secondo la teoria, i p-holes sono comunemente presenti nelle rocce in profondità nella Terra, e per la maggior parte del tempo si fanno i fatti loro. Ma se la roccia viene sottoposta a un incremento di sforzo, sia i p-holes che gli elettroni liberi possono iniziare a muoversi. Fino a questo punto, la fisica di Freund non è una congettura. Anche se alcuni fisici dello stato solido hanno da ridire su alcuni aspetti della teoria, gli esperimenti di laboratorio eseguiti da Freund e da altri dimostrano che correnti elettriche possono essere generate all'interno di alcune rocce, in determinate condizioni. La questione non è se esistano portatori di carica nelle rocce in profondità nella Terra, ma se hanno qualcosa a che fare con i processi che generano i terremoti.

Freund sostiene che gli elettroni possono creare correnti che viaggiano verso il basso nelle parti più profonde, e più calde, della crosta inferiore, mentre i p-holes genereranno correnti diverse, che viaggiano in senso orizzontale. Entrambi i tipi di correnti producono campi elettrici, e questi interagiscono tra loro in modo da produrre una radiazione elettromagnetica.

Inoltre, a causa delle correnti generate dall'aumento di sforzo, alcuni dei p-holes saranno trasportati verso la superficie terrestre, facendo effettivamente in modo che una vasta regione della superficie sia caricata positivamente. Tale perturbazione potrebbe causare vari tipi di strani effetti, tra cui i fenomeni di scarica elettrica che potrebbero essere responsabili per le cosiddette luci sismiche e persino dei disturbi del plasma nella ionosfera, tra i novanta e i centoventi chilometri al disopra della superficie terrestre. Ricordo che quando Helmut Tributsch suggerì, alla fine degli anni '70 che particelle di aerosol cariche, o ioni, avrebbero potuto spiegare una vasta gamma di presunti precursori, egli ebbe molte difficoltà a individuare un meccanismo plausibile che potesse creare le correnti che sarebbero state necessarie a generare gli ioni. La fisica di Freund fornisce un meccanismo possibile. Nell'opinione di alcuni, osservazioni di segnali elettromagnetici apparentemente anomali prima dei terremoti, così come disturbi ionosferici, confermano che "la fisica di Freund" è viva e vegeta nella Terra, e rappresenta la chiave lungamente cercata per previsione dei terremoti.

Bagliori da terremoto

Intorno al 373 a.C., uno storico greco scrisse che "tra i molti prodigi con cui era stata preannunciata la distruzione delle due città di Helice e Buris, molto notevoli furono le immense colonne di fuoco e il terremoto di Delos". Anche se il rendiconto non è molto chiaro riguardo alla successione dei fatti, alcuni lo considerano come la prima descrizione conosciuta delle cosiddette luci sismiche. In ogni caso molti racconti intriganti sono stati scritti negli ultimi secoli, fenomeni che vanno dai lampi o fasci di luce, masse globulari, lingue di fuoco e fiamme emergenti dal terreno. Una manciata di foto sfocate pretende di mostrare le luci in un certo numero di regioni, compreso il Giappone e la regione del Saguenay in Quebec. Una foto famosa, che mostra una brillante luminescenza contro un orizzonte notturno, è stata scattata durante lo sciame sismico di Matsushiro, nel 1966. Nella nostra era moderna, l'era di YouTube, hanno cominciato a comparire i video delle luci sismiche, molti dei quali mostrano uno spettacolo di lampi di luce nel cielo notturno prima del terremoto di magnitudo 7.9 in Perù, il 17 agosto 2007; in un altro video si vedono nel cielo nuvole di forma strana, colorate coi colori dell'arcobaleno, alcuni minuti prima del terremoto di Sichuan del 2008 (Figg. 10.2 A e 10.2 B; immagini a colori e video possono essere trovati su YouTube.com). Sono state formulate diverse teorie per spiegare i bagliori sismici, tra cui gli effetti di scariche piezoelettriche e, recentemente, la fisica Freund. I sismologi hanno faticato non poco nel tentativo di dare un senso a questo enigmatico ed elusivo fenomeno. Non riusciamo a descriverlo in modo completo, figuriamoci a spiegarlo, tuttavia non possiamo negarlo.

Perché i sismologi non ci credono? La risposta dipende da chi riceve la domanda. Secondo alcuni sostenitori della fisica di Freund, i sismologi hanno vedute ristrette e non vogliono accettare l'idea che scienziati di discipline diverse dalla sismologia possano aver trovato il Sacro Graal che a loro è sfuggito per tutti questi anni.

Nel corso del convegno IUGG del 2007 solo pochi tra i sismologi iscritti si presentarono, un fatto che non è passato inosservato – ed è stato sottolineato – agli occhi degli altri ricercatori presenti. La stessa accusa viene fatta, ad alta voce e spesso, da un'attiva comunità di persone che fanno previsione dei terremoti in modo amatoriale – persone con vario grado di istruzione scientifica ma con la chiara convinzione che, in primo luogo, i terremoti possono essere previsti, e in secondo, che la comunità sismologica ufficiale è determinata a ignorarli.

Quando sismologi prendono in esame la teoria di Freund, essi tendono a evidenziarne tre principali ostacoli concettuali. In primo

Fig. 10.2 A La foto ha la pretesa di mostrare le luci sismiche nel corso dello sciame sismico del 1966 a Masushiro, Giappone

Fig. 10.2 B La fotografia è stata scattata prima del terremoto del 2008 Sichuan: si vedono insolite nuvole di colore arcobaleno

luogo vi è la fondamentale, intuitiva, ma in realtà difficilmente dimostrabile ipotesi che lo stress aumenti, in modo significativo e piuttosto improvvisamente, prima che avvenga un grande terremoto. Semplicemente, noi non abbiamo alcuna prova diretta che il meccanismo che genera il terremoto funzioni in questo modo e, al contrario, alcune evidenze suggeriscono che non sia così. Per generare un terremoto, una di queste due cose fondamentali deve accadere: (1) lo sforzo deve aumentare, gradualmente o improvvisamente, fino a che la faglia raggiunga il punto di rottura, oppure (2) la faglia deve in qualche modo indebolirsi in modo tale che la rottura sia facilitata.

Come fa notare Malcolm Johnston, i segnali elettromagnetici stessi forniscono prove convincenti che lo sforzo non aumenta rapidamente prima di un grande terremoto. Supponiamo che lo sforzo aumenti all'interno della Terra: nelle rocce si verificheranno una serie di cambiamenti fisici che generano segnali elettromagnetici. Il terremoto vero e proprio rappresenterebbe il culmine del processo di rottura. Come tale, sicuramente l'andamento dei segnali elettromagnetici avrebbe un crescendo che culminerebbe nel momento preciso dell'inizio del terremoto – quello che viene tecnicamente definito segnale "cosismico" (come analogia, immaginate un albero quando, sferzato da un forte vento, inizia a crepitare; il crepitio più forte accompagnerà lo schianto definitivo). I terremoti sono noti per generare disturbi elettromagnetici; a seguito di un grande terremoto in India, nel 1897, il geologo Richard Dixon Oldham osservò che il sisma aveva causato l'interruzione nelle comunicazioni telegrafiche, deducendo da ciò che i terremoti dovevano generare correnti elettriche nella Terra. Tuttavia, le moderne registrazioni strumentali non hanno ancora rivelato alcuna evidenza dell'esistenza di veri segnali cosismici.

Gli strumenti che misurano il campo magnetico possono registrare i terremoti, ed effettivamente lo fanno. Ma a ben guardare, senza alcuna eccezione, veri e propri segnali elettromagnetici cosismici sono totalmente assenti. Quando un terremoto avviene, lo scorrimento della roccia contro la roccia invia onde sismiche nella crosta. I terremoti generano diversi tipi di onde, le più veloci delle quali sono le onde P, che essenzialmente sono onde sonore in viaggio attraverso la Terra. Le onde P sono piuttosto veloci, viaggiano attraverso la crosta a circa sette chilometri al secondo. A questa velocità un'onda può viaggiare attorno al mondo in circa un'ora. Ma la velocità delle onde P è trascurabile rispetto a quella dei segnali elettromagnetici, che viaggiano alla velocità della luce – circa 300.000 km al secondo. Un segnale generato in un punto qualsiasi del pianeta raggiungerebbe qualsiasi altro punto della Terra in meno di un decimo di secondo. Se, dunque, una forte emissione di energia elettromagnetica si genera quando un terremoto inizia, i magnetometri di tutto il mondo dovrebbero rilevare immediatamente un segnale, con largo anticipo rispetto all'arrivo della prima onda sismica. Non lo fanno.

Per inciso, sarebbe un vantaggio enorme per tutti noi se dei veri segnali elettromagnetici cosismici esistessero. Se non per la previsione dei terremoti, si aprirebbe certamente la porta per l'early-warning (allerta rapida). A differenza della previsione dei terremoti, lo sviluppo di sistemi di allerta rapida può contare su una scienza ben consolidata. In breve, se si è in grado di dire che un grande terremoto è avvenuto in un certo luogo, un allarme immediato può essere trasmesso in posti lontanissimi utilizzando le moderne telecomunicazioni, alla velocità della luce. La differenza di tempo tra l'allarme e lo scuotimento del terreno è paragonabile alla differenza di tempo tra lampo e tuono. Questa dipende dalla distanza dal terremoto – e, ovviamente, dal tempo necessario per un sistema di allarme per determinare che un grande terremoto si sta verificando. Se un terremoto è vicino, il tuono segue il fulmine quasi immediatamente. Ma a volte, il tempo tra allarme e pericolo può essere decisivo. In Giappone, un tale sistema è in vigore da anni, blocca automaticamente i treni ad alta velocità se viene rilevato un grande terremoto. A Città del Messico, dove migliaia di persone hanno perso la vita nel 1985 a causa di un terremoto avvenuto a 350 chilometri di distanza, ora suonano le sirene di allarme se un grande terremoto viene rilevato lungo la costa pacifica.

Sistemi di "allerta rapida" efficaci saranno pure basati su una fisica ben consolidata, ma in pratica non sono facili da sviluppare. Durante un terremoto di magnitudo 8, la faglia resta in moto per un paio di minuti. Affinché un'allerta rapida sia efficace, si devono registrare le onde e determinare in pochi secondi quanto il terremoto sarà grande. Poi deve essere generato un allarme e deve essere trasmesso in modo da provocare una risposta positiva e immediata. L'ultima parte di questa catena è quella più difficile da realizzare.

10. Accesi dibattiti

Se esistessero dei veri segnali cosismici elettromagnetici, la Terra sarebbe in pratica il sistema di allerta rapida della Terra stessa. Piuttosto che dipendere da complicate analisi di dati provenienti da una rete di sismografi all'erta per rilevare i terremoti di grandi dimensioni, singoli strumenti elettromagnetici, in qualsiasi luogo, sarebbero in grado di rilevare segnali insolitamente ampi e fornire l'allerta per una scossa imminente. Sarebbe una bella idea, se solo i segnali elettromagnetici cosismici esistessero. Non sono mai stati osservati.

Tornando alla questione della previsione dei terremoti, la seconda critica generale che fa la sismologia alla previsione basata sui precursori elettromagnetici ha a che fare con le statistiche. Le registrazioni di segnali elettromagnetici sono notoriamente complicate. Diversi tipi di strumenti registrano differenti tipi di rumore elettromagnetico; come già notato, segnali VAN registrati dagli strumenti possono essere generati da treni, linee elettriche, e così via. Essi inoltre possono registrare vari tipi di segnali naturali generati da processi diversi dai terremoti. Le registrazioni sono molto variabili, caratterizzate dalla presenza di picchi di ampiezza spuri così come da altre oscillazioni. È abbastanza comune imbattersi in picchi di tensione e/o altri segnali strani che si verificano nelle vicinanze del tempo di occorrenza di terremoti di grandi dimensioni. La questione, naturalmente, è, quanto hanno a che fare uno con l'altro?

Guardando alle osservazioni di presunti precursori elettromagnetici di vario tipo, l'occhio allenato del sismologo cerca, e non trova, quella rigorosa analisi statistica che potrebbe stabilire se questi precursori sono reali e significativi. L'occhio allenato del sismologo cerca, e non trova, alcuna prova del fatto che chiunque possa essere in grado di identificare un precursore prima che il terremoto avvenga, e non al contrario guardare a posteriori i segnali per identificare l'anomalia dopo che il terremoto è avvenuto. In presenza di dati confusi e senza una rigorosa analisi statistica uno scienziato non deve essere consapevolmente disonesto per trovare correlazioni evidenti laddove non esistono.

Una critica finale alle teorie di Freund deriva dal fatto che la crosta terrestre contiene molta acqua, e l'acqua può causare cortocircuiti nelle correnti, sempre ammesso che queste vengano generate. Altri ricercatori rilevano che l'acqua può effettivamente servire come un conduttore, portando ioni carichi in superficie. Da parte sua, Freund ammette che alcune questioni restano senza risposta, e dice: "è troppo presto per dire che la previsione dei terremoti è appena dietro l'angolo". Ma, aggiunge, "Mi sento fiducioso che la scoperta dei p-holes nelle rocce e la loro attivazione legata alle variazioni di sforzo rappresentano un passo cruciale per decifrare il codice dei molteplici segnali che la Terra invia prima di un terremoto".

Certo, nonostante l'idea dei precursori elettromagnetici non sia stata del tutto abbandonata, tali linee di ricerca potrebbero non condurre mai a una previsione affidabile dei terremoti. Studi di laboratorio ci dicono che la fisica di Freund, come minimo, non è totalmente magia nera. Intriganti aneddoti – recentemente corroborati da alcune evidenze fotografiche – suggeriscono che alcuni terremoti sono preceduti da bagliori sismici. Teorie convincenti e alcune prove ci dicono che i terremoti possono essere preceduti da disturbi di natura idrologica, che potrebbero dar luogo a segnali elettromagnetici.

Segnali elettromagnetici precursori nella ionosfera sono stati individati negli ultimi anni da ricercatori che hanno analizzato i dati del microsatellite DEMETER, lanciato nel 2004 dall'agenzia spaziale francese per indagare l'attività elettromagnetica legata ai terremoti. Molti scienziati rimangono scettici riguardo ai risultati, e gli stessi autori sottolineano che i precursori possono essere identificati solo sommando dati provenienti da numerosi terremoti. Pertanto, anche se i segnali fossero reali, non ci sarebbe speranza di identificare un precursore singolo prima di un terremoto. Tuttavia, gli studi condotti sono stati sufficientemente rigorosi per superare il livello necessario alla pubblicazione su autorevoli riviste scientifiche.

L'insieme di accadimenti e di esperienze che hanno segnato la storia della comunità sismologica fino a oggi ha molto a che fare con questo, non solo per quello attraverso cui siamo passati ma anche per le lezioni che continuiamo ad apprendere.

11. Leggendo le foglie del tè

La difficoltà principale che Alice aveva trovato in un primo momento era nel maneggiare il suo fenicottero: riuscì a mettere il corpo dell'uccello raccolto, abbastanza comodamente, sotto il braccio, con le gambe penzoloni, ma di certo, proprio appena lei gli avrebbe drizzato il collo e fosse stata sul punto di colpire il riccio con la sua testa, il fenicottero si sarebbe girato guardandola in faccia, con una espressione talmente perplessa che lei non avrebbe potuto fare altro che scoppiare a ridere: e quando aveva gli puntato la testa verso il basso, e stava per ricominciare tutto daccapo, fu piuttosto irritante scoprire che il riccio si era srotolato e stava per sgattaiolare via: oltretutto, c'era una zolla o un solco nella direzione in cui lei voleva mandare il riccio, e siccome i soldati, raddoppiati in numero, continuavano ad uscire fuori e ad avanzare da tutte le parti del terreno, Alice arrivò ben presto alla conclusione che si trattava di un gioco molto difficile
  Le avventure di Alice nel Paese delle Meraviglie

Dettagli dei dibattiti scientifici a parte, sarebbe una suggestione interessante, che i sismologi chiudano volontariamente un occhio nei confronti di una ricerca sulla previsione veramente promettente – in particolare nei confronti di un ricercatore, o anche di un qualsiasi dilettante, che abbia iniziato a inanellare una serie di previsioni con evidente successo.

Allora perché i sismologi sono, tra tutte le persone, le più persistentemente scettiche o addirittura sprezzanti riguardo a ciò che altri scienziati sono convinti sia una ricerca promettente per la previsione dei terremoti? Una semplice risposta sta nel fatto che, di tutti i risultati apparentemente promettenti, una tale serie non è mai stata inanellata, da nessuno. I fautori del metodo VAN rivendicano un piccolo numero di presunti successi ma molti terremoti forti e meno forti hanno colpito senza che essi dessero alcun preavviso. E inoltre, al di là di tutti i dibattiti, negli anni successivi al 1989 gli scienziati non hanno più visto un altro segnale come la registrazione di Corralitos, per non parlare poi di previsioni basate sui precursori ULF che siano andate a buon fine.

Un altro aspetto che va considerato sta nel fatto che gli anni '70 non sono propriamente storia antica. Molti dei dirigenti di ricerca più anziani, oggi, possono ricordare vividamente le speranze, le promesse e, infine, le delusioni di quel periodo. Non pochi di essi furono direttamente coinvolti nella ricerca che ha contribuito ad alimentare il senso di ottimismo che portò a pensare che la previsione fosse a portata di mano.

La sbornia degli anni '80 ha lasciato nei sismologi la profonda consapevolezza del fatto che risultati che sembrano interessanti, spesso svaniscono in una nuvola di fumo, quando vengono scrupolosamente controllati. In particolare, i sismologi hanno acquisito a proprie spese la consapevolezza degli errori in cui s'incorre nel guardare indietro nei dati, per cercare anomalie solo dopo che un grande terremoto si è verificato.

Nonostante lo scetticismo, negli ultimi decenni la ricerca sulla previsione dei terremoti è proseguita all'interno della comunità sismologica. In particolare, diversi metodi sono stati sviluppati intorno alla teoria che, prima di un grande terremoto, una regione sarà interessata da un'intensificazione della sismicità di moderata magnitudo intorno alla zona di nucleazione dell'imminente forte terremoto. L'idea che caratteristici andamenti della sismicità possano essere considerati precursori di terremoti più grandi – ricordate per esempio la ciambella di Mogi, descritta da Kiyoo Mogi nel 1969 – non è nuova. Alcuni ricercatori hanno trovato (ipotizzato) evidenze di casi di quiescenza sismica come precursore; altri hanno definito come precursore un improvviso aumento dell'attività sismica.

Questo tipo di approccio rientra sotto l'ombrello delle tecniche definite di "pattern recognition", che essenzialmente cercano di leggere le foglie di tè, alla ricerca di andamenti caratteristici delle scosse piccole o moderate che ci dicano se un forte terremoto è in arrivo. Il sismologo russo Vladimir Keilis-Borok ha lavorato per decenni sul cosiddetto algoritmo M8, che si basa sull'osservazione degli andamenti spaziali e temporali dei terremoti, per lanciare allarmi "TIP" (Tempo di maggiore probabilità). L'intero algoritmo M8 è complicato, ma fondamentalmente i TIP si basano sull'osservazione dell'aumento dell'attività sismica regionale, considerato come il precursore chiave di un futuro terremoto di grandi dimensioni.

L'idea che l'aumento dell'attività sismica regionale sia un precursore ha le sue basi tanto in considerazioni teoriche quanto nelle osservazioni. I sismologi sono da tempo consapevoli che l'area di San Francisco fu interessata da un maggior numero di terremoti di una certa intensità sia negli anni precedenti il 1906 sia nei decenni successivi. E poi, naturalmente, c'è Haicheng.

L'algoritmo M8 è in circolazione da un tempo abbastanza lungo per aver accumulato un elenco di previsioni di successo e di previsioni mancate. Il metodo ha ottenuto un apparente successo nel caso del terremoto del 1989 a Loma Prieta ("il terremoto delle World Series") a sud di San Francisco. Dopo il terremoto, un certo numero di ricercatori stabilì che l'attività sismica regionale era aumentata prima del 1989. Ma è incredibilmente difficile valutare il grado complessivo di successo di un qualsiasi metodo di previsione. In sostanza, si deve dimostrare che un metodo è più efficace di quanto possa essere fare previsioni basate semplicemente sulla nostra conoscenza generale su dove e quanto spesso si verificano i forti terremoti. Si potrebbero, per esempio, rilasciare tre previsioni all'apparenza deterministiche per l'anno seguente: (1) Un terremoto di magnitudo 5,0 o superiore colpirà nel raggio di cinquecento chilometri da Los Angeles; (2) un terremoto di magnitudo 6,5 o superiore colpirà nel raggio di cinquecento chilometri da Padang, nell'isola di Sumatra; (3) un terremoto di magnitudo 6 o superiore colpirà nel raggio di cinquecento chilometri da Tokyo. In un qualsiasi anno, queste previsioni hanno ottime probabilità di successo, semplicemente per la legge delle medie, visto che noi sappiamo quanto spesso certi terremoti colpiscono queste tre aree.

Valutare in maniera rigorosa l'attendibilità di un metodo di previsione è quindi, di per sé, un impegnativo lavoro di ricerca. Negli ultimi anni il sismologo Tom Jordan ha lavorato per varare il Centro per la Prevedibilità dei Terremoti, uno sforzo per creare un consorzio internazionale finalizzato non tanto a fare previsione, ma alla comprensione della possibilità di prevedere e alla valutazione dei metodi di previsione. Jordan e il suo team sperano di formalizzare il processo di valutazione, non solo dei cosiddetti metodi di allarme come M8, che prevede i terremoti in modo deterministico, all'interno di una specifica finestra spazio-temporale, ma anche di modelli di previsione probabilistica che prevedono quanti terremoti potrebbero verificarsi in una data regione nel corso di un determinato periodo di tempo.

Loma Prieta

La maggior parte dei sismologi non crede che il terremoto di Loma Prieta del 1989 sia stato realmente previsto. Ma ha rotto lungo, o nelle immediate vicinanze, di un segmento della faglia di San Andreas che gli scienziati hanno tenuto d'occhio per decenni. Come è stato riassunto in un articolo del 1998 di Ruth Harris, non meno di 20 studi avevano identificato questo segmento come maturo per generare un grande terremoto. Molti ma non tutti gli studi sono stati basati essenzialmente sulla teoria del gap sismico, cioè, sul fatto che su questo segmento della faglia si era avuto un minor scorrimento rispetto ad altre parti della San Andreas nel grande terremoto di San Francisco del 1906. La teoria contraria (cioè che non esisteva alcun gap) è stata proposta dagli scienziati che avevano esaminato i dati delle campagne di rilevamento geodetico prima e dopo il terremoto, dati che il geofisico Chris Scholz non ha mai ritenuto convincenti a causa di vari limiti esistenti nelle campagne di misurazione. Come minimo dobbiamo dire, per quello che si può dire dei terremoti, che il terremoto di Loma Prieta era più atteso di molti altri (il fatto che Loma Prieta a quanto pare non si sia verificato propriamente sulla San Andreas, ma piuttosto su una faglia adiacente, è una questione di minore importanza). La teoria del gap sismico non si presta a previsioni a breve termine; né è chiaro se si presti a previsioni a termine intermedio. La maggior parte degli scienziati, tuttavia, crede che possa servire a individuare i segmenti di faglia che un giorno o l'altro dovranno rompersi.

L'attendibilità del metodo M8 è già stata valutata in un certo numero di studi. Il metodo è stato un bersaglio mobile, visto che Keilis-Borok e i suoi colleghi hanno continuato a sviluppare e affinare ulteriormente la metodologia. Nel 2003 avevano sviluppato un metodo più complicato che funzionava non solo sulla base dei tassi di terremoti regionali, ma anche sull'identificazione di "catene di terremoti". Una catena di terremoti è definita come una serie di terremoti al di sopra di una certa magnitudo, verificatisi entro un certo periodo di tempo, con epicentri che si allineano estendendosi per una certa distanza su una mappa. La definizione è piuttosto vaga: data una qualsiasi mappa di terremoti recenti, trovare eventi che sembrano allinearsi è significativo tanto quanto trovare una nuvola che assomiglia a un elefante. Ma la definizione di catena di terremoti può essere precisata, specificando cosa s'intende per "una certa magnitudo," e altri concetti simili, e quindi dicendo esattamente cos'è che costituisce un andamento a catena. Una volta specificata la definizione, una catena sarà identificata in tutti i suoi aspetti in modo oggettivo, sulla base di criteri stabiliti.

Osservando gli andamenti della sismicità di moderata e piccola magnitudo, registrata prima di forti terremoti verificatisi in California prima del 2000, Keilis-Borok e il suo team hanno sviluppato un algoritmo che ha avuto molto successo nel "post-dire" i terremoti. Post-dire, che significa prevedere i terremoti a posteriori, cioè dopo che si sono verificati, potrebbe sembrare come pescare pesci in un barile. Ma nel metodo di Keilis-Borok c'era più di questo. Il loro schema di previsione si basava in primis nell'identificazione di una catena di terremoti. Se una catena veniva trovata, allora si considerava l'attività sismica in una regione intorno alla catena. Se l'attività all'interno di quella regione aveva mostrato un incremento negli ultimi mesi o anni, a quel punto veniva dichiarato un allarme.

Un tale schema, o algoritmo, può essere pensato come una trebbiatrice computazionale: una volta che la macchina è assemblata, vi si può gettare dentro qualsiasi catalogo di terremoti e la trebbiatrice separerà gli andamenti precursori significativi dagli scarti. La macchina è stata costruita, in primo luogo, sulla base dei cataloghi di terremoti precedenti. Cioè, è stata costruita per essere in grado di post-dire con successo forti terremoti che erano già accaduti. Ma il fatto che possa essere costruita una macchina del genere, e che funzioni, suggerisce che alcuni andamenti sismici particolari precedono realmente i forti terremoti. O almeno così si potrebbe pensare.

Prevedere i terremoti dopo che sono accaduti potrebbe essere un risultato degno di nota, ma il punto fondamentale della previsione dei terremoti è prevedere i terremoti prima che accadano. Keilis-Borok e i suoi colleghi cominciarono a fare le cosiddette previsioni nel futuro, cioè di terremoti che non erano ancora accaduti, nel 2003. Quando iniziarono, le previsioni non erano formalmente documentate né sistematicamente diffuse all'interno della comunità scientifica. Le previsioni specificavano la posizione che doveva essere nell'intorno della catena di terremoti identificata, una magnitudo, e una finestra di nove mesi di tempo. Keilis-Borok e i suoi colleghi hanno cominciato a generare un certo fermento tra gli addetti ai lavori con due pronostici apparentemente indovinati: uno in Giappone e uno in California centrale, quest'ultimo avveratosi con l'evento del 2003 di magnitudo 6.5 a San Simeon, vicino alla città di Paso Robles.

Generarono un fermento ancora maggiore nei primi mesi del 2004 con la previsione di un terremoto di magnitudo 6.4, o più forte, nel deserto della California meridionale, previsto per i giorni precedenti al 5 settembre dello stesso anno. Questa previsione uscì fuori delle acque protette del contesto accademico e andò a finire in mare aperto, in un contesto pubblico. Accadde al convegno annuale della Società Sismologica Americana (SSA) tenutosi a Palm Springs, nell'aprile del 2004. Il programma delle presentazioni di questi convegni è stilato sempre nel mese di gennaio, in modo da poter essere pubblicato prima dell'inizio del meeting. Quando la notizia della previsione di Keilis-Borok raggiunse gli organizzatori della conferenza, questi aggiunsero una sessione speciale al programma, per dare a Keilis-Borok l'occasione di presentare il suo metodo e discutere la previsione. La presentazione era alle cinque, nella più grande delle tre sale conferenze.

I sismologi che entravano nella sala esprimevano vari gradi di interesse e scetticismo, quest'ultimo, in alcuni casi, dichiarato ad alta voce. Ma la sala si riempì e rimase piena benché la presentazione di Keilis-Borok si fosse protratta ben oltre i quindici minuti di norma assegnati per le presentazioni, e considerando le domande e le risposte durò per un'altra mezz'ora. Nato a Mosca nel 1921, e noto in sismologia per una serie di contributi seminali all'inizio della sua carriera, a metà dei suoi ottant'anni a Keilis-Borok rimaneva la personificazione dell'intensità intellettuale. Alcuni sismologi nutrivano sospetti per suo inesausto fervore per la ricerca sulla previsione. Ma nonostante gli scienziati avessero manifestato scetticismo dentro e fuori dalla sala riunioni a Palm Springs, la sala rimase piena fino a quando il pubblico fu a corto di domande. Keilis-Borok aveva risposto a tutte le domande con franchezza. Messo alle strette su quale meccanismo fisico fosse in grado di spiegare le catene di terremoti, egli fornì un paio d'idee ragionevoli, ma ammise che non conosceva la risposta esatta. Infatti, non è necessario capire perché particolari andamenti di sismicità si verifichino per sviluppare un metodo efficace per prevedere terremoti basato su di essi. Alle insistenti domande su quanto probabile fosse il terremoto che aveva previsto, Keilis-Borok rispose che le probabilità erano molto alte, forse il 90%, "era quasi certo".

Un certo numero di giornalisti prendeva parte al convegno della SSA. La storia della previsione, che aveva già richiamato l'attenzione dei media, ricevette un ulteriore impulso. Entro l'estate del 2004, la notizia della previsione si era diffusa nella regione del deserto – Palm Springs e dintorni – al punto che era diventato un argomento di conversazione tra le persone in fila davanti ai refrigeratori d'acqua e alle pompe di benzina. Molte persone non interpretarono correttamente i fatti: un equivoco molto diffuso era che il sisma fosse stato previsto esattamente per il 5 settembre e non prima di quella data. Ma l'uomo della strada sapeva che "gli scienziati avevano previsto un terremoto forte". Ed era preoccupato.

Alla fine della fiera, ovviamente, quello che importa è se la previsione di un terremoto è giusta o sbagliata. La previsione di Keilis-Borok era sbagliata. La regione desertica della California meridionale è rimasta ostinatamente, e peraltro insolitamente, tranquilla per tutta l'estate e l'inizio dell'autunno del 2004. La finestra temporale della previsione si chiuse senza nemmeno un gemito, figuriamoci uno sparo.

Quando alcuni giornalisti tornarono a intervistare Keilis-Borok dopo la chiusura di tale finestra, egli minimizzò l'importanza del fallimento di una singola previsione. Egli osservò, correttamente, che il successo di un metodo di previsione può solo essere stabilito dalla valutazione di un elenco di successi e insuccessi. La previsione in oggetto, disse loro, era sempre stata espressa in termini di probabilità, e non era mai stata data come certa. Il terremoto previsto, egli disse inoltre, aveva sempre avuto non più del 50% di probabilità di verificarsi.

Per la fine del 2007 il gruppo di Keilis-Borok aveva accumulato un certo numero di previsioni. Dopo i due apparenti successi in Giappone e California centrale nel 2003, le previsioni hanno mancato il bersaglio molto più spesso di quanto lo abbiano centrato. Jeremy Zechar, lavorando col relatore della sua tesi Tom Jordan, ha analizzato l'elenco di successi e insuccessi mediante accurate analisi statistiche. I primi due successi, raffrontati all'intero elenco di casi fino al 2007, apparivano come un'anomalia statistica. Per cominciare, si doveva stabilire se dare o meno credito ai risultati del metodo nei due successi iniziali, visto che queste previsioni erano stati rese note solo dopo che i terremoti si erano verificati. Erano forse state fatte in quello stesso periodo e in segreto altre previsioni che magari avevano fallito? Senza una documentazione precisa non può esserci risposta a questa domanda. A parte tale questione, delle venti previsioni successive, solo due possono essere considerate azzeccate. Di queste, una era per un terremoto di magnitudo 5.5 o maggiore che da Zechar fu calcolato avere oltre il 60% di probabilità di accadere per caso. La seconda previsione azzeccata è stata per un terremoto di magnitudo 7.2 o più che aveva solo una probabilità del 15.9 per cento di avvenire per caso. Ma, considerando l'elenco complessivo di successi e insuccessi, Zechar concluse che il metodo di Keilis-Borok non aveva avuto più successo di quanto si sarebbe potuto fare tirando a indovinare – vale a dire, facendo previsioni sulla base dei tassi medi conosciuti dei terremoti moderati e forti in una determinata area.

Anche uno dei collaboratori Keilis-Borok, Peter Shebalin, valutò l'elenco di successi e insuccessi del metodo, e giunse a conclusioni diverse. Secondo i calcoli di Shebalin, nell'insieme il metodo aveva funzionato sensibilmente, se non totalmente meglio di quanto farebbe chi, conoscendo la sismicità, tirasse a indovinare. Chiaramente la valutazione statistica di Shebalin era diversa da quella di Zechar. Per prima cosa, il metodo di Keilis-Borok aveva fatto una serie di previsioni quasi continue per la regione desertica del sud della California, ogni nuova previsione era associata all'identificazione di una nuova catena di terremoti. Nei suoi calcoli, Shebalin aveva considerato questo come un unico fallimento, mentre Zechar sottolineò che ogni previsione doveva essere considerata come un fallimento a parte.

Che c'era di sbagliato? Come potrebbe la trebbiatrice lavorare con tanto successo su terremoti del passato, con pochissimi falsi allarmi, e poi generare falsi allarmi a un ritmo furibondo, se usata per i terremoti futuri? La risposta si trova nel regno oscuro e torbido delle statistiche. Quando il gruppo di Keilis-Borok lavorava per identificare gli andamenti della sismicità – in particolare le catene – generatasi prima di terremoti di grandi dimensioni e non in altri momenti, era libera di variare a piacimento molti parametri. In termini meccanici, aveva costruito una trebbiatrice con molte manopole, tutte adatte a separare con successo il grano dalla pula, partendo da determinati input per ottenere determinati output. Anche se sembrava che avessero individuato andamenti della sismicità significativi, si è scoperto che avevano a disposizione così tante manopole che bastava girarle in modo appropriato per riuscire a spiegare gli andamenti del passato. Messa alla prova con dati reali, la trebbiatrice non riusciva più a separare i semi.

La previsione del 2004 per il sud della California, arrivava sulla scia di due previsioni apparentemente indovinate, e attrasse genuino interesse e curiosità all'interno della comunità sismologica. Molti di quelli che riempivano la sala riunioni a Palm Springs rimasero scettici sulla previsione dei terremoti, ma sono comunque rimasti nella sala fino a quando il pubblico presente fu a corto di domande. Qualunque fosse il motivo che li portò ad assistere a quella presentazione, curiosità o ottimismo che fossero, non si dissipò subito, ma scomparve rapidamente qualche anno più tardi quando i risultati delle accurate analisi di Zechar – unitamente alla serie di previsione fallite – iniziarono a circolare nella comunità sismologica. Era stata così incassata un'altra dura lezione: le apparenti anomalie identificate prima di terremoti del passato, non importa quanto sembrino convincenti, hanno l'abilità di srotolarsi e strisciare via non appena si è sul punto di tirare il colpo. Così ancora una volta è stato ricordato ai sismologi che la previsione dei terremoti, come il cricket nel Paese delle Meraviglie, è un gioco difficile da giocare.

12. Accelerazione del rilascio di momento sismico

> *Quando mi accorgo di essere in torto io cambio idea.*
> *E voi?*
> Jonh Maynard Keynes

Nonostante la comunità sismologica degli Stati Uniti rimanesse in generale pessimista circa la previsione dei terremoti pur essendo ormai passato un quarto di secolo da quando il rigonfiamento Palmdale si era "sgonfiato", altri ricercatori, oltre a Keilis-Borok hanno proseguito questo tipo di ricerche basate sul concetto che l'attività sismica regionale aumenta prima di forti terremoti. In particolare, mentre il gruppo di Keilis-Borok aveva sviluppato il metodo M8 e ulteriori altri metodi alla University of California Los Angeles (UCLA), Charlie Sammis e il suo dottorando David Bowman, intrapresero indipendentemente una ricerca nell'università rivale della stessa città, USC (University of Southern California), in collaborazione con Geoffrey King a Parigi. Essi si concentrarono specificamente nel testare l'ipotesi dell'aumento di attività sismica come precursore, conosciuta dai sismologi come ipotesi dell'accelerazione del rilascio di momento sismico o AMR (Accelerating Moment Release). La M qui sta per momento sismico, la grandezza oggi utilizzata da sismologi per quantificare le dimensioni di un terremoto. Introdotto dal sismologo Keiiti Aki nel 1969, il momento di un terremoto è una grandezza basata sulla forza necessaria per vincere l'attrito su di una faglia e sullo scorrimento, o movimento, medio che si ha lungo la faglia durante un terremoto. In termini fisici, "il momento" è simile alla coppia: il prodotto di una forza per il braccio che è perpendicolare alla direzione della forza. Un momento sismico non è la stessa cosa perché la direzione dello scorrimento è parallela a quella della forza, ma le unità di misura sono le stesse. Il momento sismico, quindi, riflette in maniera diretta le dimensioni complessive, e il rilascio di energia sismica, di un terremoto: anche la scala di magnitudo Richter, introdotta nel 1933, classifica i terremoti in base alla loro dimensione, ma mentre l'unità di misura della magnitudo è arbitraria, il momento sismico descrive il rilascio di energia in termini di parametri fisici ben conosciuti.

L'ipotesi dell'AMR risale agli anni '80, quando i sismologi Charles Bufe e David Varnes iniziarono a studiare l'andamento dell'attività sismica regionale che aveva apparentemente preceduto sia il terremoto di San Francisco del 1906 sia il terremoto di Loma Prieta del 1989 (Fig. 12.1). Alla fine degli anni '90 Sammis e Bowman iniziarono a esaminare attentamente i terremoti forti e moderati del passato in California, alla ricerca di evidenze di andamenti simili. Nel 2001 dimostrarono che andamenti del tipo AMR avevano preceduto un certo numero di forti terremoti in California. Dimostrarono inoltre che più forte è l'eventuale terremoto, più vasta è la regione in cui l'AMR è stato osservato. I risultati non solo sembravano convincenti ma anche concettualmente affascinanti e ragionevoli. In primo luogo, il lavoro sembrava confermare l'andamento che era stato notato prima dei terremoti della California settentrionale, nel 1906 e nel 1989. E, in termini generali, le teorie di meccanica della rottura prevedono che un sistema sarà interessato da una serie progressivamente crescente di piccole rotture, prima di arrivare alla rottura definitiva.

L'ulteriore sviluppo e la sperimentazione del metodo AMR divennero il tema principale della tesi di dottorato di Bowman. Lui e il suo relatore hanno lavorato, in particolare, per sviluppare una base teorica per le osservazioni. Nel 2000, un lavoro di Geoff King e altri aveva stabilito che le variazioni di sforzo a seguito di un grande terremoto possono svolgere un ruolo importante nel controllare la distribuzione delle scosse di assestamento, e a volte anche di successivi terremoti altrettanto forti. Per spiegare l'AMR, Bowman e i suoi colleghi non fecero altro che girare al rovescio queste teorie. Il loro ragionamento era il seguente: quando lo sforzo regionale aumenta fino a causare un grande terremoto, la regione dovrebbe rispondere cercando di contrastare la

12. Accelerazione del rilascio di momento sismico

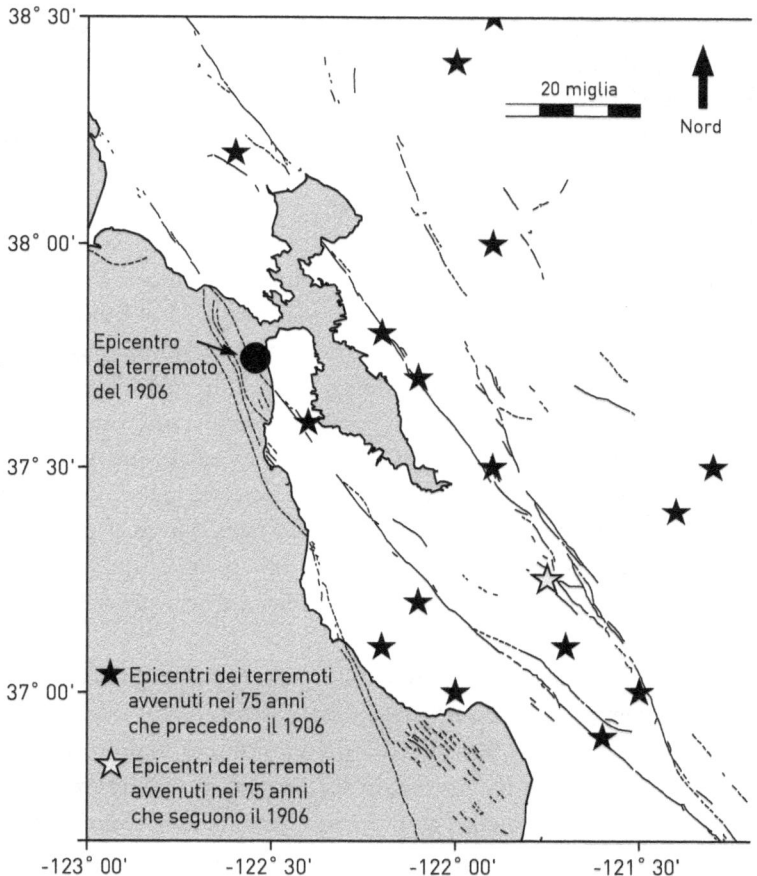

Fig. 12.1 La mappa mostra i terremoti di moderata magnitudo avvenuti nella zona della Baia di San Francisco nei 75 anni che hanno preceduto il terremoto del 1906 (stelle nere) e quelli avvenuti nei 75 anni successivi al terremoto del 1906 (stella grigia). Il cerchio indica il presunto epicentro del terremoto del 1906 (per l'immagine si ringrazia Susan Hough, figura inizialmente tratta da un articolo di Ross Stein et al.)

variazione contraria di sforzo che si avrà una volta che il terremoto di grandi dimensioni sarà accaduto.

I dettagli sono complicati, ma la teoria fondamentalmente prevede che il tasso di terremoti di moderata magnitudo cresca nelle zone in cui lo sforzo diminuirebbe una volta accaduto il terremoto.

Al di là dei dettagli, la teoria di Bowman ha portato a un'ipotesi verificabile, che è quello che le buone teorie scientifiche devono fare. Gli scienziati possono calcolare l'andamento della variazione di stress che produrrà un terremoto. Naturalmente, quando avvengono, i terremoti perlopiù rilasciano sforzo, in alcune zone, però, lo sforzo può anche aumentare; per esempio, se un singolo segmento di una faglia si rompe, esso tende a caricare il segmento di faglia immediatamente adiacente. Così, dato un terremoto come quello di magnitudo 7.3, a Landers, nel 1992, Bowman e i suoi colleghi avrebbero potuto calcolare la variazione di sforzo e quindi utilizzarla per definire una regione in cui l'AMR previsto sarebbe stato osservato. Essi potevano quindi confrontare il segnale AMR nella regione identificata con il segnale in una semplice regione circolare o ellittica intorno al terremoto. Se la loro teoria era giusta, il segnale nella prima regione doveva essere più forte di quello nella regione circolare o ellittica successiva. Bowman fece questi calcoli per molti grandi terremoti recenti in California. Anche negli altri casi, i risultati sembravano convincenti.

Consapevole del fatto che problemi all'apparenza insignificanti, ma talvolta fatali, possono essere in agguato, nascosti dietro risultati che sembrano convincenti, Bowman e il suo tutor misero a punto accurati test per valutare la significatività statistica dei risultati. Hanno creato dei cataloghi cosiddetti sintetici, praticamente dei cataloghi sismici reali in cui però i tempi di accadimento degli eventi sono stati riordinati a caso e hanno dimostrato che è altamente improbabile che l'AMR si verifichi per caso.

Il metodo AMR non si presta alla previsione a breve termine. Fin dall'inizio, gli scienziati che lavoravano sul metodo erano consapevoli che, anche in futuro, sarebbe stato difficile individuare un segnale di accelerazione (AMR) e dedurne con esattezza quando il grande terremoto si sarebbe verificato. Invece, il metodo sembra offrire la speranza che si possano identificare le regioni pronte per generare un terremoto di grandi dimensioni su una scala temporale di decenni o forse di anni. Anche se ciò è molto al di sotto del tipo di previsione sismica deterministica che la gente vorrebbe, tali previsioni a breve o medio termine, sarebbero ovviamente di enorme valore. Le migliorie apportate al metodo di Bowman sembrano fornire ulteriori speranze sul fatto che prima o poi si potrà prevedere il luogo e la magnitudo di un sisma imminente.

Nel 2000 Bowman e i suoi colleghi avevano fatto un lavoro considerevole analizzando gli andamenti della sismicità prima dei terremoti del passato e avevano iniziato a muoversi sulla strada delle previsioni per il futuro. Essi presero in considerazione i segmenti della faglia di San Andreas che si erano rotti nel 1857 e nel 1906. Non trovarono alcuna evidenza di un segnale di AMR che indicasse la possibilità di una ripetizione imminente del terremoto del 1906, ma trovarono invece evidenze di un'aumentata attività intorno alla zona di rottura del 1857. Consapevoli del fatto che la loro ricerca era un "work in progress" e allo stesso tempo una potenziale patata bollente, scelsero di scrivere un articolo in francese e pubblicarlo senza tanti clamori negli atti della National Academy of France.

Mentre Bowman e i suoi colleghi insistevano a sviluppare e testare il loro metodo, un altro sismologo, Andy Michael, cominciò a rimuginare sui risultati che aveva visto presentati sulle riviste e nei convegni. Avvalendosi della sua precedente esperienza nell'analisi delle statistiche di un metodo di previsione incentrato su onde radio a bassissima frequenza (VLF), Michael cominciò a chiedersi se minimi ma fatali errori potessero essere, di fatto, nascosti in agguato nell'analisi di Bowman. In particolare, Michael sospettava che Bowman e il suo gruppo di ricerca avessero anche loro creato tante manopole, girando opportunamente le quali riuscivano a trovare segnali di AMR anche dove non esistevano, per esempio modificando le dimensioni della regione o il periodo di tempo di osservazione che usavano per cercare l'AMR. I test statistici messi a punto da Bowman sembravano dire il contrario: che i risultati erano tanto significativi quanto robusti.

Ma ancora una volta, quando si tratta di interpretare gli andamenti della sismicità, è una faccenda complicata, come leggere le foglie di tè. Spesso è molto più facile ottenere risultati apparentemente convincenti che dimostrare che sono effettivamente significativi. In questo caso, Michael sospettava un difetto nelle prove che Bowman aveva concepito. Bowman aveva paragonato i suoi risultati con quelli ottenuti analizzando cataloghi sintetici che avevano lo stesso numero di terremoti di varie magnitudo rispetto al catalogo reale, ma in cui i tempi di accadimento dei terremoti erano casuali. Michael sospettava che i test di Bowman non stessero mettendo il metodo alla prova nel modo giusto perché non tenevano conto della propensione dei terremoti a raggrupparsi nel tempo [fenomeno di clustering, n.d.t.].

Per diversi anni Michael osservò in disparte, mentre Bowman e i suoi colleghi continuavano a presentare risultati apparentemente promettenti. Ebbe una serie di opportunità per esprimere i suoi dubbi, ma non gli sembrava che le sue preoccupazioni fossero sufficientemente motivate. Gli scienziati spesso esitano a lanciarsi nella confutazione rigorosa del lavoro dei loro colleghi per la semplice ragione che può essere un grande sforzo in termini di tempo, e non è così gratificante come perseguire i propri interessi di ricerca. Ma alla fine del 2005, le circostanze cospirarono per far crescere i dubbi di Michael. In primo luogo, prendendo parte a una riunione di un gruppo di lavoro che stava per intraprendere un importante studio per valutare le probabilità di terremoti in tutto lo stato in California, Michael si preoccupò molto quando il leader del gruppo di lavoro indicò l'AMR come un modo potenziale con cui migliorare le previsioni dei terremoti a breve e medio termine. Se fosse stato fatto, l'AMR sarebbe uscito al fuori delle riparate acque accademiche e immesso nel mondo reale in cui le decisioni coinvolgono soldi veri.

Poi, in occasione della riunione annuale dell'American Geophysical Union, nel dicembre 2005, Michael ebbe l'impressione che l'AMR fosse improvvisamente ovunque. Un anno dopo il terremoto di Sumatra del 2004, qualcosa di analogo a un treno in corsa sembrava in arrivo. Presentazioni su presentazioni erano incentrate sui segnali di AMR che presumibilmente erano stati visti prima di grandi terremoti, compreso quello di Sumatra, e su segnali che indicavano futuri forti terremoti. A questo punto, Michael decise che era tempo di agire. Durante il convegno organizzò un incontro informale con due colleghe: Jeanne Hardebeck, che aveva già lavorato sulle teorie delle variazioni di sforzo, e Karen Felzer, che si era affermata come uno dei maggiori esperti in statistica dei terremoti. Felzer appartiene a quella razza tosta di statistici dei terremoti che hanno un talento speciale per infastidire talvolta i loro colleghi non dando loro alcuna tregua dalla "fiamma della statistica", e insistendo sul fatto che le ipotesi siano formulate con cura e testate rigorosamente.

La discussione si trasformò rapidamente in una collaborazione. Michael e le sue colleghe idearono quello che consideravano essere un test rigoroso dell'ipotesi AMR, ripetendo i test di Bowman ma con un catalogo sintetico in cui i tempi dei terremoti non erano totalmente casuali, ma che includesse la stessa tendenza al raggruppamento nel tempo [clustering, n.d.t.] che si trova nei cataloghi di terremoti veri. Questi test portarono a conclusioni molto diverse. La squadra di Michael dimostrò che era facile girare le manopole per trovare l'AMR dove non esisteva. Non solo, avrebbero potuto anche tarare le manopole per trovare osservazioni apparentemente convincenti di decelerazione di rilascio di momento, DMR. Questi risultati suggerivano che il gruppo di Bowman aveva trovato segnali di AMR solo perché, in sostanza, il loro approccio gli forniva abbastanza libertà nella scelta delle dimensioni della regione e della lunghezza della finestra temporale prima del sisma. Si trattava, in effetti, dello stesso esercizio di regolazione delle manopole che aveva fatto il gruppo Keilis-Borok. L'analisi che era sembrata così accurata, i test statistici che sembravano così ragionevoli, i risultati che sembravano così convincenti, alla fine, erano tutti il prodotto di errori così sottili che ci sono voluti anni di attento lavoro di tre dei migliori sismologi per arrivare fino in fondo alla storia.

La scienza è spesso un processo lento; qualsiasi tipo di articolo scientifico può essere il frutto di anni di lavoro. In genere, i convegni scientifici sono il teatro dell'azione, dove nuovi risultati vengono presentati, discussi e sono, a volte, oggetto di dispute accanite. Michael e i suoi colleghi hanno presentato il loro lavoro sull'ipotesi AMR per la prima volta nei convegni del 2006.

A questo punto Bowman aveva investito molti anni di lavoro – la ricerca della sua tesi di dottorato così come quella degli anni successivi – sulle osservazioni e sull'infrastruttura teorica dell'AMR. Anche quando divenne professore di geologia presso la California State University di Fullerton, egli continuò su quella che era convinto fosse una strada promettente ed emozionante della ricerca. Quando Michael e i suoi colleghi cominciarono a presentarsi ai convegni con i loro risultati negativi, il dialogo tra i due gruppi di ricerca fu cordiale, ma potrebbe essere più appropriatamente descritto come teso. Bowman descrisse i test statistici che lui e i suoi colleghi avevano eseguito per dimostrare che l'AMR era reale; Michael e i suoi colleghi descrissero le carenze di quei test.

La sfida spinse Bowman e i suoi colleghi a riconsiderare i propri test. Nel 2007 avevano ormai acquisito diversi anni di esperienza nella ricerca di andamenti di AMR che segnalassero la presenza di futuri forti terremoti. Attraverso questi esperimenti, in particolare tramite i tentativi di identificare gli andamenti di AMR che potessero essere considerati robusti, hanno iniziato a comprendere quanto fosse insidiosa questa strada e quanto probabile fosse che gli andamenti potessero essere solo apparenti.

Ogni giorno, ogni scienziato preferirebbe avere ragione piuttosto che torto. Ma la scienza procederà sempre con due passi avanti e uno indietro – non solo perché gli scienziati sono individui fallibili, che fanno errori come tutti gli altri, ma perché l'attività della scienza è, nella sua essenza, un'attività di verifica delle ipotesi. Le ipotesi vengono sviluppate, testate, a volte dimostrate e a volte confutate. La confutazione di un'ipotesi potrebbe non essere così gratificante come la sua dimostrazione, ma riveste un'importanza altrettanto critica. Non tutte le ipotesi possono essere giuste. Quando gli scienziati si spingono verso l'ignoto alcuni percorsi porteranno avanti, e alcuni, per quanto promettenti potessero sembrare all'inizio, si riveleranno dei vicoli ciechi. Non si può sperare che spingendosi arditamente alle frontiere della conoscenza si scelga sempre la strada giusta. Uno può comunque sperare che, attraverso il processo di autocritica e/o di critica collettiva, i ricercatori riconoscano i percorsi sbagliati. Riconoscere un percorso come vicolo cieco aiuta i ricercatori e la disciplina scientifica nel suo complesso, a raggrupparsi – a fare un passo indietro per riflettere criticamente sulle proprie assunzioni. Questo, a sua volta, può portare a nuove idee, nuove ipotesi, nuovi percorsi. La scienza va nella direzione sbagliata quando gli scienziati si rifiutano di riconoscere la prova che li sta guardando in faccia, dicendo loro che sono sulla strada sbagliata.

Alla fine del 2007, quando Bowman descrive il metodo AMR in una serie di lezioni ai suoi studenti di Cal-State Fullerton, egli intitolò una lezione "Vita e Morte di un Metodo di Previsione". Egli inoltre scherzò sul fatto che il sottotitolo avrebbe potuto essere "Vita e Morte di una Carriera Scientifica". Naturalmente il lavoro di Bowman sull'ipotesi AMR non era questo. Una carriera scientifica può essere dichiarata morta non quando il ricercatore stesso si rende conto che è necessario fare una correzione in corso d'opera, ma quando un ricercatore non riesce ad ammettere che lui, o lei, è su una strada sbagliata. Perseguire accanitamente teorie fallimentari, restare tenacemente aggrappati a osservazioni difettose, sono i percorsi che portano una carriera alla perdizione.

La parte iniziale della carriera di Bowman poteva non essere andata come pensava; nel modo in cui lui sperava sarebbe andata. Oltre ad aver visto la sua ipotesi smentita, egli provava un misto di responsabilità e di rammarico per gli studenti che avevano lavorato con lui nel corso degli anni. Come uomo maturo, affermato, e come ricercatore per propria natura emotivamente solido, Bowman è consapevole che la scienza a volte è uno sport di contatto. Come membro di facoltà presso un'università statale, dove molti studenti sono i primi delle loro famiglie a proseguire studi superiori, egli sa anche che gli studenti che hanno lavorato con lui alla ricerca sull'AMR sono, di regola, piuttosto meno robusti. Gli è particolarmente dispiaciuto e ha provato rammarico per le aspre critiche subite, cosa che Bowman considera una prova che studenti assertivi e giovani ricercatori possono superare, ma che studenti e giovani scienziati meno sicuri di sé a volte non riescono a fare.

Lo sviluppo, la valutazione e la dissacrazione finale del metodo AMR non erano stati la pulita, semplice, ordinaria attività che molti immaginano sia la ricerca. Il processo di confutazione di un'ipotesi può essere aspro; studenti e giovani ricercatori a volte rimangono intrappolati nel fuoco incrociato. Ma anche questo è il volto della scienza.

13. Frange

Ciò che li affligge è un ego esagerato, più un'istruzione scarsa o inefficace, tale che essi non hanno assorbito una delle regole fondamentali della scienza: l'autocritica. Il loro desiderio di attenzione distorce la loro percezione dei fatti, e a volte li porta a dire vere e proprie menzogne
Charles Richter, appunto inedito, 1976

La sismologia ha la peculiarità, se così si può dire, di essere non solo una scienza di cui molte persone si interessano, ma anche una scienza che molte persone pensano di poter fare. In particolare, non c'è bisogno di provette, studi clinici, di computer… praticamente non c'è bisogno di nulla, basta una scatola di sapone per farsi avanti con la previsione di un terremoto. Si tratta di un gioco che, letteralmente, chiunque può giocare.

È inoltre un gioco che le persone hanno giocato per un tempo molto lungo. La nozione tutt'oggi esistente di "tempo da terremoto" risale almeno al IV secolo a.C., quando Aristotele ipotizzò che i terremoti fossero causati dai venti sotterranei. Dal momento in cui la sismologia è diventata un moderno campo d'indagine scientifica nel diciottesimo secolo, gli scienziati hanno speculato (tra le altre cose) sulle possibili associazioni tra terremoti e tempo atmosferico. Non molto tempo dopo che una serie spaventosa di terremoti aveva colpito la parte centrale del Nord America, durante l'inverno del 1811-1812, iniziarono a circolare dicerie che capo Shawnee Tecumseh avesse previsto – addirittura profetizzato – questi eventi. Il fatto che i resoconti storici contraddicano questa vicenda non è servito a nulla. Una circolare pubblicata nel 1990 da nientemeno che l'US Geological Survey si fregia del titolo: "La profezia di Tecumseh: in preparazione del prossimo terremoto a New Madrid, un piano per uno studio mirato della zona sismica di New Madrid".

Fig. 13.1 Charles Richter (per gentile concessione del California Institute of Seismology Seismological Laboratory)

Tornerò su New Madrid nel prossimo capitolo, ma voglio semplicemente farvi notare che, guardando negli annali delle previsioni amatoriali, le previsioni e coloro che le hanno fatte iniziano a sembrare intercambiabili come widget [pulsanti dell'interfaccia grafica di un programma, n.d.t.]. Gli scritti del defunto Charles Richter sembrano illustrare bene il punto (Fig. 13.1). Nei tempi d'oro, prima dell'avvento del World Wide Web, gli scienziati potevano optare per una tranquilla esistenza di anonimato produttivo, riconosciuti in seno alle loro comunità professionali, ma raramente al di fuori. Durante gran parte del ventesimo secolo Richter è stato uno tra i pochissimi scienziati dei terremoti i cui nomi figuravano regolarmente nei media. La gente comune è venuta a sapere di Charles Richter in gran parte a causa della scala che porta il suo nome, ma anche perché egli parlava al pubblico in un momento in cui la maggior parte dei sismologi non lo faceva. Come conseguenza di questo suo impegno, Richter divenne il destinatario di fiumi di lettere da parte di persone che avevano paura di terremoti, lettere da persone che erano interessate ai terremoti, lettere da persone che erano convinte di poter prevedere i terremoti.

A metà del ventesimo secolo, così come oggi, i sistemi amatoriali di previsione dei terremoti rientravano in diverse categorie generali. Un tema comune è l'effetto dovuto alle forze di marea, che porta alla previsione che grandi terremoti si verificheranno nei momenti di luna piena o nuova e in particolare, quando le forze solari e lunari concorrono alla produzione di alte maree stagionali. In *The Jupiter Effect*, un noto libro pubblicato per la prima volta nel 1974, al culmine del periodo di massimo splendore per la previsione dei terremoti, gli autori John Gribbin e Stephen Plagemann sostengono che nel 1982 l'allineamento dei pianeti "potrebbe innescare in California un terremoto di gran lunga peggiore della catastrofe di San Francisco del 1906". Il libro generò "onde abbastanza alte" da essere oggetto di un (molto critico) articolo sul Los Angeles Times, nel settembre del 1974. Le forze di marea generano non solo maree oceaniche, ma anche maree, e di conseguenza sforzi, nella terra solida. Ma queste sollecitazioni sono estremamente piccole e studi accurati hanno dimostrato che potrebbero causare al massimo una lieve modulazione dei tassi di occorrenza dei terremoti.

Altre previsioni si rifanno ad Aristotele, prevedere i terremoti basandosi su alcuni aspetti del tempo atmosferico: temperatura, pioggia o pressione atmosferica. Richter stesso una volta scrisse che aveva sempre notato un leggero aumento del numero di piccoli terremoti nel sud della California nel tardo autunno, poco dopo le prime piogge, e lo attribuì al "movimento delle masse d'aria".

Alcuni individui sono convinti che segnali dell'imminenza di forti terremoti sono in qualche modo "nell'etere", in virtù di segnali elettromagnetici precursori o vibrazioni che potrebbero iniziare a suonare come i disturbi nella Forza di George Lucas (Guerre stellari). Alcuni individui sono convinti di essere sensibili a questi segnali. Le manifestazioni di questa sensibilità variano da individuo a individuo: alcuni hanno dolori e disturbi, altri sentono rumori, altri ancora un vago senso di disagio. La sensibilità a volte è espressa in termini spirituali: la voce di Dio, l'apparizione angelica, l'avvertimento dall'oltretomba.

In un libro pubblicato nel 1978, *Noi siamo la generazione del Terremoto*, l'autore Jeffrey Goodman, che aveva un dottorato di ricerca in archeologia, ha descritto il notevole consenso tra i sensitivi, passati e presenti, sul fatto che gli anni 1990-2000 sarebbero stati il "decennio dei cataclismi." A partire da Nostradamus, nel sedicesimo secolo per arrivare all'americano Edgar Cayce, nel ventesimo secolo, coloro che si proclamavano sensitivi furono concordi nella convinzione che il pianeta avrebbe subito un periodo di grandi sconvolgimenti prima del nuovo millennio. Goodman intervistò un certo numero di noti sensitivi, i quali avevano convenuto che il mondo stava per essere "scosso da cima a fondo". Tra le varie previsioni annoveriamo:
- vaste aree degli Stati Uniti occidentali sprofonderanno in mare e la linea di costa si sposterà verso est a seguito di una serie di violente ondate;
- grandi catastrofi (terremoti e sprofondamenti) ci saranno sia sulla costa orientale sia in quella occidentale degli Stati Uniti;
- parti dell'Europa settentrionale si distaccheranno o affonderanno;
- la maggior parte del Giappone finirà sottacqua nell'oceano.

E così via. Dopo che la prima edizione del libro fu pubblicata nel 1978, la Berkley Publishing Corporation domandò a Goodman di fare una seconda edizione aggiungendo nuovo materiale per identificare le dieci città più pericolose degli Stati Uniti d'America.

Il capitolo 10 del libro di Goodman, "La previsione dei terremoti: chiedilo al tuo scarafaggio domestico; oppure, come uno scarafaggio può salvarti la vita!" esplora la perdurante credenza secondo cui gli animali avrebbero la capacità di avvertire l'arrivo dei grandi terremoti. Ancora oggi quest'idea rimane profondamente radicata nella maggior parte della popolazione. Dopotutto, come discusso nei precedenti capitoli, nemmeno i sismologi più esperti sono in grado spiegare o confutare interamente quelli che sembrano essere testimonianze credibili di strani comportamenti animali prima del terremoto di Haicheng, nel 1975, sebbene non possiamo escludere la spiegazione più ovvia, cioè che gli animali manifestassero quei comportamenti a causa delle numerose scosse precedenti. Anche se tutta la serie di esperimenti controllati non ha mai dimostrato alcuna correlazione tra il comportamento animale e terremoti, la convinzione rimane. E, come con il caso di altri precursori proposti, rimane nel regno delle possibilità che la credenza sopravviva in parte per una buona ragione, cioè, che gli animali in alcuni casi reagiscano a delle anomalie, per esempio, al rilascio di gas, legate ai terremoti, ma che il comportamento animale, come le stesse anomalie, non siano di alcuna utilità pratica per la previsione.

Alcuni autori di previsioni dilettanti perseguono la loro vocazione più seriamente di altri. Gordon-Michael Scallion, autodefinitosi futurista, per anni ha pubblicato regolarmente "Il Rapporto sui Cambiamenti della Terra", una newsletter cartacea che in questi ultimi anni è stata sostituita da un elegante sito web. Scallion afferma di aver ricevuto una serie di visioni "extracorporali" nel 1979, che gli rivelavano come il mondo sarebbe diventato dopo la fine del secolo. Scallion trascorse i successivi tre anni mettendo insieme una mappa del mondo con i cambiamenti drammatici che aveva "visto", cambiamenti che includevano una massiccia inondazione delle regioni costiere e lungo le valli fluviali, come il Mississippi. Tre decenni più tardi, Scallion e i suoi seguaci elencano le notevoli profezie che si sono realizzate e che (o almeno così dicono) sono rimasti inascoltati dalla maggior parte del mondo: il clima sempre più imprevedibile, lo scioglimento delle calotte polari, il verificarsi di tornado sempre più frequenti e gravi.

Nel giugno del 1992 un forte terremoto scosse una regione scarsamente popolata nel sud della California, generando un danneggiamento minimo in virtù della sua posizione remota, ma molta eccitazione nella comunità scientifica sismologica. Il terremoto di Landers, di magnitudo 7.3, era il più forte evento nel sud della California in quarant'anni, e il primo grande terremoto nella regione dopo che l'USGS aveva intrapreso l'attività di monitoraggio dei terremoti, alla fine del 1970. Abbiamo imparato molto da Landers, in particolare su come terremoti grandi e piccoli disturbano lo stato di equilibrio della crosta terrestre e talvolta innescano altri terremoti grandi e piccoli. Il terremoto di Landers ha avuto un impatto più attenuato sulla psiche della gente, rispetto al terremoto Sylmar del 1971; Landers, sebbene più violento, non aveva danneggiato una città.

Non molto tempo dopo il terremoto di Landers, alcune copie del "Rapporto sui Cambiamenti della Terra" cominciarono a circolare presso la sede del U.S. Geological Survey di Pasadena. I miei colleghi e io apprendemmo che il sisma di Landers, e il terremoto di magnitudo 6.1 di Joshua Tree, avvenuto due mesi prima, erano parte di una sequenza catastrofica che Scallion aveva predetto. In realtà, ne erano solo l'inizio. Terremoti più grandi erano previsti a partire dall'autunno del 1992, una serie di eventi catastrofici simile allo scenario apocalittico successivamente proposto, in modo spettacolarmente ridicolo, in un film fatto per la televisione e intitolato *10.5*. Ma i rapporti di Scallion erano seri. Non più divertimenti e giochi, gente; la California stava per sprofondare nell'oceano. Acquista una proprietà di fronte all'oceano, in Arizona, prima che sia troppo tardi!

I rapporti di Scallion non si limitavano a prevedere i terremoti nel sud della California; prevedevano terremoti in altre parti sismicamente attive del mondo, oltre a svariate altre catastrofi a livello mondiale, tra cui tempeste e rivolte politiche. I mesi passavano e i "rapporti", ognuno infarcito di previsioni catastrofiche, si accumulavano. L'autunno del 1992 arrivò e passò senza particolari emozioni nel sud della California. Dopo un po' uno cominciava a capire come funzionava il "gioco". I "Rapporti sui Cambiamenti della Terra" avrebbero commentato le previsioni del passato, mettendo sempre in evidenza eventi come Landers che si adattavano – magari con l'aiuto di un calzascarpe – a uno degli scenari previsti. I rapporti riconoscevano anche che una piccola parte di alcune previsioni specifiche non si era verificata. Mancava però il riconoscimento del fatto che il giorno del giudizio non era, di fatto, arrivato; il previsto megaterremoto non si era verificato; la California non era sprofondata nell'oceano. Queste previsioni, di fatto continuarono, spostando

---

[1] L'Arizona è uno stato interno degli USA, n.d.t.

13. Frange

continuamente in avanti il tempo dell'apocalisse. Alla fine un terremoto grande, più grande di Landers, colpirà la California meridionale. Noi non sappiamo quando sarà, ma possiamo essere sicuri di una cosa: Gordon-Michael Scallion, se dovesse essere ancora in giro, lo avrà previsto.

Coloro che prevedono i terremoti in modo amatoriale potrebbero sembrare intercambiabili, in realtà sono una specie variegata. Se Scallion rappresenta un'estremità dello spettro, Zhonghao Shou forse rappresenta l'altra. Shou, un chimico in pensione proveniente dalla Cina continentale, ha per anni creduto che la chiave per la previsione dei terremoti sia nelle nuvole. Shou ha individuato formazioni nuvolose, ciò che egli chiama le nuvole del terremoto, che afferma siano diverse da qualsiasi normale formazione nuvolosa naturale, generata da normali condizioni atmosferiche. La sua vocazione risale a una foto scattata il giorno prima del terremoto di Northridge del 1994, una nuvola esile, lineare, quasi verticale nel cielo sopra la San Fernando Valley. Da quel momento ha perlustrato tutte le banche dati a disposizione per trovare altre nuvole di terremoto. I suoi sforzi gli sono valsi il soprannome di Uomo Nuvola, un nome che è stato felice di portare.

Shou ha cercato contatti con i membri della comunità scientifica sismologica. Ha discusso con loro tante volte; le conversazioni tendevano a essere a senso unico, ma Shou ha avuto collaboratori che lo hanno anche ascoltato. Per anni ha regolarmente inviato delle previsioni deterministiche all'ufficio dello USGS di Pasadena, dove il funzionario per gli affari pubblici Linda Curtis le ha archiviate. Ha argomentato una base teorica per le nubi del terremoto, idee riguardanti il calore e/o rilascio di vapore che non sono molto diverse da idee formulate da più d'uno degli scienziati appartenenti alla comunità scientifica ufficiale. Nel 2004 egli decise di valutare statisticamente l'insieme delle sue previsioni statisticamente. Fino a oggi i ricercatori non hanno trovato convincenti i risultati di queste prove. Il punto è l'annosa questione se le previsioni di Shou siano meglio che tirare a indovinare, dato che il suo metodo identifica finestre di previsione piuttosto lunghe in aree in cui, di regola, i grandi terremoti non sono infrequenti. Eppure, tra le fila di quelli che fanno previsioni amatoriali, Shou si è distinto per aver perseguito la propria vocazione con più rigore rispetto alla maggior parte degli altri. In questo Shou è speciale ma non unico. Un altro team dedito alla previsione amatoriale, Petra Challus e Don Eck, si è costituito per fare previsioni basate in gran parte, se non completamente, sull'osservazione dei ratei di accadimento a breve termine dei terremoti. Nella sua visione complessiva della previsione dei terremoti, Challus non è sempre in linea con il pensiero della comunità scientifica sismologica tradizionale. Ma l'approccio usato per fare previsioni sul sito web "Central Forecasting Quake" sembra essere simile, anche se meno rigoroso, al metodo che si basa sui ratei di accadimento dei terremoti che attualmente è in fase di sviluppo a opera di sismologi "ufficiali". Se le previsioni sul sito web dovessero un giorno discostarsi da questo tipo di approccio resta da vedere. Almeno inizialmente, Challus ed Eck sembrano giocare il gioco della previsione in modo corretto. All'occhio esperto dei sismologi loro stanno semplicemente prevedendo terremoti di piccola e moderata magnitudo, che, data una certa sismicità di fondo, hanno elevata probabilità di verificarsi. Anche un altro sito web, gestito da Brian Vanderkolk, rilascia previsioni sulla base di regole semplici e chiaramente indicate. Vanderkolk utilizza il successo apparente del suo metodo come un argomento contro i successi propagandati da parte di altri aspiranti adepti della previsione di terremoti. I tentativi descritti rivelano che la presenza di "frange" non solo è una costante, ma qualcosa che, almeno occasionalmente, è più vicina al pensiero dominante della comunità scientifica tradizionale di quanto gli scienziati stessi siano disposti ad ammettere.

Si potrebbe riempire un libro intero con i tentativi amatoriali di previsione: le idee, i personaggi, le ragioni per cui le teorie e/o i loro esiti nelle previsioni sono problematici.

Si può tuttavia constatare che, nonostante le tante previsioni e la quantità di persone che vi si dedicano, uno schema di previsione affidabile, da una qualsiasi parte, deve ancora emergere. Gli scienziati tendono a pensare in termini di previsioni basate sulla fisica; crediamo che previsioni affidabili, se mai saranno possibili, saranno legate alla comprensione di come i terremoti avvengono. Noi tendiamo a scartare schemi di previsione che si basano su teorie che sappiamo, o che abbiamo buone ragioni per ritenere, poco credibili. Come accennato nei capitoli precedenti, vale la pena ritornare sul concetto che è il presupposto sfuggevole di tanti sistemi di previsione, cioè che lo sforzo si accumula rapidamente prima di un grande terremoto e provoca cambiamenti significativi nella Terra. Se la Terra si comportasse in questo modo, accelerando improvvisamente l'accumulo di sforzo (si pensi a esso come a una pressione) darebbe luogo ad accelerazioni di deformazione (deformazioni in risposta alla pressione). A tutt'oggi, gli scienziati hanno fatto misurazioni estremamente precise della deformazione nella crosta prima di un certo numero di terremoti vicini e non abbiamo visto nulla – nessun segnale che fosse abbastanza grande da distinguersi dal rumore. Questi risultati non dimostrano che i segnali precursori di deformazione non esistono, tuttavia, essi ci dicono che, se tali segnali esistono, sono molto piccoli.

Alcuni schemi di previsione, in particolare quelli basati sul riconoscimento degli andamenti spazio-temporali della sismicità, eludono la questione del principio fisico, almeno in un primo momento, per concentrarsi invece sulla ricerca per trovare andamenti nelle foglie di tè. Dopo tutto la validità degli schemi di previsione non sta nella solidità della fisica su cui si basano, ma nella loro storia di successi. Se Keilis-Borok avesse collezionato una serie successi con le sue previsioni, lo scetticismo sarebbe scomparso.

Scienziati dilettanti muovono vari tipi di accuse alla comunità scientifica ufficiale, variazioni sul tema che siamo egemonici, di mentalità ristretta, che non vogliamo riconoscere o accettare le innovazioni che provengono dal di fuori dei ranghi dei sismologi. Ma, ancora una volta, provare per credere. Se un sedicente santone (futurista o altro) fosse stato in grado di accumulare una serie di previsioni veramente di successo sulla base di visioni (visite dall'aldilà, qualsiasi altra cosa), il mondo ne avrebbe preso nota. La comunità delle scienze della terra ne avrebbe preso nota. Senza dubbio, il settore assicurativo, per il quale la prevedibilità è niente meno che il pane quotidiano, ne avrebbe preso nota.

La comunità scientifica ufficiale è pronta a respingere i tentativi di previsione dilettantistici perché pochi, forse nessuno, si avvicinano agli standard stabiliti dalla moderna ricerca scientifica per la verifica dei risultati. Pochi, se non nessuno, hanno la voglia o i mezzi per esaminare da capo a piedi i loro risultati e vedere se stanno in piedi anche dopo una rigorosa analisi statistica. Pochi, se non nessuno, sono disposti a tenere traccia dei loro successi e insuccessi, per non parlare di passare al vaglio di una rigorosa statistica la loro serie di risultati.

Ci si potrebbe chiedere: che cosa spinge coloro che si dedicano a fare previsioni a livello dilettantistico? Dopo essere stato il destinatario di previsioni amatoriali per decenni, Charles Richter aveva la sua risposta. "Poche di queste persone sono mentalmente squilibrate", scrisse, riferendosi agli autori di previsioni dilettantistiche "ma la maggior parte di loro sono sane – almeno in senso clinico o giuridico, dal momento che non sono pericolosi e non vanno in giro con bombe o pistole. Ciò che li affligge è un ego esagerato, più un'istruzione scarsa o inefficace, tale che essi non hanno assorbito una delle regole fondamentali della scienza: l'autocritica. Il loro desiderio di attenzione distorce la loro percezione dei fatti e, a volte, li porta a dire vere e proprie menzogne".

Tendiamo ad attribuire altre motivazioni ai membri della comunità scientifica ufficiale che sviluppano metodi di previsione o promuovono programmi di previsione. In una nota del 1976, scritta durante il periodo di massimo splendore della previsione dei terremoti, Richter ammise che "di tanto in tanto un professionista che ha una buona reputazione in altri campi si rende responsabile di affermazioni erronee sull'accadimento dei terremoti e la loro previsione. Finanche dei bravi geologi caduti in questo errore". Richter poteva (o no) aver capito che la trebbiatrice Keilis-Borok era andata a monte, per motivi comprensibili e giustificabili.

Come comunità scientifica tendiamo a guardare agli anni '70 con una certa simpatia per l'ottimismo genuino di molti grandi scienziati e con una buona dose di apprezzamento per coloro che hanno saputo sfruttare l'interesse del pubblico per il progresso della scienza e la realizzazione di programmi di mitigazione del rischio. Chi può dire se dietro vi fossero celate motivazioni meno altruistiche? Certo la leadership scientifica è di per sé una ricompensa.

Tra gli scienziati vi è una convinzione talmente radicata da essere non solo fuori discussione, ma anche al di là di ogni consapevole considerazione: uno scienziato può pensare che un altro scienziato stia clamorosamente sbagliando nelle sue interpretazioni, ma mai che lo faccia in maniera disonesta. Gli sporadici casi di frode scientifica scuotono la comunità nel profondo, perché colpiscono al cuore le nostre convinzioni, e cioè che gli scienziati non hanno sempre ragione, ma sono sempre attori onesti. A guardare con distacco certi capitoli negli annali della previsione dei terremoti, si potrebbe concludere che anche tra le fila dei veri e propri scienziati sembra a volte esserci una distinzione infinitamente sottile tra il genuino ottimismo e, se non la ciarlataneria, almeno l'opportunismo.

La comunità scientifica ufficiale delle scienze della terra guarda alla comunità costituita dai dilettanti della previsione dei terremoti con presupposti in qualche modo differenti. Se nascondere la verità serve a finanziare e avviare programmi di ricerca validi, possiamo conviverci. Se nascondere la verità serve a promuovere, come abbiamo visto, miti e false speranze, o la palese autoesaltazione, siamo un po' meno tolleranti.

In fin dei conti la comunità scientifica principale rimane con due difficili domande a cui rispondere. Per prima cosa, sottoponiamo noi stessi agli elevati standard d'integrità intellettuale e alle valutazioni critiche che così prontamente tiriamo fuori nei confronti del club di sismologi dilettanti che si aggira sul nostro territorio? E, in secondo luogo, siamo forse troppo pronti a respingere idee che sono fuori dal solco principale della scienza e che, fino a prova contraria, sono degne di considerazione?

Guardando alla storia della ricerca sulla previsione dei terremoti nella comunità scientifica ufficiale, la risposta alla prima domanda è, "a volte sì, a volte no". Idealmente, coloro che si dedicano alla ricerca sulla previsione saranno essi stessi a sottoporsi all'esame critico dei propri intriganti risultati – magari, come nel caso di Bowman, con una gomitata da parte di colleghi. Questo è il modo in cui la scienza dovrebbe funzionare; non è sempre il modo in cui la scienza funziona.

Quando i singoli ricercatori rimangono impassibili di fronte a critiche fondate, è l'ambiente scientifico nel suo insieme che individuerà e poterà i rami aberranti e improduttivi. Ma quando essi sono alimentati dal fervore di quella che Robert Geller, eterno scettico della previsione, chiama scienza basata sulla fede, questi rami possono durare a lungo. Che sia fatta con buone intenzioni o meno, la ricerca di questo tipo alimenta false speranze, e, peggio, può assorbire le scarse risorse a disposizione che potrebbero essere spese più proficuamente altrove per ridurre il rischio sismico. Dopo il devastante terremoto del 2005 di magnitudo 7.6 in Kashmir, risorse da tutto il mondo furono immediatamente rese disponibili per la mitigazione del rischio in Pakistan, un paese che affronta un rischio sismico enorme con un patrimonio edilizio e di infrastrutture estremamente vulnerabili. Nel sud del Pakistan, dentro e intorno alla megalopoli di Karachi, mancano le più elementari informazioni per individuare le faglie attive e quantificare l'incidenza attesa di futuri terremoti dannosi. Tenuto conto di quanto poco sappiamo, è possibile che la pericolosità sismica a Karachi sia paragonabile a quella di Los Angeles. È anche possibile che la pericolosità di Karachi sia paragonabile a quella del Nevada orientale – vale a dire, più alta rispetto ad alcune aree, ma molto più bassa rispetto ad altre. Per decidere quali norme di costruzione siano adatte per Karachi, è necessaria la ricerca di base: indagini sul campo per identificare ed esaminare le faglie attive, misure GPS per scoprire quanto velocemente lo sforzo si sta accumulando sulle varie faglie, monitoraggio dei piccoli terremoti per contribuire a evidenziare le faglie attive nella crosta. I soldi per questo tipo di studi sono sempre stati difficili da trovare. Quando, come tipicamente succede, in seguito al disastro del 2005, furono assegnate a fondo perduto alcune risorse, ben poco di quel denaro fu destinato a ricerche che avrebbero contribuito ad affrontare alcune fondamentali questioni, eppure una parte dei soldi andò al gruppo di Keilis-Borok, per una consulenza sulla previsione dei terremoti.

Tornando alla seconda questione, si deve anche considerare se metodi per così dire "fuori dagli schemi" possano avere un certo grado di validità o no. La risposta è sì. Come già detto, gli scienziati sono giustamente scettici nei confronti di quei metodi che sono in contraddizione con la teoria e/o le osservazioni accreditate. Ma altre idee rimangono plausibili. Vasti fronti atmosferici generano cambiamenti significativi nella pressione atmosferica; noi ora sappiamo che piccole variazioni di pressione generate dai terremoti a volte possono scatenare altri terremoti. Una lunga schiera di seri scienziati ha preso in considerazione la questione, tra questi Robert Mallet, uno dei padri fondatori della sismologia. Mallet esaminò i resoconti dell'osservatorio astronomico fatti prima del grande terremoto napoletano del 1857 e scoprì che la pressione barometrica media era 10.76" millibar al di sopra della media del corrispondente mese, nel corso dei quattro anni precedenti, mentre le precipitazioni erano state sensibilmente inferiori alla media. L'interpretazione di Mallet si incentrò sulla scarsità di pioggia piuttosto che sulla variazione di pressione. Credendo che i terremoti si verificassero a causa di disturbi nelle cavità sotterranee, il meccanismo che aveva proposto era, inevitabilmente, una totale fesseria. Ma nella sua seminale pubblicazione del 1862 – probabilmente il primo rapporto scientifico completo su un importante terremoto – egli evidenziò come fosse necessario più lavoro per documentare una connessione tra condizioni atmosferiche e terremoti. Egli aggiunse: "Ritengo si possa considerare molto probabile che future e più estese osservazioni in aree vulcaniche e sismiche proveranno questa connessione tra meteorologia e sismologia".

Allo stesso modo, è fuori discussione che le forze di marea generino sollecitazioni cicliche sulla massa della Terra. Possiamo dire con certezza che si è trattato di una pura coincidenza che il mostruoso terremoto di Sumatra del 2004, di magnitudo 9.3, si sia verificato durante una brillante luna piena? In realtà non possiamo. La teoria della tettonica a zolle spiega come e perché lo sforzo si accumula lungo la faglia che produce il terremoto, ma nessuna teoria nota spiega perché il terremoto ha colpito alcuni minuti prima delle otto del mattino del 26 dicembre. Forse le forze di marea hanno avuto qualcosa a che fare con questo. Ancora una volta è fondamentale distinguere tra la ricerca per sviluppare una previsione dei terremoti attendibile e la ricerca per comprendere la fisica dei terremoti. Vale a dire, le sollecitazioni di marea sono cicliche e influenzano l'intero pianeta. Non possiamo chiaramente sperare di sviluppare metodi di previsione deterministica dei terremoti affidabili basati su questi segnali.

Nonostante tutti i progressi della sismologia a partire dai tempi di Mallet, ci sono molte cose sui terremoti che ancora non conosciamo, tra cui quella forse più elementare di tutte: come cominciano i terremoti. Varie risposte sono state proposte all'interno della comunità sismologia tradizionale; le teorie e modelli puntano alla comprensione della fisica che c'è dietro la nucleazione di un terremoto. Alcune di queste idee potrebbero essere giuste. È anche possibile che la risposta definitiva verrà da ciò che noi oggi consideriamo le frange estreme della scienza. Da una parte, finché non sappiamo che cosa non conosciamo, sta alla comunità sismologica ufficiale rimanere aperta anche a idee che non ci piacciono molto. D'altra parte, senza il duro, freddo rigore statistico e scientifico, le idee da sole non ci faranno progredire. Come recitano gli adesivi sui paraurti delle auto, non vorrete essere di mentalità così aperta che il vostro cervello cada a terra.

14. Complicità

> *Un esasperato Charles Richter definì questa previsione "la più terrificante sequela di sciocchezze certificate" che avesse mai sentito nel campo della sismologia, ma rispettabili studiosi dei terremoti non erano del tutto esenti da colpe nell'alimentare le paure*
>
> Carl-Henry Geschwind

La maggior parte delle previsioni pseudoscientifiche languiscono in un benevolo anonimato. Occasionalmente, tuttavia, si fanno strada sui media e rispettabili scienziati sono chiamati a giudicarle. La previsione che Richter ha descritto come "una sequela di sciocchezze certificate" fu fatta alla fine del 1968 da Elizabeth Stern, una sedicente veggente che aveva avuto una visione nella quale la California sarebbe stata distrutta da un terremoto gigantesco entro l'aprile del 1969. Per come vanno le previsioni questa fu come lo spostamento d'aria generato dalle pale di un mulino. Ma questa volta aveva generato un ronzio, che crebbe diventando un boato quando le dichiarazioni di un professore di fisica dell'Università del Michigan vennero citate in un comunicato stampa nel quale si affermava che entro vent'anni San Francisco sarebbe stata colpita da un grande terremoto.

I venti prevalenti all'interno della vasta comunità scientifica delle scienze sismologiche, che a quel tempo spingevano con forza per il lancio del programma nazionale di riduzione del rischio sismico (NEHRP), alimentarono anche loro le fiamme. Sebbene la maggior parte degli scienziati più famosi respinse con clamore la previsione, altri parlarono di segnali che indicavano che San Francisco era di fronte a un pericolo imminente. Nel corso di un'audizione al Congresso, nel marzo del 1969, sulla proposta di nuovo programma federale, il direttore dell'US Geological Survey, William Pecora, dichiarò che si sarebbe sicuramente avuta una ripetizione del grande terremoto di San Francisco del 1906 entro la fine del secolo e, probabilmente, entro il 1980. Nello stesso mese, gli scienziati dell'US Geological Survey, espressero la preoccupazione che l'accelerazione del creep [scorrimento asismico, n.d.t.] lungo la faglia di San Andreas, nei pressi della città di Hollister (Fig. 14.1A e 14.1B) potesse far presagire un sisma importante.

Entro la primavera del 1969 la voce del terremoto previsto era su tutte le radio della San Francisco Bay Area. Molti si precipitarono ad acquistare un'assicurazione per i danni da terremoto; alcuni arrivarono al punto di lasciare lo stato.

Il 28 aprile del 1969, la California fu scossa da un terremoto sufficientemente forte ed energetico da causare l'oscillazione degli edifici più alti. Non era stato tuttavia, l'evento apocalittico dei sogni visionari di Elizabeth Stern. Il sisma, di magnitudo di 5.7, era localizzato in una zona scarsamente popolata del deserto della California meridionale. Alla fine, inevitabilmente, la Bay Area si tranquillizzò e

Fig. 14.1 A Un marciapiede a Hollister, California, è stato distorto dal lento movimento di creep sulla faglia di Calaveras (fotografia di Susan Hough)

14. Complicità

Fig. 14.1 B Una conduttura di cemento presso l'azienda vinicola DeRose, a Hollister, California, è stata dislocata dal lento scorrimento asismico (creep) lungo faglia di San Andreas. La geofisica Morgan Page sta con un piede sulla placca del Nord America e l'altro sulla placca del Pacifico (fotografia di Susan Hough)

tornò al lavoro. Ma le fiamme erano ormai state alimentate. Nel marzo del 1969 il senatore dello stato della California, Alfred Alquist, decise di finanziare una nuova commissione per lo studio dei terremoti nella San Francisco Bay Area. La commissione proposta si allargò rapidamente, fino ad avere rilevanza statale [l'intera California, n.d.t.], e nell'agosto di quell'anno, diventò il Comitato Congiunto per la Sicurezza Sismica. A livello nazionale, le spinte per il NEHRP si misero in moto.

Scienza e pseudoscienza si scontrarono ancora due decenni più tardi. Questa storia si conclude in una parte diversa degli Stati Uniti, ma comincia in California, la sera del 17 ottobre 1989, quando si verificò un terremoto lungo la faglia di San Andreas, in una zona scarsamente popolata delle Santa Cruz Mountains, a sud di San Francisco. Dopo molte discussioni la maggior parte degli scienziati concluse che il terremoto di Loma Prieta, non era in realtà avvenuto sulla faglia di San Andreas, ma piuttosto su un'altra faglia, nelle immediate vicinanze. Qualunque fosse la faglia, l'impatto di questo terremoto, sulla società così come negli ambienti scientifici, superò la sua modesta magnitudo. Nel quartiere della Marina, a San Francisco, case di lusso crollarono perché il terreno su cui erano costruite – riempimento artificiale scaricato lungo le coste della baia – si è disassato e ha ceduto. Dall'altra parte della baia una campata del ponte doppio dell'auto-

Fig. 14.2 Danni al doppio-viadotto dell'autostrada di Nimitz a Oakland, California, a seguito del terremoto del 1989 a Loma Prieta, California (fotografia di Susan Hough)

strada di Nimitz subì la stessa sorte, per motivi analoghi (Fig. 14.2). L'autostrada non era stata costruita su riempimento artificiale, ma sui sedimenti sciolti naturali, conosciuti come fango della Baia, che si trova intorno ai margini della Baia di San Francisco. Crollò anche una porzione del vicino Bay Bridge. Più vicina all'epicentro, il centro di Santa Cruz subì pesanti danni, così come quartieri operai della città di Watsonville, al centro della valle. I titoli dei giornali non si concentrarono su Watsonville, sebbene, mentre le costruzioni più costose sarebbero state in seguito ricostruite, il sisma aveva fatto pagare un pesante e duraturo pedaggio all'edilizia abitativa popolare, già scarsa nella città.

Immagini drammatiche dei danni prodotti dal terremoto furono trasmesse quasi istantaneamente in milioni di case in tutto il paese, in molte delle quali la gente si era radunata per assistere alla partita delle World Series in programma, tra tutti i posti possibili, proprio a San Francisco. Il fatto che ci fosse la partita, fu, secondo molti, un notevole colpo di fortuna. Nel giorno in cui avvenne il terremoto, con la partita che doveva iniziare alle 05:00, molti dei residenti nell'area erano tornati a casa dal lavoro prima, mettendosi relativamente al sicuro in villette unifamiliari in legno, piuttosto che sulle autostrade della zona. Si deve anche ricordare che, nonostante gli aspetti drammatici, Loma Prieta è stato un terremoto di magnitudine 6.9, quindi relativamente modesta, e si è verificato ben più a sud dei centri urbani intorno alla baia. Il numero di vittime – sempre sorprendentemente difficile da conteggiare – fu di sessantadue.

L'impatto psicologico sulla nazione, tuttavia, andò ben oltre il numero delle vittime; ben al di là dei 6 miliardi dollari di danni. Per la prima volta dal 1971 gli americani avevano visto gli effetti di un terremoto in una città nel proprio paese, una catastrofe di dimensioni modeste, ma comunque un vero e proprio disastro. Molti vissero il terremoto in prima persona, anche se indirettamente. Gli appassionati di baseball in tutto il paese si erano appena sintonizzati per la terza partita delle World Series tra gli Oakland Athletics e i San Francisco Giants, quando lo stadio di San Francisco, il Candlestick Park, prese vita. Alla televisione Al Michaels riuscì a gridare: "C'è un terrem..." prima che gli schermi in tutto il paese diventassero neri.

Nel 1989 il programma NEHRP aveva ormai più di dieci anni. Il programma poteva annoverare già molti successi, ma naturalmente la previsione dei terremoti non era tra questi. Mentre il programma continuava, il finanziamento non aveva tenuto il passo con l'inflazione. Peggio ancora, gli enti, come l'USGS venivano a trovarsi con un crescente numero di dipendenti anziani, forza-lavoro sempre più costosa, con programmi di monitoraggio e di altro tipo che necessitavano di strumenti sempre più sofisticati, e di tecnologie sempre più costose. Ormai a corto di energie per provare a lanciare un nuovo grosso progetto, i sismologi si resero conto che i disastri causati dai terremoti rappresentavano la loro unica vera speranza per contrastare l'inesorabile erosione del finanziamento ai progetti.

Il terremoto di Loma Prieta ebbe un grosso impatto sui politici e sugli altri responsabili governativi e portò a un incremento del finanziamento al programma NEHRP. Esso ha anche aumentato l'attenzione verso la pericolosità sismica, a livello nazionale, creando ciò che può essere definito un'occasione d'apprendimento. Dopo un qualsiasi terremoto, le notizie seguono un corso prevedibile: inizialmente le storie, in luoghi sia vicini sia lontani dal disastro, si concentrano sulla cronaca, in particolare sull'impatto sulla vita delle persone, sulla loro incolumità fisica, e sui danni alle proprietà. Successivamente, i mezzi d'informazione in luoghi lontani dal terremoto si pongono inevitabilmente la domanda: può succedere anche qui?

Nel cuore degli Stati Uniti, una raffica di queste notizie iniziò ad apparire nei giorni successivi al terremoto. Il 18 ottobre 1989, appena un giorno dopo Loma Prieta, lettori del *Constitution-Tribune* di Chillicothe, nel Missouri, lessero che "il grave sisma che ha colpito il nord della California potrebbe essere una anteprima di quello che può accadere agli abitanti lungo la faglia di New Madrid". Il giorno dopo, i lettori del *Daily Herald* di Springfield, in Illinois, furono informati che "esiste il 50% di possibilità che un terremoto così forte come quello di martedì in California colpisca l'Illinois entro i prossimi 10 anni e porti distruzione in tutto il Midwest". "Non è una questione di 'se', è una questione di 'quando'", furono le parole attribuite a un alto funzionario del Geological Survey dello Stato dell'Illinois.

Queste storie, la preoccupazione, non sono venute fuori dal nulla. Per capire lo spettacolo che è andato in scena in seguito al terremoto di Loma Prieta si deve prima fare un passo indietro nel tempo. Dagli albori della sismologia come moderna disciplina scientifica, alla fine del diciannovesimo secolo, gli scienziati sono stati consapevoli che una delle sequenze sismiche più portentose verificatasi negli Stati Uniti aveva colpito la parte centrale del paese durante l'inverno del 1811-1812. La sequenza sismica di New Madrid era cominciata senza preavviso nelle prime ore del mattino del 16 dicembre 1811, con un terremoto così forte da far vedere il demonio ai coloni che vivevano sulla frontiera e da propagare potenti onde sismiche in gran parte del

Fig. 14.3 La sequenza sismica di New Madrid del 1811-1812 comprende almeno quattro grandi terremoti con energia sufficiente a causare fenomeni di liquefazione nella valle del fiume Mississippi, compresi innumerevoli vulcani cosiddetti di sabbia. In questa fotografia, scattata circa 100 anni dopo il terremoto, sono ancora chiaramente visibili i vulcani di sabbia. Molte di queste strutture rimangono evidenti anche oggi (fotografia USGS fatta da Myron L. Fuller)

paese (Fig. 14.3). Il sisma era localizzato nel tacco dello stivale formato dal Missouri, circa 90 km a nord di Memphis, nel Tennessee. La moderna città di Memphis non fu fondata fino al 1820; al tempo dei terremoti esisteva il solo Fort Pickering in quella posizione. Il terremoto non fece suonare le campane della chiesa a Boston, come piace ancora affermare ad alcuni, che dovrebbero ormai saperlo meglio di me. Scorrendo i giornali della zona di Boston non si trova alcuna menzione del fatto che il sisma sia stato anche solo risentito in città. Ma le onde hanno fatto molto altro: hanno danneggiato edifici in mattoni a St. Louis, rovesciato camini a Louisville, a Richmond, in Virginia, quelli che dormivano sono stati svegliati e le campane e i campanili di Charleston, in South Carolina, si sono messi a suonare. Charleston è quasi a mille chilometri in linea d'aria da New Madrid. Si sospetta, ma non si può dimostrare che la diceria duratura ma falsa sulle campane della chiesa di Boston potrebbe essere il risultato di una confusione iniziale tra Charleston, South Carolina e il quartiere di Charlestown a Boston.

Quella stessa mattina, verso l'alba ci fu un altro forte terremoto, non grande come il primo, ma ancora abbastanza grande da poter essere largamente avvertito. Seguì una serie di energiche scosse di assestamento. I coloni della regione di New Madrid raccontarono che la Terra era stata in uno stato di quasi continuo movimento. A Louisville, Kentucky, a circa 420 chilometri (250 miglia), l'ingegnere Jared Brooks decise di registrare ogni terremoto abbastanza grande da essere risentito e di classificare i terremoti in base alla loro grandezza relativa. Arrivò al punto di costruire una serie di pendoli che oscillavano in risposta a una scossa molto leggera. Tra il 16 dicembre 1811 e il 15 marzo 1812 annoverò 1.667 scosse che misero i pendoli in moto, ma erano troppo piccole per essere risentite e più di duecento scosse classificate secondo la loro gravità da quelle lievi fino alle "più tremende".

I sismologi sanno che ogni grande terremoto sarà seguito da una sequenza di scosse di assestamento, o aftershocks, che seguono degli andamenti abbastanza ben definiti. Per esempio, la più grande delle scosse di assestamento è, in media, circa un grado di magnitudo inferiore alla scossa principale. Inoltre, il numero di scosse di assestamento tende a diminuire con il passare del tempo dalla scossa principale. Infine, la distribuzione in magnitudo degli aftershocks segue un andamento ben consolidato, con i magnitudo 3 in numero circa dieci volte maggiore dei magnitudo 4, che a loro volta saranno 10 volte più numerosi dei magnitudo 5 e così via. Per come in generale si comportano i terremoti, possiamo dire che le scosse di assestamento sono quindi relativamente ben "educate": sappiamo quante aspettarcene; sappiamo che si raggrupperanno in prossimità della scossa principale; sappiamo che sono destinate a diminuire con il tempo.

Ogni tanto, una sequenza di terremoti risulta essere meno educata. Oggi sappiamo che, sebbene le sequenze di aftershocks tendano a scemare con il tempo, ogni scossa di assestamento individualmente non è diversa da qualsiasi altro terremoto della stessa entità, e come tale ha una piccola probabilità di essere un terremoto che precede (foreshock) un terremoto più grande. Vale a dire che, solo perché un terremoto è una scossa di assestamento, questo non significa che non possa anche essere un foreshock. Talvolta, quindi, una sequenza di scosse di assestamento invece che andare a diminuire fino a fermarsi, come di norma, può produrre un altro terremoto delle stesse dimensioni, o anche più grande, della scossa principale che ha originato la sequenza. Questa eventualità si è verificata nel deserto della California meridionale, nel 1992, quando il terremoto di magnitudo 6.1, il 23 aprile a Joshua Tree, è stato seguito da un'energica sequenza di scosse di assestamento per arrivare poi al terremoto di Landers, di magnitudo 7.3, che ha colpito il 28 giugno ai margini della zona interessata dagli aftershocks del terremoto di Joshua Tree. A rigor di logica, Landers potrebbe essere definito aftershock di Joshua Tree, ma si tende a non farlo. Quando una sequenza produce diversi grandi eventi, si parla invece di scosse principali.

Per quanto le sequenze di terremoti possano essere indisciplinate, quella del 1811-1812 di New Madrid è stata epica nel suo essere fuori dalle regole. Verso le nove del mattino del 23 gennaio 1812, un altro forte terremoto colpì, generando ancora una volta effetti drammatici lungo la valle del fiume Mississippi e uno scuotimento risentito in un area molto vasta. Per varie ragioni questo terremoto rimane particolarmente enigmatico. La distribuzione degli effetti documentati suggerisce uno spostamento dell'epicentro a nord rispetto alla prima scossa, ma quanto a nord rimane poco chiaro. Alcuni ricercatori collocano l'evento verso l'estremità settentrionale della zona sismica New Madrid; altri, inclusa l'autrice, sostengono che avrebbe potuto essere localizzato così a nord da essere nel sud dell'Illinois, non lontano dal luogo dove si è verificato il terremoto di magnitudo 5.2 che ha scosso il Midwest il 18 aprile del 2008. Con ogni probabilità non sapremo mai esattamente dove era localizzato l'epicentro del sisma. In ogni caso, la cosiddetta scossa di gennaio è stata a sua volta seguita dalla sua propria sequenza di scosse di assestamento, generando un altro periodo di agitazione per i coloni che abitavano lungo la valle del fiume Mississippi.

I resoconti disponibili che ne parlano suggeriscono che la sequenza di aftershock successiva alla scossa di gennaio fu molto meno energica rispetto alla sequenza di scosse di assestamento dopo il terremoto di dicembre. Ma il peggio doveva ancora venire. Intorno alle 2:45 della mattina del 7 febbraio 1812, la regione di New Madrid si risvegliò ancora, producendo quella che gli abitanti della zona soprannominarono "la scossa forte". Questa terza e ultima delle scosse principali fece tremare ancora una volta la Terra, ma fece anche molto di più. Alcuni barcaioli lungo il fiume Mississippi furono portati verso monte da una corrente che, sorprendentemente, aveva invertito il suo corso. Altrove, lungo il fiume, altri barcaioli si videro precipitare da cascate alte quasi 2 metri, che si trovavano in punti ove il fiume prima scorreva tranquillo. A differenza delle campane fantasma della chiesa di Boston, le cascate e l'inversione delle correnti lungo il possente Mississippi erano reali. Al di là delle interessanti e dettagliate testimonianze, dopo molto lavoro e difficili ricerche, gli scienziati ora sanno che questo terremoto si è verificato lungo la faglia di Reelfoot, una faglia che corre in direzione circa Nord-Sud, attraversando il sinuoso fiume Mississippi in tre punti (Fig. 14.4). Quando la faglia si è mossa durante il terremoto, il lato a valle è si è sollevato rispetto al lato a monte, determinando la

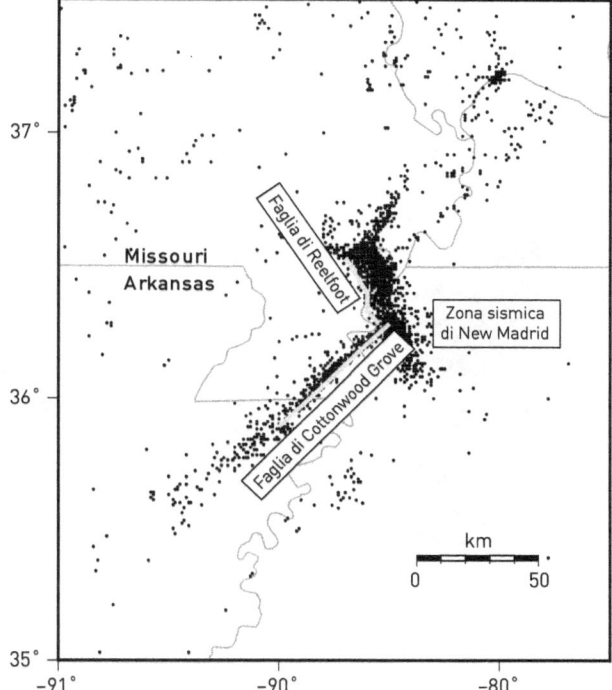

Fig. 14.4 Mappa dei piccoli terremoti registrati strumentalmente (punti neri) e delle faglie principali nella zona sismica di New Madrid

creazione di un gradino nei sedimenti sotto il letto del fiume. Né le cascate, né l'inversione della corrente durarono a lungo.

Le correnti del fiume erosero rapidamente le irregolarità generate sul letto del fiume; l'acqua che era stata spinta controcorrente, verso monte, alla fine esaurì la spinta, e il fiume riprese il suo corso abituale. Il movimento della faglia di Reelfoot ha lasciato sul paesaggio un'impronta duratura: il movimento verso l'alto di un lato della faglia ha creato una diga naturale permanente, dietro la quale si è formato il lago di Reelfoot (Fig. 14.5).

I primi tentativi di raccogliere in maniera sistematica informazioni sui terremoti di New Madrid, e dare un senso a tutto quello che era successo, risalgono al periodo immediatamente successivo alla se-

Fig. 14.5 I semi dei cipressi raffigurati non possono germinare nell'acqua stagnante. Questi alberi, ora al bordo del lago di Reelfoot, sono stati sommersi quando il lago fu creato dal movimento della faglia, durante la sequenza di terremoti di New Madrid del 1811-1812 (fotografia di Susan Hough)

quenza. Un secondo testimone oculare, il medico Daniel Drake di Cincinnati, decise anch'egli di tenere un registro con tutti i terremoti risentiti e di classificarli in base alla gravità. Drake si è distinto inoltre, non solo per aver notato che lo scuotimento era più forte lungo la valle del fiume Ohio Valley che sulle alture adiacenti, ma anche perché correttamente attribuì la differenza alla diversità di substrato tra la valle del fiume, dove c'erano sedimenti sciolti, e il calcare affiorante sulle alture. Ma tutto l'acume scientifico del mondo non avrebbe potuto portare a una piena comprensione dei terremoti, in un tempo in cui nessuno capiva cosa fosse un terremoto.

Verso la metà del 1950, i sismologi in generale, basandosi sui loro effetti, credevano che i tre eventi principali avessero avuto una magnitudo superiore a 8. Il primo studio sistematico delle magnitudo degli eventi fu fatto da Otto Nuttli, che decise di raccogliere e di interpretare i resoconti storici delle scosse. Nuttli era professore di geofisica alla St. Louis University, un istituto fondato dai gesuiti, che all'inizio del ventesimo secolo istituì uno dei più importanti dipartimenti di sismologia della nazione. I sismologi usano la cosiddetta scala delle intensità per valutare la gravità dello scuotimento causato da un terremoto in ogni sito dove sia stato avvertito. A differenza della magnitudo, che riflette il rilascio totale di energia di un terremoto, e ne costituisce quindi la misura assoluta, la distribuzione d'intensità generata da un terremoto, è caratterizzata da valori più alti generalmente più vicini all'epicentro, e viceversa. Per convenzione, i valori d'intensità si indicano con i numeri romani: III quando lo scuotimento è risentito leggermente, V quando lo scuotimento inizia a far cadere piccoli oggetti dalle mensole, X quando i danni sono catastrofici. Dopo aver determinato le distribuzioni d'intensità per i terremoti di New Madrid e averle confrontate con quelle generati da terremoti più recenti, Nuttli ha stimato per i tre eventi principali valori di magnitudo pari a 7.2, 7.1, e 7.3, rispettivamente.

La basilare pubblicazione di Nuttli apparve sul Bollettino della Società Sismologica Americana nel 1973. In un'epoca in cui i piani per il NEHRP stavano cominciando a guadagnare abbrivio, i più importanti sismologi negli Stati Uniti centrali erano stati, comprensibilmente, rapidi nel sostenere che erano necessarie risorse per lo studio dei terremoti nella loro regione. I terremoti di magnitudo 7 del 1811-1812 a New Madrid erano stati, a dir poco, eventi gravi, tanto più perché le onde sismiche viaggiano più efficientemente attraverso la crosta antica della zona centro-orientale del Nord America che attraverso quella più giovane, e molto fratturata della California. Pertanto le campane della chiesa di Charleston suonarono, non solo perché i terremoti erano stati forti, ma anche perché le onde che se ne erano generate avevano viaggiato in maniera particolarmente efficiente. Per il 1973 gli scienziati avevano appreso che, di tutta l'energia rilasciata da parte di tutti i terremoti del pianeta, quella rilasciata dai terremoti che avvengono lontano dai margini di placca è solo circa l'1% del totale. Rispetto al tasso di accadimento atteso di terremoti dannosi in California, il tasso a lungo termine di terremoti dannosi nella zona centro-orientale del Nord America era noto per essere almeno cento volte più piccolo. Ma se le onde generate da quei rari eventi determinavano un danno più grande, allora il rischio relativo poteva essere considerato inferiore solo di un fattore dieci.

Alla fine degli anni '70, alcuni sismologi nel Midwest erano arrivati a ritenere che i terremoti del 1811-1812 di New Madrid fossero stati ancora più grandi di quanto indicassero i risultati di Nuttli. In discussione era la scala che Nuttli aveva usato per stimare i valori della magnitudo, una scala che usava le onde di volume per il calcolo della magnitudo. Negli anni '70 i sismologi si erano resi conto che questa scala di magnitudo, come la scala originariamente formulata da Richter, aveva delle limitazioni, in particolare nella sua capacità di stimare con precisione le dimensioni dei terremoti più grandi. All'inizio degli anni '70, i sismologi si erano resi conto che il momento sismico, una misura sostanzialmente diversa della dimensione del terremoto, era un modo migliore per stimare, in particolare, le dimensioni dei terremoti più grandi. Ma a differenza del familiare tipo di numeri che usa la scala di magnitudo Richter, i momenti sismici si estendono su una scala di numeri enormemente più grandi. Gli scienziati sono a loro agio nel parlare di numeri come 6.3×10^{25} – 63 seguito da 24 zeri – ma di norma la gente non lo è.

Alla fine del 1970, i sismologi Tom Hanks e Hiroo Kanamori formularono la scala di magnitudo momento, che in effetti traduceva i valori del momento sismico nella magnitudo Richter equivalente. Hanks e Kanamori avevano formulato la loro scala in modo che combaciasse con i valori della scala Richter per eventi piccoli, ma fosse in grado di rendere più fedelmente le dimensioni dei terremoti grandi.

Tornando, quindi, alla storia di New Madrid, alcuni sismologi erano consapevoli del fatto che la magnitudo calcolata mediante le onde di superficie, come Nuttli aveva fatto, in generale non riflette le reali dimensioni di un grande evento. Sono state sviluppate varie equazioni per tradurre una stima magnitudo nell'altra, è una conversione che produce sempre un aumento della magnitudo rispetto a quella fatta con le onde di volume, aumento spesso considerevole. A detta di coloro che lo conoscevano, Nuttli era restio a fare questo calcolo. Lui sapeva quale sarebbe stato il risultato, ma il suo istinto gli diceva che le scosse di New Madrid, seppur forti, non erano state quello che i sismologi intendono per "grandi terremoti", terremoti di magnitudo 8 o superiore. Alla fine, in un certo senso sotto pressione, Nuttli fece la conversione. La magnitudo del più grosso dei terremoti del 1811-1812 arrivò fino a 8.75. Questa stima fornì i presupposti per una convinzione che è stata dura a morire, cioè che questi terremoti fossero stati significativamente più forti del grande terremoto di San Francisco del 1906. Considerato il putiferio generato da un tale risultato, è interessante cercare di trovare la pubblicazione scientifica che ne descrive il calcolo. È stato pubblicato solo in un report, letteratura scientifica cosiddetta "grigia", il tipo di pubblicazione difficile da trovare anche per gli scienziati che hanno accesso alle librerie scientifiche. Sebbene Nuttli avesse alla fine fatto il calcolo, questo non è mai stato pubblicato nella letteratura principale.

Nei primi mesi del 1988, all'età di sessantuno anni, Otto Nuttli morì di cancro. Il resto della storia di New Madrid andò avanti senza di lui. Al momento della morte di Nuttli, un altro giovane e bravo sismologo, Arch Johnston, aveva iniziato a interessarsi della sequenza di New Madrid. Johnston faceva parte di un piccolo gruppo di scienziati che studiò a fondo i resoconti storici dei terremoti, quelli raccolti da Nuttli così come molti altri, raccolti in seguito da altri ricercatori. Johnston e i suoi colleghi compresero che i racconti provenienti dalla zona di New Madrid, per esempio quelli dei barcaioli che si erano imbattuti nelle cascate, potevano essere utilizzati per ricostruire uno scenario della successione di eventi, cioè, per capire quali faglie avevano generato quali terremoti. In quegli anni, alcuni progetti finanziati dal NEHRP erano riusciti a identificare almeno alcune delle faglie nella zona sismica di New Madrid.

A questo punto, gli scienziati si resero conto che tutti i calcoli di Nuttli si basavano su un passaggio potenzialmente critico e debole. Ricordiamo che Nuttli aveva confrontato gli effetti delle scosse di New

Madrid con quelli di altri eventi, più recenti, avvenuti nella regione. Ma tutti i terremoti recenti erano molto più piccoli rispetto alla scossa principale di New Madrid. Così il calcolo implicava un'estrapolazione praticamente al buio, senza possibilità di riscontri diretti. Per superare questo problema, Johnston decise di raccogliere informazioni su grandi terremoti in altre parti del mondo, analoghe, come geologia, alla parte centro-orientale del Nord America. Questo lavoro è durato molti anni; gli articoli scientifici che descrivono i risultati sono stati pubblicati nel 1996. Ma ben prima che venissero pubblicati, Johnston e altri avevano capito che il terremoto non era stato di magnitudo 8.75, ma di magnitudo prossima a 8 o leggermente più grande.

Nuove storie dai toni minacciosi si sono susseguite durante gli anni '80. Nel 1986, il 175° anniversario della sequenza ha scatenato una serie di notizie come quella pubblicata sul *The News* di Frederick, Maryland, con il titolo "Il devastante terremoto verificatosi 175 anni fa nella valle del Mississippi potrebbe ripetersi". L'articolo riportava valori di magnitudo tra 8.4 e 8.7 per i tre eventi principali del 1811-1812, facendo notare che tutti gli eventi erano stati più grandi rispetto alla devastante scossa del 1985 a Michoacán, in Messico, che aveva ucciso diecimila persone. Nel 1987, un mese dopo un terremoto di magnitudo relativamente modesta (5.9) che aveva rovesciato camini e scosso nervi nei pressi di Los Angeles, ai lettori del *Chicago Daily Herald* fu di nuovo ricordato, in maniera da un punto di vista grammaticale non del tutto corretta, che nel cortile di casa loro "L'indifferenza sottostima il pericolo dei terremoti".

All'interno della comunità scientifica molti, se non la maggior parte dei sismologi erano scettici sul fatto che le scosse principali di New Madrid fossero state tanto grandi da essere dei terremoti di magnitudo 8, figuriamoci 8.75. Eppure, tali valori di magnitudo così grandi continuavano a essere propagandati dai massimi esperti e vennero anche usati nelle mappe di pericolosità sismica prodotte dall'USGS, così come sui siti web indirizzati al pubblico. Nella mente di alcuni, la valutazione della pericolosità sismica si trasformò in un'improvvisa iniezione di pericolo.

Ci si cominciò a rendere conto di come stavano andando le cose nel momento in cui i terremoti improvvisamente occuparono i titoli dei giornali nazionali nell'autunno del 1989. I giornalisti si precipitarono a chiedere: "può succedere qui?" Gli esperti locali si precipitarono a rispondere. E, ancora una volta, coloro che avrebbero voluto prevedere i terremoti si precipitarono allo scoperto, uno in particolare, che sarebbe arrivato al livello più basso dell'infamia.

Il 28 novembre 1989, l'*Atchison Globe* (Kansas) riportò che, secondo il climatologo Iben Browning, "un terremoto scuoterà la faglia di New Madrid nel dicembre del 1990". Abbozzi di storie simili apparvero in altri giornali. Browning, che sosteneva di aver previsto il terremoto di Loma Prieta, basava la sua previsione su una proiezione "di alto ciclo" delle forze di marea. Il percorso della carriera di Browning era stato diverso da quello del futurista Gordon-Michael Scallion. Mentre Scallion aveva le visioni, Browning aveva conseguito un dottorato di ricerca in biologia presso l'Università del Texas. Entrambi gli individui, tuttavia, finirono col rivolgere la loro attenzione alla previsione dei cambiamenti climatici e dei terremoti. Browning credeva che la Terra fosse in procinto di raffreddarsi dopo una lunga fase di riscaldamento. Nei suoi testi, che ricordano quelli di Scallion, egli scrisse che i cambiamenti climatici avrebbero avuto gravi conseguenze sociali, come carestie, rivoluzioni e guerre.

Le previsioni di terremoto di Browning avevano basi scientifiche leggermente più credibili di quelle di Scallion ed erano un po' meno vaghe, ma comunque vaghe. Browning aveva individuato alcuni periodi di elevato sforzo causato dalle maree che si sarebbero verificati in coincidenza con una manciata di terremoti importanti, tra cui il terremoto di Loma Prieta e quello del 1985 a Michoacán, in Messico. Egli aveva anche individuato innumerevoli altri periodi di elevato livello di sforzo che non erano coincisi con niente. Era la solita storia: un gran numero di previsioni; qualche apparente successo; nessuna rigorosa, sistematica documentazione delle previsioni prima dell'accadimento dei terremoti e nessuna valutazione dopo. In questo caso Browning aveva tenuto un discorso a un'associazione commerciale a

San Francisco, il 10 ottobre 1989; almeno una delle persone che vi avevano assistito confermò ai giornalisti che Browning aveva menzionato il periodo del 15-17 ottobre come probabile per un terremoto significativo nella zona di San Francisco. Incoraggiato da questo apparente successo, Browning cominciò a parlare della sua previsione con chiunque volesse ascoltarlo, dicendo che il prossimo periodo "di alto ciclo" delle forze di marea, previsto per il 3 dicembre 1990, avrebbe potuto innescare un terremoto significativo nella regione di New Madrid.

I giornalisti più importanti in genere non si fermano ad ascoltare gli aspiranti esperti della previsione dei terremoti. Un giornalista del *Columbia Daily Tribune* parlò con Browning al telefono il 25 novembre 1989. E il *Globe Atchison* riportò la storia, ma in un breve articolo che citava il professore di scienze atmosferiche Ernest Kung della University of Missouri-Columbia, il quale affermava che le teorie di Browning non erano mai state provate. La maggior parte dei giornalisti semplicemente ignorò la storia; la maggior parte dei sismologi, quando gli fu chiesto, continuò a denigrare la previsione.

All'inizio dell'estate, David Stewart, allora direttore di un centro per lo studio dei terremoti alla Southeast Missouri State University, intervenne nel dibattito, affermando che la previsione era "degna di seria considerazione e andava approfondita". Una raffica di articoli apparve a metà luglio del 1990, dopo che Jerome Hauer, il presidente del Consorzio per i Terremoti degli Stati Uniti Centrali, disse ai giornalisti: "Ho deciso che non ignoreremo questa previsione". Hauer, che non aveva alcun background in scienze della terra, aveva conseguito una laurea alla Johns Hopkins School of Public Health e nel 1990 era stato direttore esecutivo dell'Agenzia di Gestione dell'Emergenza in Indiana. Egli disse ai giornalisti che pensava che le previsioni di Browning sarebbero state smentite dai fatti, ma, ciò nonostante, non se la sentiva di ignorare la previsione. "Se dobbiamo programmare le esercitazioni della Guardia Nazionale durante il mese di dicembre", disse, "perché non programmarle in quella settimana?".

La comunità sismologica ufficiale respinse la previsione fin dall'inizio. Una solitaria voce a sostegno continuò a provenire da David Stewart. Stewart, che aveva conseguito un dottorato in geofisica presso l'Università del Missouri, a Rolla, aveva passato la sua carriera in quelle che potrebbero essere chiamate le frange estreme della comunità scientifica principale. Negli ultimi anni i suoi interessi si indirizzarono verso la chimica degli oli essenziali; fu autore di un libro intitolato *La chimica degli oli essenziali resa semplice: l'amore di Dio si manifesta nelle molecole*. Eppure, quando nel 1980 parlò a sostegno della previsione di Browning, la sua voce – almeno inizialmente – fu ritenuta quella di un esperto con credenziali apparentemente legittime. Un articolo del *New York Times* di agosto sottolineava il "rispetto" di Stewart per la previsione. Le stesse dichiarazioni di Stewart, in seguito, misero in discussione la sua credibilità, in particolare quando mise per iscritto la sua convinzione che i fenomeni psichici erano stati scientificamente dimostrati.

Nell'autunno del 1990 gli scienziati più importanti incominciarono a preoccuparsi sempre più per il grado di panico che si stava generando. In ottobre, il Consiglio Nazionale per la Previsione dei Terremoti descrisse il metodo di Browning come "non più accurato che lanciare freccette su un calendario". Eppure, la storia continuava a suscitare l'attenzione dei media. La previsione, e la reazione che aveva generato, diventarono una notizia da prima pagina.

Non arrivarono al punto di far marciare gli elefanti per la strada principale di New Madrid, il 3 dicembre, ma se l'avessero fatto l'atmosfera non sarebbe stato molto diversa da quella che era realmente. I camion delle televisioni arrivarono da vicino e da lontano, alcuni provvisti di enormi parabole satellitari. La taverna di Hap aprì in anticipo per il party "Scuoti, Trema, e Rotola", durato tutto il giorno. La griglieria di Tom servì uno speciale "Hamburger del Terremoto". Un altro intraprendente abitante vendette magliette ai turisti in visita con la scritta: "It's our fault". Un predicatore evangelico girava per il cen-

---

[1] La frase gioca sul doppio significato della parola fault: colpa o faglia: "È colpa nostra" o "È la nostra faglia"; n.d.t.

tro di New Madrid in un furgone munito di un altoparlante, rassicurando la folla e dicendo che non aveva nulla da temere per il terremoto; era di Gesù Cristo che dovevano preoccuparsi.

La previsione causò un reale sgomento tra i funzionari e il pubblico. Alcuni residenti lasciarono la zona; altri accumularono prodotti alimentari e altri beni. In alcune scuole della zona le lezioni furono cancellate per l'intera giornata. A St. Louis, la presenza degli studenti nelle scuole elementari scese al 50-70%. Gli agenti delle forze dell'ordine e i funzionari preposti al soccorso pubblico istituirono un quartier generale di emergenza. Nell'epicentro di tutto questo circo, però, la maggior parte dei residenti era, in egual misura, sorpresa e divertita. La gente del posto ironizzava sul fatto che il più grande pericolo per loro non era il terremoto, ma la possibilità di essere investiti da un camion della televisione. Gli imprenditori locali, che non avevano visto così tanti visitatori da quando c'era stata un'importante rievocazione della Guerra Civile, alcuni anni prima, sfruttarono al meglio l'opportunità. "L'unica cosa accaduta quel giorno fu che la gente di New Madrid guadagnò una barca di soldi grazie a quei visitatori 'che venivano da fuori città'. Perdonate il luogo comune, ma la gente del posto ha continuato a ridere lungo tutta la strada che portava alla banca".

Un terremoto avrebbe potuto colpire New Madrid il 3 dicembre per puro caso, una coincidenza che alcuni esperti ammettevano essere una possibilità spaventosa, anche se molto piccola. Ma il giorno arrivò e passò senza alcuna emozione "sismica". Gli esponenti della comunità delle scienze della terra si presero, in un certo senso, la loro rivincita. Si erano, in fin dei conti, espressi in modo chiaro e coerente nel negare la previsione. Il professor Seth Stein, della Northwestern University, arrivò a registrare un video televisivo prima del 3 dicembre, spiegando che la previsione era una bufala totale.

Alcuni di coloro che si occupavano della gestione delle emergenze addossarono alla comunità scientifica ufficiale parte della colpa per il circo che era stato montato, criticando in particolare l'incapacità degli scienziati di chiudere in anticipo la storia della previsione definendola non degna di credibilità. In fin dei conti, il parere del NEPEC era stato dato solo sei settimane prima del tempo di accadimento previsto per il terremoto, dopo che il treno del circo si era già messo in moto e il suo slancio era diventato troppo forte per essere arrestato. Alcuni scienziati, tra cui Arch Johnston a Memphis, si erano espressi in anticipo, screditando Browning come se fosse, in sostanza, un ciarlatano. Molti altri avevano preferito restare in silenzio, credendo che, impegnandosi in un dibattito pubblico, avrebbero dato dignità scientifica a quella "previsione spazzatura". Col senno di poi, alcuni scienziati espressero il rammarico di non aver parlato prima e con maggior vigore.

Non essendosi espressi così tempestivamente o così veementemente come avrebbero potuto, a differenza del caso della "previsione fiasco" del 1969, nella Bay Area, stavolta gli scienziati non potevano essere accusati di soffiare sul fuoco dell'isteria, una volta che questo era stato acceso. Ma guardando indietro nell'intento di riordinare i fatti, non si può fare a meno di chiedersi: la comunità scientifica ha contribuito ad accumulare le fascine per il fuoco in cui avrebbe dovuto "bruciare" Browning?

Iben Browning fece la sua comparsa sulla scena nazionale nel 1989, quattro anni dopo la morte di Charles Richter. Ci si può scommettere che quest'ultimo sarebbe stato tra i primi a descrivere Browning come l'esempio lampante di ciò che aveva in mente quando parlava di "pazzi e ciarlatani". Gli scienziati che hanno stabilito che i terremoti del 1811-1812 a New Madrid furono più grandi di qualsiasi terremoto avvenuto in California in tempi storici non sono ciarlatani. È stato un esercizio di notevole fiuto investigativo, utilizzare i rapporti sui terremoti e le osservazioni geologiche per riuscire ad associare ogni terremoto a una determinata faglia. Il confronto degli effetti dei terremoti con lo scuotimento causato da altri forti terremoti in regioni simili del mondo era stato un'indagine egualmente esaustiva. La storia era andata a finire male non perché fossero sbagliate le complesse e faticose ricerche fatte, ma perché era andata male la parte apparentemente più semplice. Quando i ricercatori avevano assegnato i valori d'intensità basandosi sui resoconti originali, questi valori erano in molti casi gonfiati. Anche studi successivi non tennero conto del fatto che la maggior parte dei coloni che erano stati testimoni dei terremoti di New Madrid vivevano lungo le valli fluviali, in cui lo scuotimento è amplificato da sedimenti soffici.

Se la serie di passi falsi che ha determinato la sovrastima delle magnitudo è, in principio, comprensibile e perdonabile, ci si domanda ancora come mai questi valori siano stati utilizzati per valutare e rappresentare la pericolosità sismica. Fin dall'inizio molti sismologi nutrivano profondi dubbi sulle stime di magnitudo molto elevate che Nuttli aveva calcolato nel 1979. A dir poco, le stime erano state sicuramente molto incerte rispetto alla magnitudo stimata per il terremoto di San Francisco del 1906, che aveva lasciato in superficie una chiara traccia della rottura lungo la faglia ed era stato registrato da alcuni dei primi sismometri esistenti.

Le ricerche successive hanno continuato a evidenziare la portata delle incertezze. Il lavoro di Arch Johnston ha fornito per le magnitudo vincoli più precisi rispetto agli studi precedenti, abbassando la stima della magnitudo dell'evento più grande da 8.75 a 8.1. Ma non ci sono voluti molti anni, dopo la pubblicazione dei risultati di Johnston nel 1996, perché la comunità scientifica si rendesse conto che anche queste stime di magnitudo erano ancora molto incerte. Un rigoroso studio del 2002 che prendeva in esame le incertezze sulla stima delle magnitudo, ha trovato che, per esempio, la magnitudo della scossa del 7 febbraio 1812, avrebbe potuto essere tanto 7.0 quanto 8.1. Sebbene le mappe di pericolosità tenessero in considerazione l'incertezza della stima calcolando il valore medio di numerose differenti magnitudo, i valori assunti per le magnitudo non coprivano l'intervallo tra 7.0 e 8.1, ma piuttosto tra 7.4 e 8.1. In alcuni casi i ricercatori se ne escono dicendo, almeno in privato, che la gente non prenderebbe seriamente la pericolosità se le mappe riflettessero le reali incertezze. Potrebbero avere ragione. E se la gente e i politici sono poco inclini a preoccuparsi di rischi a bassa probabilità, annacquando le affermazioni riguardo alla portata del pericolo è improbabile ottenere la loro attenzione.

14. Complicità

Le notizie da prima pagina che parlano di previsioni dei terremoti ottengono l'attenzione della gente, ma non sempre con esiti positivi. Il signor Dennis Loyd, residente a Bootheel, Missouri, e la sua famiglia erano abbastanza preoccupati dalla previsione di Browning da trascorrere la notte del 2 dicembre nel loro camper piuttosto che dentro casa, solo per ritrovarsi poi intrappolati in una tromba d'aria che fece ribaltare il camper. Loyd, sua moglie, e il figlio di 16 anni riportarono lesioni abbastanza gravi da richiedere cure mediche.

Il compito della scienza è la ricerca della verità. Il momento in cui gli scienziati diventano sostenitori di qualsiasi altra causa è il momento in cui gli smettono di essere onesti mediatori. Ma chi se non sismologi ha la più profonda comprensione per la natura della pericolosità sismica? Chi se non un sismologo è fortemente motivato a sostenere la causa della mitigazione del rischio sismico? È un'evanescente linea sottile, che i sismologi, con difficoltà, percorrono quando abbracciano il compito di perorare questa causa: siamo inefficaci se non ci spingiamo verso la retorica allarmista, ma potenzialmente colpevoli di alimentare la paura se lo facciamo.

15. Morbillo

> *E ora gli scienziati dicono che possono calcolare la probabilità che avvenga un terremoto in California entro le successive ventiquattro ore; anche se, hanno detto, non è poi così utile per prevedere il primo terremoto, ma piuttosto per prevedere le scosse di assestamento. Hey grazie, non fatemi questo favore. Io sono in grado di prevedere scosse di assestamento, okay? Volete sapere quando avvengono? Subito dopo un terremoto*
>
> Jay Leno, 18 maggio 2008

Guardando agli sforzi fatti in passato per la previsione dei terremoti, ci si può rendere conto di come sia le previsioni sia metodi di previsione non abbiano funzionato. Solo una piccola manciata di previsioni credibili sembra aver trovato conferma – tra queste, Haicheng, la previsione del terremoto del 1989 a Loma Prieta basata sull'originario metodo M8, un piccolo numero di presunti successi del metodo VAN e la previsione di un terremotino nello stato di New York nel 1973. Alcuni rispettabili ricercatori vantano altre previsioni apparentemente di successo.

La prima cosa che deve essere detta è che se gli scienziati, tanto individualmente che collettivamente, fanno un numero abbastanza grande di previsioni, inevitabilmente, una parte di queste sarà giusta. La chiave, ancora una volta, è tener traccia dei successi e dimostrare di aver fatto meglio di quello che si potrebbe fare buttandosi a indovinare, considerato ciò che sappiamo su dove e quanto spesso i terremoti tendano a verificarsi. Una sola previsione apparentemente indovinata non conta molto. In effetti, quando Yash Aggarwal telefonò ai suoi colleghi della Columbia University per raccontargli che il terremoto da lui previsto si era verificato, uno di loro disse al giovane scienziato: "Se riesci a farlo per tre volte diventerai famosissimo". In un articolo della rivista *Time* tale risposta fu considerata "entusiastica". L'orecchio allenato rileva un sentimento leggermente diverso dallo sfrenato entusiasmo.

Ma le discussioni dei capitoli precedenti individuano un motivo grazie al quale i metodi di previsione dei terremoti a volte sembrano avere successo: il fatto che i terremoti hanno tendenza a raggrupparsi nel tempo e nello spazio. In alcune aree, come la Grecia, i forti terremoti sembrano avere un'alta propensione a raggrupparsi (clustering). Quindi se i componenti del gruppo VAN, consciamente o inconsciamente, rilasciano più previsioni dopo che uno o più terremoti si sono verificati, potrebbe sembrare che siano in grado di prevedere i terremoti successivi.

In generale si avrà sempre un certo successo quando si può prevedere che terremoti moderati o forti si verificheranno dopo che un terremoto moderato o forte ha già colpito, perché quasi tutti i terremoti forti hanno scosse di assestamento abbastanza grandi. Come Jay Leno ha ironizzato, questo metodo di previsione lascia alquanto a desiderare. Non potrà mai portare a previsioni affidabili e specifiche a breve termine. Ma una qualche prevedibilità è meglio che nessuna prevedibilità. Negli ultimi anni, un certo numero di metodi di previsione è stato sviluppato specificamente sulla base del fenomeno del clustering.

Il più semplice di questi metodi inizia col considerare i tassi di occorrenza a lungo termine dei terremoti a cui aggiunge le consolidate statistiche sull'accadimento degli aftershock. Per esempio, supponiamo che, sulla base dei tassi di occorrenza a lungo termine dei terremoti c'è una possibilità di 1/100.000, che una scossa che provochi danneggiamento si verifichi lungo la porzione meridionale della faglia di San Andreas in un dato intervallo di tempo di ventiquattro ore. Se un terremoto di magnitudo 6 si verifica da qualche parte vicino alla faglia, noi sappiamo quante scosse di assestamento aspettarci per ogni classe di magnitudo. Si può calcolare la probabilità che lo scuotimento legato a queste scosse provochi danni e aggiungerlo alla stima di partenza. Noi in genere non ci preoccupiamo dei rischi legati alle scosse di assestamento di eventi moderati. Anche per una scossa principale di magnitudo 6, le scosse di assestamento difficilmente aumenteranno, se non di pochissimo, la pericolosità – perché scosse di magnitudo 4 e 5 non sono in genere terremoti di cui ci preoccupiamo, anche se, a volte, possono causare modesti danneggiamenti.

Ma, come abbiamo fatto notare, ci sono crescenti evidenze che la definizione classica di scossa di assestamento è eccessivamente restrittiva; che, come la sequenza di New Madrid (1811-1812) ha dimostrato, le scosse di assestamento non sempre sono quei terremoti così "ben educati" che la gente crede che siano. Se si verifica un terremoto di una certa magnitudo, diciamo magnitudo 6, le statistiche convenzionali per le scosse di assestamento (un magnitudo 5, dieci magnitudo 4 ecc.) non sono sbagliate di per sé, ma piuttosto incomplete. In particolare, una volta che un sisma di magnitudo 6 si verifica, vi è una crescente evidenza a supporto del fatto che dovremmo pensare a esso come un terremoto "genitore" che può generare scosse "figlie" di qualsiasi grandezza. In media la figlia più grande sarà una scossa di magnitudo 5. Ma alcuni genitori generano meno figlie grandi rispetto alla media e altri, invece, potrebbero essere particolarmente prolifici. Una scossa figlia potrebbe essere della stessa dimensione di un terremoto genitore; una scossa figlia potrebbe anche essere più grande.

Si scopre che se si prende semplicemente la probabilità definita per scosse di assestamento e la si estende fino a includere figlie più grandi rispetto ai genitori, le statistiche corrispondono a quello che osserviamo. Dunque, se si aggiungono le probabilità di accadimento degli aftershock alla pericolosità basata dal tasso di accadimento della sismicità di fondo, cioè in condizioni non perturbate, possiamo estendere il campo delle probabilità fino a includere la possibilità di avere una figlia particolarmente grande. Le probabilità che ciò avvenga sono basse, ma comunque costituiscono un aumento significativo delle probabilità rispetto a quelle che si basano solo sui tassi di sismicità di fondo.

Basandosi su quest'idea sono stati sviluppati vari metodi. Fondamentalmente si tratta di un approccio diretto, che estrae informazioni dalle statistiche compilate utilizzando le sequenze di terremoti passati. Ma si possono sviluppare metodi molto meno semplici. Il sismologo John Rundle e i suoi colleghi hanno impiegato anni a sviluppare quello che essi chiamano Pattern Informatics (Andamento

Informatico) o metodo PI. Piuttosto che fare affidamento sulla semplice caratterizzazione delle statistiche di aftershock, o delle scosse genitori-figlie, il metodo PI definisce una misura più complessa dell'attività sismica in una determinata regione. Se l'attività aumenta o diminuisce in modo significativo in una certa area, secondo il metodo sono più probabili futuri terremoti in quella regione. Il metodo è matematicamente complesso, ma alla fine tira fuori mappe con chiazze e punti simili al morbillo, che indicano le regioni dove la probabilità che si verifichi un terremoto è aumentata.

Quando si osservano attentamente queste macchie, si può notare che la maggior parte di esse ricade in aree dove terremoti piccoli o moderati si sono verificati di recente. Cioè, mentre in teoria le macchie potrebbero ricadere nelle zone che sono state relativamente più tranquille rispetto a tassi di sismicità a lungo termine, in pratica lo fanno raramente.

Rundle e i suoi colleghi non furono timidi nel pubblicizzare i loro successi sui media, per esempio a seguito del terremoto di Parkfield del 2004, o per il magnitudo 6.5 di San Simeon, che colpì in un punto differente della California centrale, nel 2003. Alcuni giorni dopo il terremoto di Parkfield, il collega di Rundle, Donald Turcotte, dichiarò a un giornalista: "il fatto che questi terremoti si siano verificati nelle zone dove noi li avevamo previsti, cinque anni fa, è da considerarsi davvero notevole". I ricercatori hanno propagandato il metodo come un modo per identificare le regioni ad aumentato rischio di accadimento di terremoti di grandi dimensioni, regioni dove gli sforzi di adeguamento antisismico delle strutture potrebbero essere intensificati.

Ma la distinzione tra previsione deterministica e previsione probabilistica inizia a sfumare. Dopo il terremoto di Parkfield del 2004, Turcotte fu intervistato in una trasmissione dalla stazione radio KQED a San Francisco. Gli ascoltatori, dichiarò, potrebbero essere interessati a sapere che lui e i suoi colleghi avevano previsto con successo il recente terremoto, come pure altri terremoti significativi in California. La differenza tra la previsione deterministica e previsione probabilistica a breve termine potrebbe sembrare una distinzione semantica, ma ovviamente è molto più di questo. Indipendentemente da quale termine preciso si usi per definire il significato di previsione a breve termine dei terremoti, il pubblico ha quantomeno un'idea vaga riguardo a cosa realmente voglia dire. In breve, una previsione ci dice dove e quando un terremoto colpirà e quanto sarà grande. Produrre una mappa che mostri che i terremoti futuri sono più probabili vicino a uno tra gli innumerevoli punti e macchie simili al morbillo non è quello che il pubblico intende come previsione dei terremoti.

È difficile dire se il metodo PI costituisca o meno un miglioramento rispetto ai ben più semplici metodi di previsione probabilistica a breve termine che tengono conto delle consolidate statistiche delle scosse genitori-figlie. Mentre i metodi più semplici, basati sulle statistiche dei terremoti, producono previsioni statistiche che possono essere testate, l'approccio delle mappe col morbillo non si presta a una rigorosa valutazione. Considerando la performance statistica del metodo, un altro team di ricercatori, John Ebel e Alan Kafka, ha stabilito che il metodo PI si comportava peggio di un approccio per la previsione probabilistica molto più semplice, definito "sismologia cellulare", che si basa sul clustering [addensamento, n.d.t.] dei terremoti in intervalli temporali ristretti.

Ma se nessuno di questi metodi può sperare di portare a qualcosa di più che ad affermazioni piuttosto incerte che scosse di grandi dimensioni sono più probabili in alcune aree rispetto ad altre, ci si potrebbe chiedere: a cosa diavolo servono? Mettendo da parte tutte le complicazioni, robuste statistiche sulle scosse premonitrici in California ci dicono che un terremoto di qualsiasi magnitudo ha un 5% di probabilità di essere seguito da una scossa più grande entro tre giorni. Non importa come si considerano le scosse genitori-figlie, alla fine si ritorna sempre a questa molto semplice, e non enormemente utile, statistica. Per quanto abbiamo capito, per ogni venti terremoti di magnitudo 6 che si verificano nei pressi della porzione meridionale della faglia di San Andreas, per esempio, ci aspettiamo che solo uno di questi sia seguito da qualcosa di più grande. E anche in quel caso le probabilità ci dicono che il sisma più grande non sarà molto più grande.

A che cosa ci porta questo approccio? In termini pratici, anche un debole aumento di probabilità ha una sua qualche utilità. Una probabilità di 1 a 20 potrebbe essere considerata bassa, ma è abbastanza alta da giustificare qualche contromisura. Per esempio, non si farebbe evacuare Palm Springs sulla base di una possibilità su venti che si verifichi un grande terremoto, ma si potrebbero ragionevolmente spostare i mezzi dei pompieri al di fuori delle caserme per alcuni giorni, per assicurarsi che non vengano intrappolati nel caso in cui un terremoto si verifichi e l'edificio venga danneggiato. Sismologi e personale responsabile delle emergenze possono essere messi in allerta. E così via.

Questi metodi di previsione probabilistica a breve termine sono importanti anche affinché gli scienziati continuino la ricerca per comprendere la prevedibilità dei terremoti, e in particolare per valutare scientificamente i metodi di previsione dei terremoti che vengono proposti. Si consideri il metodo VAN, che, come già detto, si basa sull'idea che la Terra generi segnali elettrici caratteristici prima di grandi terremoti. La maggior parte dei sismologi ritiene che il VAN, come metodo di previsione, sia stato clamorosamente ridimensionato. La domanda a cui bisogna ancora rispondere è il fatto che una o più previsioni specifiche del VAN sembrino essere indovinate dipende dalla Terra che genera veramente questi segnali o metodo che sfrutta a suo favore la tendenza dei terremoti a raggrupparsi nello spazio e nel tempo? In breve, le fondamenta scientifiche del metodo sono valide o si tratta di totali sciocchezze? Per rispondere a questa domanda, per il metodo VAN, o per l'AMR, o per lo M8, ci vuole una piattaforma di confronto. I metodi cosiddetti delle scosse "genitore-figlia" forniscono tale piattaforma. Ci dicono quanto può essere considerato valido un metodo di previsione in confronto alle semplici statistiche sui tassi di occorrenza dei terremoti.

Se verrà il giorno in cui un metodo si comporterà statisticamente meglio di un cosiddetto metodo "genitore-figlia", potremo essere ragionevolmente fiduciosi non solo nel metodo ma anche nella fisica su cui si basa. Negli ultimi anni gli scienziati hanno iniziato a fare tali confronti. Essi rivelano che, nonostante le occasionali dichiarazioni audaci e i comunicati stampa, non siamo ancora arrivati a quel giorno.

16. Tutti noi abbiamo le nostre colpe[1]

> *Tutte le parti del globo sono state almeno una volta visitate da terremoti ed eruzioni vulcaniche; e in quelle porzioni del globo dove i fuochi interni si alimentano maggiormente, e dove giungono con le loro lingue di fuoco più vicini alla superficie, a volte prorompono le eruzioni vulcaniche*
> R. Guy McClellan, The Golden State, 1876

Nel 1876, in un racconto a tratti infuocato della storia dello stato della California, Guy McClellan descrive i parossismi geologici che avevano colpito altre parti del paese e del mondo, osservando che "rispetto ai terremoti di altre ere e di altri paesi, i terremoti della California potrebbero definirsi carezze".

Questo libro si concentra sulla California perché, nonostante il parere di McClellan, la California è stata per lungo tempo una palestra per la scienza che studia i terremoti e la previsione. All'interno degli Stati Uniti, l'Alaska ha un maggior numero di terremoti e terremoti più grandi, ma data la sua posizione remota e il fatto che è scarsamente popolata non può competere con la California sia per la qualità sia per la quantità di dati o per lo slancio sociale a comprendere il rischio sismico. Nell'ambito delle regioni contigue agli Stati Uniti, oggi sappiamo che anche il Pacifico nord-occidentale è sede di terremoti più grandi dei Big Ones che ci aspettiamo in California, ma la faglia costituita da questo principale margine di placca si trova al largo, nell'oceano.

Inoltre, rispetto alla California, questa regione ha registrato un tasso inferiore di terremoti moderati e forti in tempi storici. Insomma, insieme a una manciata di posti in tutto il mondo, tra cui il Giappone, la Turchia e la Nuova Zelanda, la California è un laboratorio naturale

---

[1] Ancora una volta la frase gioca sul doppio significato della parola inglese fault: colpa o faglia: "Tutti noi abbiamo le nostre colpe" o "Tutti noi abbiamo le nostre faglie"; n.d.t.

per la scienza che studia i terremoti. La San Andreas è la faglia che costituisce il margine di placca principale, ma l'intero stato può ragionevolmente essere considerato una zona di margine di placca.

Naturalmente, il margine di placca si estende a nord della California. Oggi noi sappiamo che la zona di subduzione della Cascadia ha prodotto il più grande terremoto conosciuto che si sia verificato in una regione contigua agli Stati Uniti in tempi storici: un gigantesco magnitudo 9 colpì nella notte del 26 gennaio del 1700: McClellan potrebbe non essersi sbagliato troppo, dopotutto. Le popolazioni indigene che assistettero a questo portentoso evento non ne tennero traccia in documenti scritti; hanno fatto invece affidamento sulla loro tradizione nel tramandarsi i racconti oralmente, per passare le informazioni da una generazione a quella successiva. Lo tsunami generato dal terremoto del 1700 raggiunse anche le coste del Giappone, dove le popolazioni che abitavano sulla costa tenevano un registro delle maree, il che, in ultima analisi, ha fornito la chiave per identificare la data precisa del terremoto (Fig. 16.1).

In anni recenti, i geologi hanno intrapreso approfondite indagini dei depositi di tsunami sepolti lungo la costa del Pacifico nord-occidentale. Questi studi rivelano che terremoti grandi come il sisma del 1700 colpiscono in media circa ogni cinquecento anni. Per quanto gli scienziati lavorino per migliorare le previsioni, essi ancora una volta si scontrano con il problema degli intervalli irregolari. Negli ultimi anni si è generata l'ottimistica speranza che occasionali eventi di "slow slip", o scivolamento lento, potrebbero un giorno fornire la chiave per perfezionare le stime di pericolosità a breve termine, se non addirittura per la previsione dei terremoti. Lungo le zone di subduzione, questi eventi cosiddetti "slow slip" sono causati dal lento movimento di scivolamento di porzioni profonde della faglia principale della subduzione, al di sotto delle profondità a cui avvengono i terremoti, e si verificano su una scala temporale di settimane. Per esempio, è possibile che le probabilità di un megaterremoto siano molto più elevate nei momenti in cui un evento di scivolamento lento (slow slip) è in corso. Resta da vedere quanto questa volta l'ottimismo sarà confermato.

Fig. 16.1 L'ultimo grande terremoto in Cascadia ha causato lo sprofondamento di grandi porzioni di terreno. A causa delle maree, l'acqua del mare vi si è riversata, inondando e uccidendo larghi tratti di foresta. Nel tempo, i sedimenti accumulati in queste aree hanno creato paludi e, più tardi, praterie costiere. Oggi, le cosiddette foreste fantasma sono ancora in piedi, a silenziosa testimonianza delle potenti forze che rimodellarono il paesaggio più di 300 anni fa (fotografia USGS, per gentile concessione di Brian Atwater)

Quando si considera la pericolosità sismica lungo altri margini di placca attivi, i problemi e le sfide sono in gran parte simili a quelli in California. Questi casi comprendono un certo numero di margini di placca di cui ci preoccupiamo a causa del pericolo che rappresentano per i centri abitati: l'arco himalayano, la linea di fronte della collisione tra il subcontinente indiano e l'Eurasia; le zone di subduzione al largo del Messico, del Giappone, del Centro e Sud America; la faglia Nord Anatolica in Turchia. In tutti questi luoghi abbiamo una certa conoscenza dell'irregolarità degli intervalli caratteristici tra un sisma e un altro, e una certa conoscenza dei tassi di sismicità previsti a lungo termine.

È tuttora una sfida enorme, anche nelle zone di margine di placca attive, dove si hanno le maggiori informazioni, passare da una previsione a lungo termine a una previsione significativa a breve termine, per non parlare di previsione deterministica vera e propria. Una simile sfida impallidisce al confronto delle sfide che gli scienziati devono affrontare nel tentativo di capire e prevedere i terremoti nelle parti del pianeta lontane dai margini di placca attivi – vale a dire, nella maggior parte dei luoghi.

In regioni come l'Australia e gli Stati Uniti centrali, i grandi terremoti sono molto meno frequenti che in Giappone e California. Questa, naturalmente, è per lo più una buona notizia per chi vive in Australia e negli Stati Uniti centrali. Ma è una cattiva notizia per la comprensione della pericolosità sismica: abbiamo assai meno dati su cui lavorare, perché si sono verificati molti meno terremoti durante il periodo storico. Per di più, un crescente numero di evidenze suggerisce che i terremoti che colpiscono queste zone sono caratterizzati da tempi di ricorrenza particolarmente irregolari, con fenomeni di clustering nel tempo particolarmente pronunciati. Per esempio, abbiamo buone evidenze geologiche che almeno tre sequenze di grandi terremoti abbiano colpito l'area di New Madrid negli ultimi mille anni, o giù di lì: intorno al 900, al 1450, e nel 1811-1812. Ma gli scienziati sono in grado di esaminare strati di sedimenti più profondi e più antichi presenti nella regione, e tali strati ci dicono che in questa regione non si sono verificati terremoti di grandi dimensioni per milioni o almeno decine di migliaia di anni. A un certo punto, nel corso degli ultimi diecimila anni, la zona di New Madrid si è attivata; a un certo punto, presumibilmente, si fermerà da sola.

A nord di New Madrid, lungo la Wabash Valley tra Illinois e Indiana, evidenze geologiche ci dicono che svariate migliaia di anni fa si sono verificati molti grandi terremoti. Forse questa zona si è attivata e poi spenta prima che New Madrid divenisse attiva? Una teoria plausibile dice che gli antichi terremoti nella Wabash Valley e i terremoti più recenti a New Madrid sono dovuti al lento rimbalzo della crosta terrestre in seguito allo scioglimento dei ghiacci che ricoprivano la parte settentrionale del Nord America durante l'era glaciale. Ma restano irrisolte alcune questioni piuttosto importanti. Per esempio, l'attività di New Madrid ha fatto il suo corso? Quando gli scienziati utilizzano le misurazioni GPS per studiare la regione, essi non trovano alcuna evidenza di accumulo di sforzo. Forse l'interruttore è già stato spento.

E, al contrario, siamo così sicuri che la Wabash Valley sia spenta? Nel corso del ventesimo e all'inizio del ventunesimo secolo la Wabash Valley ha avuto molti più terremoti moderati, con magnitudo prossima a 5, che la zona di New Madrid.

Fig. 16.2 A Danni a Charleston, in South Carolina, causati dal terremoto di Charleston del 1886 (fotografia USGS)

Fig. 16.2 B Danni alla Chiesa di St. Phillips a Charleston, South Carolina, causati dal terremoto di Charleston del 1886. La campana di questa stessa chiesa si mise a suonare per lo scuotimento generato dal più grande dei terremoti di New Madrid, nel 1812 (fotografia USGS)

Gli scienziati rimangono con simili quesiti da risolvere anche in altre parti degli Stati Uniti. Per esempio sappiamo che esistono convincenti evidenze geologiche che terremoti abbastanza grandi, di magnitudo circa 7, hanno colpito la costa della Carolina del Sud, nei pressi di Charleston, in media circa ogni 400-500 anni (Figg. 16.2A e 16.2B). È il prossimo grande terremoto meno probabile perché l'ultimo forte si è verificato poco più di cento anni fa? E, in ogni caso, cosa c'è di così speciale nel terremoto di Charleston? In termini geologici è difficile distinguere la regione dal resto della costa Atlantica. Potrebbe il prossimo terremoto di magnitudo 7 verificarsi in una zona che ora è tranquilla e immobile come la pietra? Nella regione di Chesapeake, per esempio? Oppure, nei pressi di New York City? Oppure a Boston? Terremoti che hanno provocato danni hanno colpito vicino a Boston in tempi storici, tra questi ricordiamo il terremoto di Cape Ann del 18 novembre 1755, che fu abbastanza forte da buttare giù molti camini.

Uno dei più grandi terremoti avvenuti in tempi storici nella parte orientale del Nord America colpì ancora prima, nel 1663; si tratta dell'evento del 5 febbraio, lungo la St. Lawrence Seaway, vicino alla regione di Charlevoix in Quebec. Altri terremoti moderati hanno colpito la zona di Charlevoix più di recente, tra questi il terremoto di Saguenay, di magnitudo 5.9, nel 1988. Ma potrebbe il prossimo grande terremoto colpire a sud, più vicino a Quebec City?

Ci sono altre zone che possono attivarsi là fuori, che sono state silenti in tempi storici, e che a un certo punto potrebbero risvegliarsi e diventare sede di attività sismica nelle prossime migliaia di anni? Gli scienziati stanno iniziando a pensare che la risposta a questa domanda sia sì; che in posti come gli Stati Uniti centrali, i terremoti vengono in raffiche che possono durare qualche migliaio di anni. Altre parti del mondo sono nella stessa situazione, comprese la Cina settentrionale, l'India peninsulare, l'Australia e il Canada centrale. In queste regioni i grandi terremoti sono poco probabili, ma quando colpiscono è molto probabile che ci colgano di sorpresa e che causino, quindi, danni catastrofici in regioni che sono impreparate.

Le zone di margine di placca più complesse rappresentano anch'esse una sfida. Tra i margini di placca attivi nel mondo, quello costituito dalla collisione tra il subcontinente indiano e l'Eurasia è probabilmente il più complicato, almeno su larga scala. L'India ha cominciato a entrare in collisione con l'Eurasia circa 40 milioni di anni fa. Da quel momento le due masse di terra sono state attaccate l'una all'altra, ma le forze in profondità nella Terra continuano a spingere l'India verso nord. Così lo sforzo continua ad accrescersi lungo l'arco himalayano; lo sforzo viene rilasciato mediante terremoti di grandi dimensioni come il terremoto del Kashmir del 2005 e quello di Bhuj, in India, del 2001 (Fig. 16.3), e, come ora sappiamo, in terremoti talvolta molto più grandi.

L'attuale spinta verso nord dell'India si fa, inoltre, sentire su una su-

Fig. 16.3 Danni alla Chiesa di St. Phillips a Charleston, South Carolina, causati dal terremoto di Charleston del 1886. La campana di questa stessa chiesa si mise a suonare per lo scuotimento generato dal più grande dei terremoti di New Madrid, nel 1812 (fotografia USGS)

Fig. 16.4 Danni prodotti dal terremoto di Sichuan, in Cina, nel 2008 (fotografia per gentile concessione dello Earthquake Engineering Research Institute)

perficie molto più grande rispetto a quella dell'arco himalayano. L'altopiano tibetano è stato spinto verso l'alto, ma, in un certo senso, comincia ora a essere spinto anche lateralmente. Purtroppo non c'è altro posto dove possa andare se non verso la Cina. Pertanto ci sono diverse ampie zone di faglia attive in tutta la Cina occidentale. Una di queste, la zona di faglia di Longmenshan, è stata responsabile del terremoto di magnitudo 7.9 che ha colpito la provincia di Sichuan, il 12 maggio 2008 (Fig. 16.4). Sappiamo che il rateo di accadimento di grandi terremoti in posti come la Cina sud-occidentale sarà superiore a quello di luoghi come la Cina nord-occidentale, che non sono vicini a margini di placca attivi. Ma sappiamo anche che i terremoti grandi saranno distribuiti su una superficie molto più ampia rispetto alle zone di margine di placca più semplici, come il Giappone e la California.

Per quanto lontano possa portare la ricerca sulla previsione dei terremoti, chiaramente alcuni dei metodi discussi nei capitoli precedenti possono essere, e sono stati, applicati in ogni parte del mondo. Se, per esempio, le faglie hanno prodotto segnali elettromagnetici anomali prima di un forte terremoto, tali segnali possono essere cercati ovunque e in ogni dove. Gli scienziati hanno lavorato per sviluppare metodi di previsione dei terremoti concentrandosi su luoghi come la California, il Giappone e la Grecia, in parte per l'impulso generato dalle aspettative della società civile, ma in parte anche perché abbiamo maggiori speranze di fare progressi in luoghi in cui abbiamo dati più numerosi e di migliore qualità. Se vogliamo provare a cercare andamenti particolari della sismicità che potrebbero preannunciare un imminente forte terremoto, dobbiamo lavorare con cataloghi sismici che siano i migliori possibili. Se proviamo a cercare gli andamenti sismici in aree con un minor numero di terremoti e/o con meno dati, l'impresa non può che diventare più ardua.

Tutto ciò per dire che, se i risultati della ricerca sulla previsione dei terremoti non sono stati incoraggianti in posti come la California, lo sono ancora meno in posti come New Madrid. I tempi di ricorrenza dei terremoti sono molto più lenti, molto più irregolari, e molto meno ben compresi. All'inizio degli anni '80, i sismologi osarono prevedere che il successivo terremoto a Parkfield si sarebbe verificato entro quattro anni a partire dal 1988. Alla fine, quel terremoto si è verificato, ma era in ritardo di ben dodici anni. Sulla base dei migliori studi geologici nella regione di New Madrid ci si potrebbe aspettare che la prossima grande sequenza sismica si verifichi intorno al 2250. Se, avvenisse proporzionalmente tanto in ritardo quanto quella di Parkfield, potrebbe non accadere fino al 2400 o giù di lì. Se il tempo di ricorrenza è fondamentalmente più irregolare, potrebbe non accadere per un milione di anni.

Ironia della sorte, la spinta nel perseguire la ricerca sulla previsione dei terremoti è probabilmente molto più forte in posti come gli Stati Uniti centrali, l'India centrale e la Cina settentrionale, dove, sui ratei di sismicità a lungo termine, sappiamo molto meno rispetto a posti come la California, dove le aree soggette a terremoti di grandi dimensioni si conoscono abbastanza bene. I californiani potrebbero essere interessati a sapere quando il prossimo grande terremoto starà per verificarsi, ma i terremoti colpiscono abbastanza spesso da essere considerati un pericolo reale e presente. Nella maggior parte del mondo, dove i terremoti non sono comuni, non esiste attualmente modo di sapere quale delle innumerevoli faglie, relativamente inattive, potrebbe generare il prossimo disastroso terremoto. Se la Terra produce segnali precursori che ci dicono che un grande terremoto è in arrivo, tali segnali sarebbero particolarmente utili per evitare i disastri legati a quei terremoti che maggiormente ci colgono di sorpresa, perché inattesi.

17. Quello cattivo

> *Tutti concordano sul fatto che Los Angeles e San Bernardino dovrebbero considerare questo come un ultimo avvertimento. È come quando si ripulisce il campeggio prima di andar via. È tempo di dare quest'ultima controllata alle nostre città, alle nostre case, alle nostre vite e comportarsi come se la dannata cosa dovesse accadere domani*
>
> Allan Lindh, 1992

E quindi, cosa dire della California?

È passato circa un secolo da quando i geologi hanno riconosciuto e seguito per la prima volta la traccia della faglia di San Andreas in California meridionale. È passato circa un mezzo secolo da quando gli scienziati hanno elaborato la teoria della tettonica a zolle, che ci dice che la San Andreas è la principale faglia di margine di placca in California. È passato circa un quarto di secolo da quando i geologi hanno iniziato a scavare trincee attraverso la faglia per ricostruire la cronologia dei passati terremoti sulla faglia stessa.

In tutto questo tempo, fin dagli albori dell'esplorazione sismologica, in California meridionale, hanno continuato a emergere dalla comunità della pseudoscienza previsioni di terremoti. Ma anche la scienza ha "gridato al lupo". Bailey Willis nel 1920. Un cast di grandi personaggi, tra cui alcuni dei più importanti esponenti del settore, nel 1970. Keilis-Borok in tempi recenti. A parte la manciata di previsioni specifiche ormai tristemente note, molti altri studiosi di scienze della terra hanno parlato della porzione meridionale della faglia di San Andreas in termini terribili. Secondo alcuni scienziati, nel corso di vari decenni, la faglia si trovava "al decimo mese di gravidanza" ormai da anni. Gli scienziati si preoccuparono nel 1986, dopo che il modesto M=5.9 di North Palm Springs ruppe un piccolo segmento della San Andreas nel deserto. Ci preoccupammo nel 1992, quando sembrava che la sequenza di Landers–Big Bear avesse sbloccato un segmento della porzione centrale della faglia di San Andreas, vicino a San Bernardino. Alcuni scienziati si sono preoccupati quando gli strumenti GPS rivelarono strani segnali, all'inizio del 2005. Alcuni di questi stessi scienziati hanno manifestato preoccupazione per l'apparente aumento del rateo dei terremoti di magnitudo 3-5 in California meridionale, nel 2008 e all'inizio del 2009.

La sismologia ha fatto incredibili passi in avanti, a livello globale, negli ultimi decenni. Sappiamo quanto spesso i terremoti devono verificarsi sulla faglia – sulla San Andreas stessa, così come sulle faglie secondarie, come quelle di San Jacinto e di Hayward – per tenersi al passo con il moto relativo tra le placche del Nord America e del Pacifico. Siamo in grado di definire con esattezza le date di precedenti forti terremoti su queste faglie, in alcuni casi, andando indietro per un millennio o più. Conosciamo la data del sisma più recente su molte faglie, se non dal catalogo storico, dalle datazioni al carbonio-14. Per ricapitolare: la porzione settentrionale della San Andreas ha rotto l'ultima volta nel 1906; il tratto centrale della faglia ha rotto nel 1857; il tratto meridionale, da San Bernardino circa al Salton Sea, ha rotto l'ultima volta intorno al 1690, si tratta di un terremoto per il quale non esistono testimonianze scritte. Nel nord della California, la faglia di Hayward, che taglia in due il cuore della zona oggi densamente popolata della East Bay, ha rotto l'ultima volta nel 1868.

Dal 2004 un gruppo di scienziati ha intrapreso un grande sforzo per riesaminare le probabilità di occorrenza di terremoti in California, l'ultimo di una serie di sforzi da parte di un gruppo di lavoro che risale alla fine degli anni '80. Il progetto è stato finanziato dalla California Earthquake Authority, un'agenzia che ha il compito di fornire alle assicurazioni per i danni da terremoti tariffe stabilite tramite le "migliori conoscenze disponibili". Il progetto, guidato dal sismologo dell'USGS Ned Field, si avvale della competenza di decine tra i massimi esperti del settore e incorpora i risultati di centinaia di studi recenti. Quando si mette insieme una cosiddetta previsione di rottura sismica, si può sviluppare ciò che i sismologi chiamano un modello temporalmente-

17. Quello cattivo

indipendente, il che significa dare una valutazione delle probabilità basate solo sulla media a lungo termine del rateo dei terremoti sulle diverse faglie. In un tale modello, quindi, il rateo di terremoti atteso sulla porzione settentrionale della San Andreas sarebbe determinato solo dal rateo medio di sismicità rivelato dalle indagini geologiche: il fatto che l'ultimo grande terremoto ha colpito nel 1906 non entrerebbe nel calcolo. Il gruppo di Field ha realizzato un tale modello.

Il gruppo ha fatto un ulteriore passo avanti, valutando le probabilità in tutto lo stato, sulla base delle date conosciute degli ultimi grandi terremoti. Questo calcolo ha rivelato quali sono le faglie che, secondo il giudizio collettivo degli esperti, stanno cominciando a essere particolarmente mature, ossia prossime alla rottura. Tuttavia si esita a usare l'espressione "in ritardo". "In ritardo" è un'espressione inadatta in questo contesto, non perché sia sbagliata in sé, ma perché ha un connotazione sbagliata. Quando un bambino è in ritardo, nascerà al massimo entro un paio di settimane. Quando si è in ritardo nel pagamento di una fattura, bisognerà pagarla al massimo entro un mese o ci saranno delle conseguenze. Come abbiamo discusso nei capitoli precedenti, quando un terremoto su una certa faglia è in ritardo secondo la legge delle medie, potrebbe essere ancora lontano 50 o addirittura 100 anni.

Il fatto che la scienza possa dire quasi con certezza che un terremoto di grandi dimensioni interesserà una determinata faglia entro i prossimi cinquant'anni costituisce una previsione straordinariamente utile. In effetti, alcuni scienziati ritengono che questo sia tutto quanto abbiamo bisogno di sapere come società per ridurre il rischio sismico: questo ci dice che ogni casa, ogni scuola, ogni ospedale, ogni cavalcavia, ogni mini-market, ogni struttura e ogni pezzo d'infrastruttura deve essere progettato e costruito per resistere allo scuotimento di quel forte terremoto. L'approccio tradizionale dei codici di costruzione non è stato quello di assicurare la funzionalità di una struttura dopo un forte terremoto, ma piuttosto di garantire la sicurezza della vita delle persone. Cioè, una struttura costruita secondo tale codice potrebbe non passare del tutto incolume attraverso il prossimo Big One; lo scopo dei codici di costruzione è quello di assicurare che i suoi occupanti rimangano incolumi. Poiché i costi di costruzione e ricostruzione, e il valore del patrimonio edilizio urbano, sono saliti alle stelle, alcuni esperti hanno messo in discussione l'approccio tradizionale, chiedendosi se, come società, possiamo permetterci un terremoto da 100 o addirittura 500 miliardi di dollari di danni.

Se la scienza che studia i terremoti perfezionasse l'arte delle previsioni su una scala temporale di cinquant'anni, noi sapremmo quali strutture e infrastrutture resisterebbero. La previsione dei terremoti non serve, però, a costruire una società resistente. Se il Big One colpirà martedì prossimo alle 4:00 di pomeriggio, o tra cinquant'anni, le case in cui viviamo, gli edifici in cui lavoriamo, le autostrade sulle quali guidiamo: tutte queste cose saranno sicure o non lo saranno, quando la Terra inizierà a tremare.

Come esseri senzienti che non amano sentire la Terra mancare sotto i propri piedi, ci preoccupiamo del prossimo martedì; di norma, non ci preoccupiamo molto di cosa accadrà tra cinquant'anni. Ma a noi – esseri umani così come scienziati – piacerebbe davvero essere avvertiti se il Big One stesse per colpire martedì prossimo alle 4:00 del pomeriggio. Lo vogliamo così tanto che persino gli scienziati più esperti non sono talora immuni da false speranze.

Alcuni rispettabili scienziati sostengono che la previsione dei terremoti non sarà mai possibile. Questa scuola di pensiero è in parte supportata da vari studi, sperimentali e teorici. Per esempio, alcuni scienziati che guardano ai terremoti da un punto di vista della fisica statistica sono arrivati alla conclusione che i terremoti si generano come il popcorn, la maggior parte dei chicchi di mais sono destinati a rimanere piccoli, molto pochi sono destinati a esplodere, espandendosi oltre le normali dimensioni del genere dei popcorn. Allo stesso modo, il problema della previsione dei terremoti si riduce a prevedere quali pochi dei molti regolari chicchi di mais esploderanno in un popcorn gigante. Ma se un seme non sa quanto diventerà grande fino a quando non inizia a esplodere, la previsione sarà senza speranza.

Un altro modello interessante, proposto da Nadia Lapusta e dai suoi colleghi, suggerisce che i terremoti nucleino in punti particolarmente fragili lungo le faglie, ciò che Lapusta chiama zone difettose. In questo contesto, un grande terremoto si verifica quando un piccolo terremoto è in grado di aprirsi la strada attraverso le confinanti parti più forti e non "difettose" della faglia. Una volta che una rottura inizia a propagarsi, il terremoto stesso contribuisce a indebolire la parte di solito resistente della faglia, e così quindi la rottura tende a espandersi. Se questo è il modo in cui funzionano i terremoti, la chiave per la previsione sarebbe ancora una volta immaginare quale piccola scossa, tra le tante piccole scosse, riuscirà a ingrandirsi.

Molti autorevoli scienziati si fermano appena al di qua del pessimismo più totale. Se non sappiamo esattamente cosa succede nella Terra prima che lo sforzo venga rilasciato in un grande terremoto, chi può dire che il processo non sia accompagnato da un qualche tipo di cambiamento che potremmo essere in grado di rilevare in anticipo. Forse i grandi terremoti sono innescati dal tipo di eventi di scivolamento lento che gli scienziati hanno osservato lungo le zone di subduzione. Forse i terremoti piccoli e moderati in una regione avvengono secondo andamenti caratteristici quando una faglia principale si avvicina al punto di rottura. Forse le alterazioni che i minerali subiscono in profondità nella crosta terrestre rilasciano fluidi che lentamente s'infiltrano nella roccia e, infine, innescano i forti terremoti. Forse le rocce iniziano a fratturarsi quando gli sforzi su una faglia raggiungono un punto di rottura.

E forse le idee propagandate da quelli che praticano la previsione dei terremoti a livello amatoriale si dimostreranno un giorno essere in qualche misura valide. Forse le sollecitazioni delle maree o la pressione atmosferica hanno qualcosa a che fare con la nucleazione dei terremoti. Forse gas, fluidi, o calore vengono rilasciati dal terreno prima di un forte terremoto. Forse l'enigma della previsione dei terremoti sarà un giorno risolto con un approccio che attualmente non sfiora la mente di nessuno.

Quando si parla di previsione dei terremoti, non si può fare a meno dei forse. Gli scienziati continuano a perseguire molte, se non tutte, le idee discusse in questo libro per formulare previsioni e metodi per la previsione a breve termine e per affrontare l'enorme sfida che valutare l'efficacia di tali metodi rappresenta.

Gli scienziati che studiano la Terra continuano ad affondare i loro denti nelle faglie attive, per trovare le prove geologiche di terremoti del passato e per fornire stime migliori di quanto spesso i forti terremoti colpiscono sulle principali faglie. Questo tipo di studi, più di ogni altro, ci dice cosa dobbiamo affrontare: se grandi terremoti sulla faglia di San Andreas colpiscono in media ogni 150 o ogni 300 anni; se questi grandi terremoti sono sempre circa delle stesse dimensioni, o se sono per lo più relativamente piccoli (magnitudo 7) e solo di rado particolarmente grandi (magnitudo 8).

Quando le indagini di paleosismologia sono state per la prima volta intraprese, negli ultimi decenni del ventesimo secolo, hanno suggerito che i terremoti di grandi dimensioni sulla San Andreas settentrionale, centrale e meridionale, si verificano in media circa una volta ogni 200 anni. Più di recente, grazie al fatto che i geologi hanno scavato più in profondità attraverso queste faglie e hanno usato tecniche di datazione più precise, questi numeri si sono abbassati. Un punto chiave è che ora sappiamo quanto velocemente si spostano le placche e questo fornisce un vincolo fondamentale per stabilire la quantità totale di energia che i terremoti rilasceranno. Se i terremoti sono relativamente più frequenti, allora devono essere relativamente piccoli: una sorta di situazione che oscilla tra la buona e la cattiva notizia.

Ma, da quando gli scienziati hanno concentrato la loro attenzione sulla parte più meridionale del sistema di faglie di San Andreas, le cattive notizie sembrano accumularsi. Diverse evidenze suggeriscono che, da San Bernardino circa procedendo verso sud, probabilmente non è corretto pensare alla San Andreas come un semplice margine di placca. Piuttosto le faglie di San Andreas e di San Jacinto sembrano avere pari livello gerarchico. Potremmo oggi essere testimoni di un fotogramma del lungo processo evolutivo: la relativamente giovane faglia di San Jacinto potrebbe essere in procinto di divenire il principale margine di placca al posto della San Andreas, un processo che continuerà per centinaia di migliaia, se non milioni di anni.

Ma indipendentemente da come i terremoti si spartiscano tra la porzione meridionale della San Andreas e la faglia di San Jacinto, una cosa è chiara: dall'inizio della documentazione storica (circa 1769) fino al momento in cui scriviamo, nessuna di queste faglie ha prodotto un grande terremoto. Indagini dettagliate del geologo Tom Rockwell e dei suoi colleghi ci dicono che il grande terremoto più recente – grande abbastanza da lasciare una cicatrice in superficie – sulla faglia di San Jacinto sia avvenuto tra la metà e la fine del diciottesimo secolo.

A volte sembra che gli scienziati non siano d'accordo su niente, ma per il sistema di faglie della San Andreas meridionale i risultati sembrano essere fuori discussione: è passato molto tempo dall'ultimo grande terremoto. L'impasse, alla fine, dovrà terminare. Si potrebbe rompere in più fasi. Secondo le evidenze geologiche e la legge delle medie delle magnitudo dei terremoti è più probabile che il prossimo sia un evento di magnitudo relativamente piccola, più vicino a magnitudo 7 che a 8. Un terremoto come questo sarebbe una cattiva notizia per le comunità del deserto più vicine alla faglia, come Palm Springs, Indio e le città di Mexicali e Calexico a sud. Un tale terremoto potrebbe risultare distruttivo anche a più ampia scala, per esempio per le linee ferroviarie che corrono parallelamente alla porzione meridionale della faglia di San Andreas, che costituiscono la principale via di transito per le merci dal porto di Long Beach verso l'interno.

Ma durante i 250-300 anni dall'ultimo grande terremoto in questa parte del mondo si è accumulato molto sforzo e i sismologi temono che il prossimo Big One possa essere davvero grande. Lo scenario peggiore sarebbe la rottura da un capo all'altro della San Andreas meridionale, che la sboccherebbe completamente da Parkfield a Salton. Ci sono poi diversi scenari che, pur non essendo il peggiore, vi si avvicinano molto, per esempio, un terremoto che rompe i due terzi della faglia – si tratterebbe di un terremoto di magnitudo 7.8 o giù di lì.

Un Big One più grande ci preoccupa per molti motivi. In primo luogo, sappiamo che lo scuotimento è più intenso vicino alla sorgente del terremoto, quindi più è lunga la rottura più grande è il numero delle costruzioni in pericolo. Nei territori del sud le comunità del deserto, comprese Lancaster e Palmdale, a nord di Los Angeles, sono cresciute molto negli ultimi decenni.

In secondo luogo, c'è la questione delle linee di comunicazione. Solo a Cajon Pass si trova una ragnatela di linee fondamentali: linee elettriche, linee ferroviarie, gasdotti ad alta pressione e altro ancora. Se i due lati della San Andreas si spostassero improvvisamente l'uno rispetto all'altro di cinque o dieci metri, tutte queste linee di comunicazione e condotte verrebbero strappate, con conseguenze fin troppo prevedibili. Le condutture di gas rotte esploderebbero, le linee elettriche cadrebbero, le linee ferroviarie sarebbero ritorte e spezzate; per l'importantissima arteria autostradale I-15, costruita in cima a un grande terrapieno nel punto in cui attraversa la faglia, sarebbe il disastro. Inizierebbero a divampare gli incendi; è impossibile prevedere fino a dove potrebbero diffondersi, ma è chiaro che se il Big One avvenisse nel momento sbagliato, anche i soli incendi potrebbero essere catastrofici. Anche lontano dai principali punti di snodo, ogni singola linea elettrica, ogni singolo trasformatore, ogni serbatoio di propano costituiscono potenziali punti di innesco per le fiamme. E ogni condotta d'acqua, per non parlare dei serbatoi, sarà un punto di vulnerabilità. Durante le condizioni meteorologiche dette di Santa Ana, la California meridionale può essere calda, ventosa ed estremamente secca: non ci vuole un terremoto per mandarla in fumo.

Con una considerevole spesa, le condutture possono essere costruite per resistere agli spostamenti che avvengono lungo le faglie durante i terremoti. Quando i progettisti dell'oleodotto Trans-Alaska si sono resi conto che la loro conduttura doveva attraversare la faglia attiva di Denali, hanno progettato una soluzione ingegnosa che consentiva alle sezioni della conduttura di muoversi su slitte (Fig. 17.1). L'investimento è stato ripagato quando, il 3 novembre 2002, un terremoto di magnitudo 7.9 ha interessato la faglia di Denali. L'oleodotto ha subito qualche danno ma non si è rotto, evitando quello che sarebbe altrimenti stato un disastro economico e ambientale enorme. È stato ed è a dir poco un manifesto per la causa della mitigazione del rischio sismico, un

Fig. 17.1 L'oleodotto Trans-Alaska, costruito su una serie di slitte, nel punto in cui il condotto attraversa la faglia di Denali. Quando il terremoto di magnitudo 7.9 ha colpito questa faglia, nel 2002, lo spostamento è stato di sette metri all'interno della zona di faglia che i geologi avevano identificato, ma il gasdotto non si è rotto (fotografia USGS)

costo sostenuto preventivamente che ripaga per molte volte il suo ammontare. Ma l'oleodotto in Alaska era una partita con una posta molto alta: grande investimento, grande ricavo. Per la gestione ordinaria degli oleodotti, e per i loro proprietari, questo livello di mitigazione del rischio è considerato economicamente proibitivo. La strategia è quindi quella di lasciare che le condutture (e i canali) si rompano per poi ripararle il più velocemente possibile (Fig. 17.2). Nel frattempo gli esperti sismologi guardano con sospetto alla rete di cruciali arterie che collegano la grande area metropolitana di Los Angeles al resto del paese.

Tornando al potenziale impatto di un Big One particolarmente grande, gli esperti hanno anche iniziato a valutare, e a preoccuparsi, del potenziale impatto sui centri abitati urbani, non solo San Bernardino, ma anche Los Angeles e dintorni. Sappiamo che un terremoto grande, anche se non proprio nella zona di Los Angeles, propagherà onde sismiche nei grandi bacini di sedimenti che giacciono sotto la piana di

Fig. 17.2 Il gasdotto emerge dal terreno nel punto in cui attraversa la faglia di San Andreas vicino alla città di Cholame, California (fotografia di Susan Hough)

Los Angeles, comprese le valli e i bacini periferici. Sappiamo che queste onde vi verranno intrappolate, rallenteranno, e aumenteranno in ampiezza. Le persone che hanno sperimentato i terremoti a volte parlano di "rollio" piuttosto che di "scuotimento". La distinzione ha di solito meno a che fare con le dimensioni del terremoto e più con la posizione di un osservatore rispetto al terremoto stesso. In particolare, se si abita in una casa costruita su un bacino di sedimenti, come capita a molti di noi, si sperimenta principalmente lo sciabordio delle onde in quella vasca da bagno geologica che è il bacino, e non quel movimento, perlopiù a scatti, che si attenua progressivamente nell'attraversamento della crosta terrestre.

Il terremoto di Landers del 1992, di magnitudo 7.3, è stato abbastanza grande da causare un intenso sciabordio nei bacini e nelle vallate, in tutta la grande area metropolitana di Los Angeles. Anche se il terremoto era localizzato a più di 160 km di distanza, le onde arrivarono ancora tanto potenti da dare, alle 4:57 del mattino, una sveglia da infarto a milioni di persone. Le case ondeggiarono avanti e indietro come scosse da una gigantesca mano invisibile. Le linee elettriche si inarcarono, i trasformatori esplosero, gli antifurti suonarono. L'intenso scuotimento continuò per quello che sembrarono essere stati minuti. Eppure, nonostante tutta la drammaticità di quei momenti e tutta la violenza dello scuotimento e tutto il rumore che si era generato, quando le acque si calmarono gli abitanti di Los Angeles e dintorni si guardarono intorno e videro un mondo più o meno identico a quello che c'era la sera prima, quando erano andati a dormire. Le onde che abbiamo sentito quella mattina erano simili ai toni più bassi prodotti dagli strumenti musicali bassi più profondi. Li puoi sentire rimbombare direttamente nel tuo petto, ma, almeno in questo caso, non erano i tipi di toni che danneggiano le case e gli edifici di piccole dimensioni e non erano abbastanza forti da danneggiare strutture più grandi.

Se un terremoto di dimensioni simili dovesse colpire la porzione più meridionale della San Andreas nei pressi di Indio, l'effetto a Los Angeles probabilmente non sarebbe troppo diverso da quanto accadde nel 1992. Ma se il terremoto dovesse essere significativamente più grande, allora interesserebbe la porzione di faglia che è più vicina a Los Angeles, e comincerebbe a generare molte più di quelle onde lunghe [toni bassi, n.d.t.] che possono far ondeggiare gli edifici alti. Quello che potrebbe succedere allora è oggetto di dibattito. Quando il terremoto del 1857 propagò rimbombanti onde nel bacino di Los Angeles, un testimone oculare scrisse: "La Terra immediatamente intorno a noi sembrava scuotersi violentemente come una culla a dondolo. Raramente i terremoti durano così a lungo e provocano movimenti così strani". Case e altre strutture di piccole dimensioni reagirono relativamente bene: fu riportato di due case crollate a San Fernando, a nord di Los Angeles, ma gli edifici della locale Missione ne uscirono indenni. Lì intorno non vi erano edifici alti che potessero oscillare in risposta al lungo e "strano movimento".

Il potente sisma avvenuto lungo la costa occidentale del Messico nel 1985 ha generato un simile scuotimento nella valle su cui è costruita Città del Messico, a una distanza di oltre duecento chilometri da dove il sisma si è generato. In quel caso, la valle ha agito come un diapason, vibrando a frequenze di risonanza che erano particolarmente efficaci nello scuotere edifici alti 20 piani. Sebbene nel complesso i danni in città siano stati lievi, crollarono oltre quattrocento edifici. Le stime del numero delle vittime oscillano tra 10.000 fino a un massimo di 35.000. Alcuni ingegneri ritengono che questo scenario non si riproporrà quando un Big One colpirà nei pressi di Los Angeles, confidando sul fatto che le norme di costruzione in California sono più rigorosi e le tecniche di costruzione migliori.

Altri esperti non sono così sicuri. La Commissione di Sicurezza Sismica della California stima che nello stato ci siano circa 40.000 edifici costruiti non in cemento armato. Costruiti come negozi, scuole, parcheggi e uffici, tra il 1930 e i primi anni '70, questi edifici sono in genere alti da 2 a 20 piani, con il peso della costruzione sostenuto da pilastri in cemento non armato o "scarsamente" armato. Con le parole del professore di ingegneria sismica della Caltech Thomas Heaton: "È ben noto all'interno della comunità professionale che si interessa dei terremoti che in California molti edifici in cemento non armato sono esposti a un livello di rischio di crollo inaccettabile nel caso di scuotimento moderatamente forte".

Alcuni esperti temono anche per la sorte di edifici più moderni, costruiti secondo norme molto più rigorose. Il terremoto di magnitudo 6.7 a Northridge, in California, nel 1994, ha rivelato una vulnerabilità prima insospettata degli edifici con struttura portante in acciaio. Sebbene nessuno di tali edifici sia crollato, le ispezioni del post-terremoto hanno rivelato danni significativi alle saldature tra travi orizzontali e colonne verticali. Le norme di costruzione sono state riviste, e rese più rigorose, nel 1997. Ma come al solito è rimasto il problema della spesa proibitiva per l'adeguamento delle strutture esistenti. I costi associati all'adeguamento sismico variano enormemente in base alle dimensioni e al tipo di costruzione dell'edificio, ma a titolo di esempio, nel 2002 la Contea di Los Angeles ha stimato una spesa di 156 milioni di dollari per adeguare appena quattro dei suoi ospedali alla normativa di legge introdotta a seguito del terremoto di Northridge.

Recenti studi hanno considerato la sicurezza sismica degli edifici più moderni della California con struttura in acciaio e in cemento armato, quelli costruiti seguendo la rigorosa normativa attualmente in vigore. Per testare le prestazioni degli edifici durante i terremoti gli scienziati possono fare una delle seguenti tre cose: (1) possono sottoporre dei modelli degli edifici realizzati in scala a un reale scuotimento mettendoli su una cosiddetta tavola vibrante; possono fare dei semplici calcoli in base alla dimensione complessiva di una struttura, alla sua "rigidità", e così via; (2) possono sviluppare una sofisticata simulazione al computer di un edificio e sottoporlo a uno scuotimento simulato. I test su tavole vibranti sono utili, ma solo fino a un certo un punto. A parte la questione dei costi proibitivi, ovviamente, non si può costruire un edificio di 20 piani su una tavola vibrante, e un modello in scala ridotta risponderà comunque in maniera diversa allo scuotimento rispetto a un edificio a grandezza reale. Allo stesso tempo, i "semplici calcoli" tendono a essere inesatti perché non riescono a esprimere le complessità della risposta della costruzione allo scuotimento. Per esempio, gli edifici spesso reagiscono meglio rispetto a quanto si possa prevedere attraverso un semplice calcolo, perché, in sostanza, quando un edificio reale scricchiola e si incrina durante lo scuotimento reale, ogni scricchiolio e ogni crepa rappresentano una dissipazione di energia. Questi scricchiolii e crepe si sommano, assorbendo energia che altrimenti potrebbe far aumentare l'oscillazione dell'edificio. In effetti, in alcune parti del mondo soggette a terremoti, per esempio in Turchia e nella Valle del Kashmir, le persone hanno da tempo compreso che scricchiolii e crepe rappresentano una difesa efficace contro i danni che può provocare un terremoto. L'architettura tradizionale di queste regioni incorpora un insieme di elementi in legno e tamponature in muratura, che danno come risultato edifici in grado di dissipare l'energia dello scuotimento in un milione di piccoli spostamenti e vibrazioni interne (Fig. 17.3). Anche in altre parti del mondo, per esempio le costruzioni Inca in Sud America, l'architettura tradizionale incorpora alcuni elementi che, per la loro forma, si sospetta servissero a migliorarne la resistenza allo scuotimento (Fig. 17.4).

Fig. 17.3 Gli edifici tradizionali in Srinigar, Kashmir, incorporano elementi in legno e tamponature in muratura. La struttura nel centro della fotografia è rimasta in piedi, e in uso, anche se è chiaramente compromessa (fotografia di Susan Hough)

La tecnica più avanzata per prevedere la risposta di un edificio richiede sofisticate simulazioni su computer molto potenti, in grado di rendere al meglio tutte le complessità della risposta dell'edificio. Sebbene sia ancora un campo di ricerca tutto da sviluppare, alcune delle prime simulazioni di questo tipo hanno prodotto risultati preoccupanti, vale a dire che anche i moderni edifici di media altezza a Los Angeles potrebbero crollare se un terremoto veramente forte si generasse sulla San Andreas.

Questo è spaventoso. Grazie alla televisione, ormai tutti abbiamo visto nei nostri salotti le immagini terribili dei danni causati dai terremoti. Villaggi rasi al suolo in India e Pakistan; edifici bassi e di media altezza crollati a Città del Messico e in Turchia; scuole ridotte in macerie nella regione di Sichuan, in Cina. Abbiamo visto anche le immagini provenienti dagli Stati Uniti: la Freeway Nimitz crollata, autostrade fatte a pezzi a Los Angeles (Fig. 17.5), condomini crollati.

Fig. 17.4 Ricostruzione di una struttura Inca a Machu Picchu, in Perù, che incorpora travi di legno che, per forma o altre caratteristiche, servivano a rinforzare i muri di pietra (fotografia di Susan Hough)

Ma gli americani non immaginano che luccicanti, moderni grattacieli possano mai cadere. Né immaginiamo che decine o addirittura centinaia di moderni edifici di media altezza possano crollare.

È importante sottolineare che nessuno si è ancora espresso in modo definitivo su cosa accadrà quando un grande "Big One" col-

Fig. 17.5 Danni allo svincolo tra la I-14 e la I-5 dovuti al terremoto di Northridge del 1994, in California (fotografia USGS)

pirà sulla San Andreas. Per quanto sofisticate siano, le migliori modellazioni al computer non solo non possono simulare l'enorme complessità della reale risposta degli edifici, ma per forza di cose possono usare solo una stima di quello che sarà lo scuotimento. E, ancora, gli scienziati non sanno quanto grande sarà il prossimo Big One. Le nostre simulazioni al computer mostrano che, tra le altre incertezze, lo scuotimento nella zona di Los Angeles dipenderà in modo significativo anche da dove inizia la rottura del terremoto.

E così eccoci qui, con motivi per preoccuparci, ma con conoscenze molto approssimative. Che dire? Che cosa possiamo dire? C'è un uomo nero là fuori; sappiamo che è spaventoso e pericoloso, ma quanto spaventoso e pericoloso, noi davvero non lo sappiamo. E non sappiamo nemmeno quando farà la sua apparizione. Siamo convinti che sarà presto piuttosto che tardi, ma "presto" in senso geologico può pur sempre essere "tardi" sulla scala del tempo che interessa agli esseri umani. Ancora una volta la linea di demarcazione tra comunicazione responsabile della preoccupazione e la retorica eccessivamente allarmista è così sottile da risultare invisibile. Siamo, a tutti gli effetti, al punto in cui era Bailey Willis nel 1920: se si parla con preoccupazione misurata allora la gente non ascolta, se si calca la mano con discorsi di previsioni disastrose allora si ottiene l'attenzione della gente, ma ci si può ritrovare screditati.

Dal tempo in cui i sismologi si sono stabiliti nel sud della California e hanno iniziato a lavorare, sono stati spinti dalla sensazione che fosse probabile che un forte terremoto stesse per accadere. Il senso di urgenza è aumentato e diminuito nel corso dei decenni, ma è venuto alla ribalta almeno una mezza dozzina di volte, in diverse occasioni.

La Terra continua a rivelare i suoi segreti lentamente. Comprendere la frequenza con cui i terremoti si sono verificati su una certa faglia richiede un esame minuzioso delle evidenze geologiche lasciate dai terremoti del passato – là dove possono essere trovate tutte. Per quanto riguarda la previsione dei terremoti, gli scienziati continuano a esplorare alcune linee di ricerca che sembrano essere promettenti. La storia suggerisce che queste promettenti vie potrebbero eventualmente dirci qualcosa di utile sui processi e sulla fisica del terremoto, ma probabilmente i risultati non saranno all'altezza delle aspettative.

La storia suggerisce inoltre che il dibattito su quanto la scienza sia nel giusto o in errore circa l'urgenza del problema terremoto non sarà mai risolto, e non si giungerà mai a conclusioni definitive tra politici e amministratori, fino a quando la Terra stessa non risolverà il problema per noi. I grattacieli di Los Angeles crolleranno quando il prossimo Big One colpirà sulla San Andreas? Non lo sappiamo, forse non potremo mai saperlo, finché la Terra non farà l'esperimento per noi.

Che giorno accadrà, la verità è che non sappiamo nemmeno questo. "Potrebbe essere tra 20 anni, potrebbe essere domani": questo è il mantra ripetuto dai sismologi negli anni '20, negli anni '70, e oggi. I nostri progressi nelle conoscenze scientifiche ci consentono una comprensione molto migliore di quanto spesso i grandi terremoti colpiscono lungo la San Andreas, la San Jacinto e la faglia di Hayward. Ma ci lasciano anche con una consapevolezza molto maggiore di quanto capricciosi i terremoti possano essere, di quanto molto ancora non sappiamo.

Dopo che il terremoto di Landers del 1992 rimbombò nel deserto della California meridionale, gli scienziati si resero conto che il terremoto avrebbe potuto contribuire a sbloccare la faglia di San Andreas. I media subito riportarono la preoccupazione degli scienziati. Il sismologo dell'U.S. Geological Survey, Allan Lindh disse ai giornalisti: "la Terra ha fatto tutto il possibile per avvisare la gente del sud della California che il problema esiste". Sollecitato su aspetti specifici su cui la comunità scientifica non può fornire risposte, Lindh si espresse in termini ancora più forti. "Tutti concordano," egli disse, "sul fatto che Los Angeles e San Bernardino dovrebbero considerare questo come un ultimo avvertimento. È come quando si ripulisce il campeggio prima di andar via. È tempo di dare l'ultima controllata alle nostre città, alle nostre case, alle nostre vite e comportarsi come se la dannata cosa dovesse accadere domani".

Lindh è stato criticato in alcuni ambienti per quello che alcuni colleghi percepirono come retorica eccessivamente allarmista. Infatti, nel corso dei mesi e degli anni successivi al terremoto di Landers, la porzione meridionale della faglia di San Andreas è rimasta sempre ostinatamente bloccata. Ma se, oggi come allora, il meglio che gli esperti possono dire è che il Big One potrebbe colpire domani o fra trent'anni, quando ci si deve preparare, se non oggi?

18. Dove si dirigerà la previsione dei terremoti?

Ognuno di noi preferirebbe essere da qualche altra parte, e questo non è proprio il tipo di consesso ideale per risolvere una controversia scientifica. [...] Tuttavia, io penso che sia chiaro che la previsione dei terremoti è un campo di studio molto speciale. Noi tutti abbiamo delle responsabilità sociali, e io credo che questo sia quel genere di cosa che dobbiamo proprio affrontare

Clarence Allen, 1981,
audizione al NEPEC sulla previsione Brady-Spence

I terremoti sono prevedibili? Il titolo di questo libro implica una risposta e suggerisce un paradosso. Non possiamo dire che sarà sempre così, ma, al momento attuale considerato lo stato delle conoscenze sismologiche, i terremoti sono imprevedibili. Sulla scala del tempo geologico essi si verificano a intervalli regolari; sulla scala temporale umana, essi sono irregolari in maniera esasperante e quasi assoluta. Il prossimo *Big One* in California potrebbe avvenire il prossimo anno o tra trent'anni. Potrebbe non accadere per un centinaio di anni. Oppure, come a volte sismologi fanno notare, potrebbe essersi già verificato e l'onda P [il tipo di onda sismica che arriva per prima, n.d.t.] potrebbe non essere ancora arrivata qui. Questo potrebbe essere umorismo per fanatici della sismologia. Le probabilità ci dicono che, ogni volta che la faglia di San Andreas – o quella di Hayward o la zona sismica di New Madrid o la faglia Nord Anatolica – sta per scatenare un terremoto, l'unico tipo di avvertimento che possiamo aspettarci è un foreshock [terremoto precursore, n.d.t.] o una sequenza di foreshock. Anche in questo caso, le probabilità sono che la sequenza di foreshock non sembrerà affatto diversa dai piccoli terremoti che normalmente avvengono su queste faglie con una certa regolarità.

Ad eccezione dei foreshocks, i precursori dei terremoti rimangono, come minimo, elusivi. A ogni determinato momento storico, sembra che un certo numero di possibilità rimangano in vita. Nel 2008, a una riunione della Seismological Society of America, Yuehua Zeng, un rispettabile sismologo dell'U.S. Geological Survey, ha presentato interessanti risultati ottenuti mediante il metodo *Load-Unload Response Ratio* (LURR). Questo metodo, sviluppato nel 1990 dagli scienziati in Cina, si basa sull'antica idea che a innescare i terremoti sia la marea terrestre, ma introduce una novità. Secondo la teoria alla base del metodo, le piccole sollecitazioni della marea non necessariamente innescherebbero i grandi terremoti, ma tenderebbero a innescare piccoli terremoti in regioni dove lo sforzo ha iniziato ad accumularsi in preparazione di un forte terremoto. Il che significa che, quando lo sforzo comincia ad aumentare, è effettivamente più facile che la crosta terrestre sia disturbata da piccole fluttuazioni del campo di sforzo – più sensibile e delicata, potremmo dire. Quindi la correlazione tra le sollecitazioni di marea più intense e i piccoli terremoti aumenta prima di un grande terremoto – la qual cosa può essere misurata. O almeno così dice la teoria. Facendo il solito gioco di guardare i dati che precedono terremoti che sono già accaduti, un certo numero di ricercatori, tra cui Zeng e i suoi colleghi, credono di aver trovato risultati piuttosto interessanti, qualcuno oserebbe dire promettenti.

Un altro studio, pubblicato sulla rivista Nature nel luglio del 2008, ha utilizzato dati registrati dai sensibili sismografi installati in un pozzo profondo a Parkfield, in California, e ha trovato minuscole variazioni della velocità delle onde sismiche nelle ore che precedono due piccoli terremoti. Gli autori hanno concluso che i piccoli aumenti di velocità delle onde erano dovuti a un aumento dello sforzo in prossimità dei terremoti. Lo studio, che si rifà ai primi studi sulle variazioni del rapporto V_p/V_s, ha impiegato una strumentazione assai più sofisticata di quella disponibile negli anni '70. Nell'opinione di molti, i limiti di questo studio sono gli stessi limiti che affliggevano gli studi di quel precedente periodo: i dati limitati, l'assenza di statistiche rigorose. Eppure i risultati ci ricordano che la teoria della dilatanza non è morta e non è mai stata sepolta.

18. Dove si dirigerà la previsione dei terremoti?   263

Eppure siamo arrivati a questo stesso punto, così tante volte. Studiando i terremoti già accaduti gli scienziati identificano precursori apparentemente promettenti. Variazioni nella velocità delle onde sismiche, nel rilascio di radon, accelerazioni di rilascio di momento sismico, terremoti concatenati – gli andamenti dei terremoti sembrano così convincenti, sicuramente devono essere reali.

Eppure, nonostante tutte le promesse, nonostante tutte le ondate di ottimismo, nessun metodo di previsione ha avuto successo quando è stato messo realmente alla prova, quando, cioè, si è trattato di prevedere terremoti che non fossero già accaduti. Non c'è da meravigliarsi che i sismologi ora si mostrino scettici fino al midollo nei confronti dell'ottimismo che si è generato in altri campi della ricerca scientifica. Noi questo libro lo abbiamo già letto. Sappiamo come va a finire.

Forse questo nostro scetticismo conquistato a fatica si rivelerà sbagliato, rendendoci ciechi verso risultati davvero promettenti che emergono da altre discipline scientifiche. Nel suo testo ormai classico, *La struttura delle rivoluzioni scientifiche*, Thomas Kuhn ha descritto le barriere che si oppongono al cambiamento dei paradigmi nel campo della scienza, in particolare la tendenza della comunità scientifica principale a essere tradizionalmente chiusa e ostile a idee veramente nuove. Sicuramente l'impulso viene dato, spesso e con vigore, da altre discipline scientifiche o da personalità al di fuori della comunità scientifica principale.

A volte la carica viene data da altri ambienti. Il sociologo Richard Olson descrive la reazione della comunità sismologica alla previsione Brady-Spence in termini esplicitamente kuhniani. Secondo Olson la comunità scientifica principale ha ignorato Brady troppo a lungo, per poi finire con l'attaccarlo in una sorta di caccia alle streghe. "L'indifferenza", egli scrive, "sembra essere il primo livello di risposta da parte della comunità scientifica alle teorie non ortodosse. Se si è costretti rivolgere la propria attenzione alla novità, il secondo passo è il 'controllo passivo' (cortese ed educato ascolto, ma nessuna risposta). Il 'controllo attivo' (minacce, sanzioni, ricompense, attacchi) viene successivamente, in parte perché molti, messi alla prova, non riescono a sopravvivere all'indifferenza e al controllo passivo". È un argomento convincente, inficiato solo dal fatto che a volte, forse la maggior parte delle volte, la scienza non ortodossa è semplicemente cattiva scienza.

Se una previsione dei terremoti affidabile sarà mai possibile, non possiamo dirlo. Ma il punto merita di essere ribadito: nonostante tutto l'ottimismo, nonostante tutte le promesse passate, nonostante tutte le speranze generate da ricerche sulla previsione apparentemente promettenti, niente di tutto ciò ha dato dei frutti. E mentre gli scienziati continuano a ricercare metodi di previsione, terremoti non previsti continuano a colpire.

E poi c'è il paradosso: essendo un processo fisico, vi è una robusta misura di prevedibilità associata ai terremoti. In regioni sismicamente attive come la California, l'Alaska, la Turchia e il Giappone, noi sappiamo dove i terremoti tendono a verificarsi e con quale frequenza a lungo termine. Più in generale, sappiamo che il 99% del rilascio di energia sismica nel mondo avverrà nella piccola frazione del pianeta che si trova lungo margini di placca attivi. La maggior parte di questa energia sarà ulteriormente rilasciata in zone di collisione, dove il fondo marino incontra e si immerge al di sotto di un continente, o nelle zone di collisione continente-continente, come quella che vede lo scontro in corso tra India ed Eurasia.

Sappiamo inoltre che, anche se non ne capiamo fino in fondo il motivo, i terremoti tendono a raggrupparsi nel tempo e nello spazio. Si dice in gergo che è un richterismo, l'osservazione che "quando si hanno un sacco di terremoti, si hanno un sacco di terremoti". Teorie sviluppate recentemente sulle interazioni tra terremoti, in particolare su come un terremoto disturba la crosta intorno a esso, spiegano alcuni aspetti del clustering. Come discusso nei capitoli precedenti, è possibile che i terremoti siano guidati da un qualche processo esterno – dalle sollecitazioni di marea al rilascio di fluidi in profondità nella crosta fino all'attività magmatica – che contribuisce ulteriormente al clustering e alla nucleazione dei terremoti. I tentativi di sviluppare metodi di previsione attendibili hanno fallito, ma questo non significa che questi processi non siano presenti e attivi nella Terra.

In ogni caso, qualunque sia la causa, i terremoti tendono a generare altri terremoti. Per questo motivo, non è una cattiva scommessa prevedere terremoti significativi dopo che uno o più terremoti di magnitudo significativa sono già avvenuti. Non una scommessa sbagliata, ma allo stesso tempo non particolarmente soddisfacente. Ma se il metodo "più-dello-stesso-tipo" [terremoti, n.d.t.] generalmente funziona, questo ci dice che vi è una certa misura di prevedibilità nel sistema. Alcuni dei metodi sviluppati negli ultimi anni sfruttano inconsciamente il clustering; altri, per esempio il metodo genitore-figlia [scossa, n.d.t.], prendono il toro direttamente per le corna, utilizzando il clustering in maniera esplicita e consapevole.

Questa non è previsione dei terremoti, ma è prevedibilità. E così si arriva al cuore del paradosso. Non possiamo prevedere un dato terremoto, ma, osservando i terremoti nel loro complesso, come sistema, possiamo dire molto su come il sistema si comporta. E mentre continuiamo a imparare di più sul sistema, per esempio per sviluppare una migliore comprensione delle interazioni terremoto-terremoto, presumibilmente impariamo di più sulla prevedibilità.

Come giovane scienziato Thomas Jordan ha lavorato con Frank Press, e ha avuto un posto in prima fila nel periodo di massimo splendore della previsione dei terremoti, negli anni '70. Egli vide l'ottimismo, le promesse, e, in ultima analisi, i fallimenti. Questa esperienza lo ha lasciato "scettico riguardo alle 'pallottole d'argento'", per non dire diffidente riguardo alle promesse certe. Lavorare per avviare il *Center for Earthquake Probability* (Centro per la stima della probabilità dei terremoti) per tre decenni lo ha cambiato, non mira né a sviluppare un metodo affidabile di previsione, né a ridimensionare qualsiasi metodo proposto. Mira invece a comprendere i terremoti, non come eventi isolati che fanno tremare la Terra, ma come manifestazioni parossistiche di un affascinante ed enormemente complicato sistema scientifico. "Il punto fondamentale", egli afferma, "è che lo studio della prevedibilità è la strada principale verso la comprensione fisica del comportamento del sistema".

Ogni scienza ha i suoi termini più in voga. Nella scienza dei terremoti, di questi tempi si sente molto parlare di "scienza dei sistemi". Negli ultimi decenni i sismologi si sono resi conto che comprendere i terremoti non significa risolvere un'equazione matematica o, addirittura, capire esattamente ciò che accade su una faglia quando si verifica un terremoto. Il nostro lavoro è molto più difficile di questo. Dobbiamo capire non solo le faglie, ma anche il modo in cui interagiscono tra loro. Dobbiamo capire non solo la crosta terrestre, ma anche come la sua porzione fragile interagisce con gli strati sottostanti più plastici. Dobbiamo capire non solo i singoli terremoti, ma anche come i terremoti interagiscono con altri terremoti. Dobbiamo comprendere il ruolo complesso dei fluidi nella crosta, e come la migrazione di fluidi profondi può dar luogo a segnali elettromagnetici e ad altri segnali.

Jordan considera un punto di forza per attrarre brillanti studenti e futuri laureati, il fatto che la sismologia è un campo in cui il più importante problema – un'affidabile previsione dei terremoti – rimanga da risolvere. L'inghippo, che non si prende la briga di menzionare ma che senza dubbio gli studenti brillanti immaginano, è che potrebbe non essere risolvibile, almeno, non nel senso di sviluppare quel tipo di previsione attendibile a breve termine che vuole la gente. Come esca, questo fa gola a una certa categoria di studenti. Gli studenti e i ricercatori che si dedicano allo studio dei metodi di previsione costituiscono un gruppo di individui che si selezionano tra loro, individui che, di regola, non mancano di fiducia nelle proprie capacità. La ricerca sulla previsione sismica non è posto per rammolliti. Se c'è una chiave per comprendere il "dramma" – i dibattiti così surriscaldati da prendere fuoco – che la ricerca sulla previsione dei terremoti suscita nell'ambito della comunità scientifica principale potrebbe essere questa. Se c'è una chiave per capire come e perché la ricerca sulla previsione è andata così tanto male potrebbe essere questa.

Come scienziati eruditi siamo pronti a condannare i "folli e ciarlatani", i sismologi da salotto che sono convinti di poter svelare il mistero più duraturo in sismologia. Cosa veramente animi qualsiasi ricercatore, esperto o meno, è una cosa difficile da sapere. Ma a parte

18. Dove si dirigerà la previsione dei terremoti?

le motivazioni, qualsiasi cosa spinga gli scienziati che si occupano di ricerca sulla previsione dei terremoti, chiaramente essi non sono immuni dai pericoli di illusione e autoinganno ai quali sono inclini i dilettanti. Anche ricercatori esperti, anche scienziati brillanti, possono ingannare se stessi nel loro tentativo di dimostrare qualcosa in cui credono o che vorrebbero fosse vero. Anche ricercatori esperti, anche scienziati brillanti, possono venire meno al riconoscimento di "una delle più fondamentali delle regole della scienza: l'autocritica".

È una cosa difficile da fare per qualsiasi scienziato, ammettere di aver seguito un percorso che non porta da nessuna parte. Ma spostare più in là il confine della conoscenza scientifica richiede il coraggio delle proprie convinzioni. Più grande è la sfida ai paradigmi attualmente riconosciuti, maggiore è il coraggio necessario. Se gli scienziati si ritirassero da tutte le strade della ricerca lungo le quali incontrano forti resistenze da parte della comunità scientifica tradizionale, la scienza non andrebbe mai avanti. Quindi, forse è apprezzabile che i ricercatori che si occupano di previsione dei terremoti, gli individui che costituiscono in primo luogo una confraternita esclusiva, non gettino la spugna troppo facilmente. E data la natura di questa confraternita si può forse comprendere, anche se non apprezzare, il fatto che alcuni ricercatori gettino la spugna decisamente con troppo ritardo.

L'eminente sismologo Hiroo Kanamori è consapevole del fatto che i sostenitori della previsione sono a volte attori non onesti. Allo stesso tempo, si preoccupa che la comunità sismologica possa buttare via il proverbiale bambino insieme all'acqua sporca nella fretta di reagire al fervore della ricerca basata su convinzioni fideistiche. Nella mente di Kanamori c'è, o dovrebbe esserci, una chiara distinzione tra le indagini dei processi scientifici che sono stati legati alla previsione dei terremoti e la ricerca sulla previsione sismica di per sé. Egli pensa che la comunità ha molto da imparare circa i basilari processi scientifici che controllano i terremoti, e che le osservazioni di segnali anomali, per esempio la chimica delle acque sotterranee e i segnali elettromagnetici, possono essere in grado di dirci molto su come i terremoti accadono. Come per il suo collega Tom Jordan, l'obiettivo di Kanamori è puntato esattamente sulla scienza dei terremoti. Ciò che manca agli scienziati è, in fin dei conti, una migliore comprensione dei terremoti come fenomeno fisico. E una migliore comprensione potrebbe non portare a un più alto grado di prevedibilità, ma è la migliore speranza che abbiamo.

Esiste un percorso che porterà a una previsione attendibile a breve termine – in una parola, deterministica – dei terremoti? Alcuni rispettabili scienziati affermano che un tale percorso non esista. Altri sono convinti che esista, e che loro lo stanno percorrendo. La comunità sismologica tradizionale rimane, nel migliore dei casi, agnostica. Rileggendo il suo articolo del 1982 sulla previsione dei terremoti, un quarto di secolo dopo la sua pubblicazione, Clarence Allen ha osservato che "molte delle varie ragioni che a quel tempo furono date a sostegno e a disincentivo sembrano altrettanto valide oggi come ventisei anni fa!" Il fatto che le ricerche siano proseguite senza risultati per tutto questo tempo rende Allen meno ottimista di quanto non fosse nel 1982; egli è convinto che il progresso richiederà una forte enfasi sulla ricerca di base e che le varie linee della ricerca sulla riduzione del rischio sismico dovrebbero rimanere a priorità più alta. Eppure, lo scienziato che ha attraversato con misurata saggezza il periodo d'oro degli anni '70 e i "postumi della sbornia" degli anni '80 continua a ritenere che la previsione "rappresenta un campo di ricerca legittimo", un campo di ricerca che la comunità scientifica principale non dovrebbe considerare come una causa persa.

In effetti, gli studiosi delle scienze della terra, compresi alcuni sismologi, continuano a occuparsi di ricerca per la previsione dei terremoti. Come la maggior parte del lavoro di ricerca, anche questo è in gran parte svolto a porte chiuse; ma al contrario della maggior parte della ricerca scientifica il lavoro non resta sempre dietro quelle porte chiuse. Quando un biologo sviluppa e testa teorie, lui o lei fa esperimenti in un laboratorio. Gli animali da laboratorio potrebbero avere un coinvolgimento diretto nelle indagini, mentre queste vanno avanti, ma gli esseri umani rimangono al sicuro, lontani dalla mischia, fino a quando non si ottengono i risultati. Fino a quando i risultati non sono pronti, l'attività scientifica è spesso molto più caotica di quanto le persone siano portate a pensare; a volte anche molto meno individuale. La *Scienza* è la ricerca della verità nuda e cruda. Gli *Scienziati* sono esseri umani, né infallibili, né del tutto immuni dalle stesse manie che affliggono coloro che ci affrettiamo a criticare. Ma, fino a quando ci saranno ricercatori che iniziano ad avere la sensazione che i loro metodi di previsione sono promettenti, risultati e dibattiti continueranno a trovare il loro spazio nella letteratura scientifica e ad approdare talvolta con fragore nella "pubblica arena".

Quando il sipario è tirato su, il pubblico riceve un assaggio di quanto caotica la scienza può essere. Quando la valutazione del NEPEC sulla previsione Brady-Spence arrivò a conclusione, nel 1981, Clarence Allen chiuse la sessione con quella che il sociologo e scrittore Richard Olson ha definito una "curiosa dichiarazione". Dopo aver espresso apprezzamento per "la resistenza e lo spirito" di Brady, Allen osservò che "ognuno di noi preferirebbe essere da qualche altra parte, e questo non è proprio il tipo di consesso ideale per risolvere una controversia scientifica, in cui ci viene chiesto di essere critici nei confronti di nostri colleghi. Tuttavia, io penso che sia chiaro che la previsione dei terremoti è un campo di studio molto speciale. Noi tutti abbiamo delle responsabilità sociali e io credo che questo sia quel genere di cosa che dobbiamo proprio affrontare".

Il sismologo rimane a chiedersi cosa possa essere considerato "curioso" in questa dichiarazione. Questa parla direttamente delle sfide che abbiamo di fronte come scienziati quando la ricerca attiva genera grande interesse al di fuori delle stanze dei ricercatori. Questa parla direttamente della frustrazione, ma anche del senso di responsabilità che avvertiamo, lavorando per comprendere la "scienza dei terremoti" e, talvolta, intervenendo in questioni di grande interesse sociale, pur essendo in mezzo a enormi incertezze e a dibattiti infuocati.

Gli scienziati sono consapevoli di quanto la scienza possa essere intricata. Gli scienziati sanno che la scienza, a volte, è uno sport di contatto. Gli scienziati sono consapevoli che, come in ogni scienza che si sforza di spingere in là le frontiere della conoscenza, non tutti i percorsi ci porteranno nella giusta direzione. Questa è la natura della ricerca. Nel bene e talvolta nel male, per quel che riguarda la previsione dei terremoti, noi – come tutti quelli che si preoccupano dei parossismi a volte violenti del nostro incredibile e dinamico pianeta – siamo tutti in gioco.

Note bibliografiche

1. Conto alla rovescia
Pagine
1-2. Robert Dollar, comunicazione personale, 2008.
4. Nancy King, comunicazione personale, 2009.
4. Robert Dollar, comunicazione personale, 2008.
6. Drudge Report, http://www.drudgereport.com, 22 giugno, 2006.
7. Y. Fialko, "Interseismic Strain Accumulation and the Earthquake Potential of the Southern San Andreas Fault", Nature 441 (2006): 968-971.
8. Joel Achenbach, Washington Post, 30 gennaio, 2005.
11. N.E. King et al., "Space Geodetic Observation of Expansion of the San Gabriel Valley, California, Aquifer System, during Heavy Rainfall in Winter, 2004-2005", Journal of Geophysical Research 112 (marzo 2007), doi:10.1029/2006JB004448.
11. "Valley a Victim of Battle of the Bulge", Pasadena Star-News, 10 aprile, 2007.
11. "Scientists Intrigued by Quake Forecasts", Los Angeles Times, 18 aprile, 2004, B1.

2. Pronto a esplodere
Pagine
15. Judith R. Goodstein, Millikan's School (New York: W.W. Norton, 1991); Susan E. Hough, Richter's Scale: Measure of an Earthquake, Measure of a Man (Princeton, NJ: Princeton University Press, 2006).
16. Ben M. Page, Siemon W. Muller, and Lydik S. Jacobsen, "Memorial Resolution, Bailey Willis (d. 1949)", http://histsoc.stanford.edu/pdfmem/WillisB.pdf.
16-17. Carl-Henry Geschwind, California Earthquakes: Science, Risk, and Politics (Baltimore: Johns Hopkins University Press, 2001).
18. Harold W. Fairbanks, "Pajaro River to the North End of the Colorado Desert", in The California Earthquake of April 18, 1906: Report of the State Earthquake Investigation Commission, 2 voll. e atlante (Washington, DC: Carnegie Institution of Washington, 1908-1910).
20. Judith Goodstein, Millikan's School.
21. Bailey Willis, "A Fault Map of California", Bulletin of the Seismological Society of America 13 (1923): 1-12.
23. Tachu Naito, "Earthquake-Proof Construction", Bulletin of the Seismological Society of America 17 (1927): 57-94.
23-24. Page, Muller, and Jacobsen, "Memorial Resolution, Bailey Willis."
24. Bailey Willis, A Yanqui in Patagonia (Stanford, CA: Stanford University Press, 1947).
24. Geschwind, California Earthquakes: Science, Risk, and Politics.
28. "Prof. Willis Predicts Los Angeles Tremors", New York Times, 4 novembre, 1925.
28. "General Earthquake or Series Expected", Sheboygan Press, 16 novembre, 1925, 5.
28. "Faux Pas", Time magazine, 16 novembre, 1925.
28. Robert T. Hill, Southern California Geology and Los Angeles Earthquakes (Los Angeles: Southern California Academy of Sciences, 1928).

29. Clarence Allen, comunicazione personale, 2008.
30. "It is generally believed that Dr. Willis' service": "Science's Business", Time magazine, 27 febbraio, 1928.
30-31. "Eyewitness Accounts of Cataclysm", Oakland Tribune, 11 marzo, 1933.
31-32. Charles F. Richter, Elementary Seismology (San Francisco: W.H. Freeman, 1958).
33. International News Service Press Release, Stanford University, marzo 1933.
33. "The Wasatch Fault...": "Salt Lake City in Earthquake Zone", Woodland Daily Democrat, giovedì 20 luglio, 1933.

3. Cicli irregolari
Pagine
35. Citazione di Pecora: "Californians Getting Jumping Nerves-Earthquakes", Las Vegas Daily Optic, 31 marzo, 1969.
35. Grove Karl Gilbert, "Earthquake Forecasts", Science 29 (1909): 121-128.
42. Working Group on California Earthquake Probabilities, Probabilities of Large Earthquakes Occurring in California on the San Andreas Fault, U.S. Geological Survey Open-File Report 88-398, 1988
44. http://www.forttejon.org/historycw.html (ultimo accesso 2/8/2009).
45. "Most of us have an awful feeling": "The BIG ONES", Stars and Stripes, 1 agosto, 1992.
45. "I think we're closer than 30 years": "The BIG ONES", Stars and Stripes, 1 agosto, 1992.

4. La faglia di Hayward
Pagine
47. "Loss of Life – Panic of the People – Full Particulars of Its Effects on the City – Its Effects in Oakland, San Leandro, and Other Places across the Bay – etc., etc.", San Francisco Morning Call, 22 ottobre, 1868.
50. Ellen Yu and Paul Segall, "Slice in the 1868 Hayward Earthquake from the Analysis of Historical Triangulation Data", Journal of Geophysical Research 101 (1996): 16101-16118.
51. James J. Lienkaemper and Patrick L. Williams, "A Record of Large Earthquakes on the Southern Hayward Fault for the Past 1800 Years", Bulletin of the Seismological Society of America 97 (2007): 1803-1819.
54. "Do the right thing": "Seismologists Warn of Looming Quake on Hayward Fault", Berkeley Daily Planet, 18 dicembre, 2007.
55. James Lienkaemper, comunicazione personale, 2008.

5. Prevedere l'imprevedibile
Pagine
57. Ih-Oh, sii felice! Un piccolo libro (Racine, WI: Golden Books Publishing, 1991).
58. Robert M. Nadeau and Thomas V. McEvilly, "Fault Slip Rates at Depth from Recurrence Intervals of Repeating Microearthquakes", Science 285 (1999): 718-721.
58. Naoki Uchida et al., "Source Parameters of a M4.8 and Its Accompanying Repeating Earthquakes off Kamaishi, NE Japan: Implications for the Hierarchical Structure of Asperities and Earthquake Cycle", Geophysical Research Letters 34 (1967), doi:10.1029/GL031263.

58. Jeffrey J. McGuire, Margaret S. Boettcher, and Thomas H. Jordan, "Foreshock Sequences and Short-Term Earthquake Predictability on East Pacific Rise Transform Faults", Nature 434 (2005): 457-461.

59. R.P. Denlinger, and Charles G. Bufe, "Reservoir Conditions Related to Induced Seismicity at the Geysers Steam Reservoir, Northern California", Bulletin of the Seismological Society of America 72 (1982): 1317-1327.

59. J.H. Healy, W. W. Rubey, D. T. Griggs, and C. B. Raleigh, "The Denver Earthquakes", Science 27 (1968): 1301-1310.

59. Harsh K. Gupta et al., "A Study of the Koyna Earthquake of December 10, 1967", Bulletin of the Seismological Society of America 59 (1969): 1149-1162.

60. W.H. Bakun and T.V. McEvilly, "Recurrence Models and Parkfield, California, Earthquakes", Journal of Geophysical Research 89 (1984): 3051-3058.

63. Roger Bilham, comunicazione personale, 2008.

65. Allan Lindh, "Success and Failure at Parkfield", Seismological Research Letters 76 (2005): 3-6.

65. Special issue on the Great Sumatra–Andaman earthquake, Science 308 (2005): 1073-1208.

66. H. Ishii and T. Kato, "Detectabilities of Earthquake Precursors Using GPS, EDM, and Strain Meters, with Special Reference to the 1923 Kanto Earthquake", Journal of the Geodesy Society of Japan 35 (1989): 75–83.

66. M. Wyss and D.C. Booth, "The IASPEI Procedure for the Evaluation of Earthquake Precursors", Geophysical Journal International 131 (1997): 423-424.

66. Hiroo Kanamori, "Earthquake Prediction: An Overview", IASPEI 81B, (2003): 1205-1216.

66. M. Wyss, "Nomination of Precursory Seismic Quiescence as a Significant Precursor", Pure and Applied Geophysics 149 (1997): 79-114.

67-68. "Too bad, but they don't. Roughly, little shocks on little faults, all over the map, any time; big shocks on big faults": Richter, memo to Bob Sharp, 1952, Box 23.6. Papers of Charles F. Richter, 1839-1984, California Institute of Technology Archives.

68. W. Inouye, "On the Seismicity in the Epicentral Region and Its Neighbourhood before the Niigata Earthquake", Quarterly Journal of Seismology 29 (1965): 139-144.

68. K. Mogi, "Some Features of Recent Seismic Activity in and near Japan (2). Activity before and after Great Earthquakes", Bulletin of the Earthquake Research Institute of Japan (1969).

68. Ih-Oh, sii felice!

69. Ruth Simon, abstract, Eos, Transactions, American Geophysical Union 759 (1976): 59.

69. Earthquake Information Bulletin 10, marzo-aprile, 1978.

69. "Swedish Cows Make Lousy Earthquake Detectors: Study", The Local, January 13, 2009, http://www.thelocal.se/16876/20090113/ (ultimo accesso 2/9/2009).

69. "The Predicted Chinese Quakes", San Francisco Chronicle, 30 luglio, 1976, 34.

6. La strada per Haicheng

Pagine

71. Kelin Wang et al., "Predicting the 1975 Haicheng Earthquake", Bulletin of the Seismological Society of America 96 (2006): 757-795.

71-75. Susan E. Hough, "Seismology and the International Geophysical Year", Seismological Research Letters 79 (2008): 226-233.

76. Ad hoc panel on earthquake prediction, "Earthquake Prediction: A Proposal for a Ten-Year Program of Research", Office of Science and Technology, Washington DC, September 1965.
76. "Big Quake Center Will Be at Menlo Park", San Francisco Chronicle, 8 ottobre, 1965.
76. "Interagency squabbling...": Geschwind, California Earthquakes: Science, Risk, and Politics, 200.
76. "Having acquired a reputation...": Geschwind, California Earthquakes: Science, Risk, and Politics, 143.
77. Reuben Greenspan, "Earthshaking Prediction", Pasadena Star News, 21 dicembre, 1972.
78-79. "Charlatans, fakes, or liars": "Experts Don't Agree on Quake Prediction", Long Beach Press-Telegram, 15 febbraio, 1971, A3.
79. Citazione D. Anderson Long Beach Press-Telegram, 15 febbraio, 1971, A3.
79. "If you had asked me...": "Daily Tremor Forecasts May Be Available Soon", Oakland Tribune, 9 giugno, 1971, E9.
79. George Alexander, "New Technology May Bring Quake Forecasts", Los Angeles Times, 22 febbraio, 1973, parte 2, p. 1.
80. Peter Molnar, comunicazione personale, 2008.
82. Rob Wesson, comunicazione personale, 2008.
83. Christopher H. Scholz, Lynn R. Sykes, and Yash P. Aggarwal, "Earthquake Prediction: A Physical Basis", Science 31 (1973): 181, 803-810.
85. Robin Adams, comunicazione personale, 2007.
85-91. Wang et al., "Predicting the 1975 Haicheng Earthquake", 757-795.
86. Ross S. Stein, "The Role of Stress Transfer in Earthquake Occurrence", Nature 402 (1999): 605-609.
86. U.S. Geological Survey (including Tom Parsons and R.S. Stein), The Kocaeli, Turkey, earthquake of August 17, 1999, U.S. Geol. Surv. Circular, 1193, 1-65, 2000
96. "China Quake Severe", Wisconsin State Journal, 14 marzo, 1975, sezione 4, pagina 8.
100. Helmut Tributsch, When the Snakes Awake (Cambridge, MA: MIT Press, 1982).
100. Kelin Wang, comunicazione personale, 2008.
101. Kelin Wang, comunicazione personale, 2008.
102. "Quake Split Hotel in 2, Visiting Australian Says", Los Angeles Times, 28 luglio, 1976, 1.

7. Infiltrazioni
Pagine
103. M. Manga and C.-Y. Wang, "Earthquake Hydrology", IASPEI volume, 1991.
104. N. Yoshida, T. Okusawa, and H. Tsukahara, "Origin of Deep Matsushiro Earthquake Swarm Fluid Inferred from Isotope Ratios", Zisin 55 (2002): 207-216 (in giapponese con riassunto in inglese).
105. Robert M. Nadeau and David Dolenc, "Nonvolcanic Tremors beneath the San Andreas Fault", Science 307 (2005): 389; K. Obara, "Nonvolcanic Deep Tremor Associated with Subduction in Southwest Japan", Science 296 (2002): 1679-1681.
105. David R. Shelly, Gregory C. Beroza, and S. Ide, "Non-Volcanic Tremor and Low-Frequency Earthquake Swarms", Nature 446 (2007): 305-307.
106. David P. Hill, John O. Langbein, and Stephanie Prejean, "Relations between Sei-

smicity and Deformation during Unrest in Long Valley Caldera, California, from 1995 to 1999", Journal of Volcanology and Geothermal Research 127 (2003): 175-193.
108. David Hill, comunicazione personale, 1998.
108. N.I. Pavlenkova, "The Kola Superdeep Drillhole and the Nature of Seismic Boundaries", Terra Nova 4 (2007): 117-123.
110. "Scenarios of this kind...": Manga and Wang, "Earthquake Hydrology."
110-111. Dapeng Zhao et al., "Tomography of the Source Are of the 1995 Kobe Earthquake: Evidence for Fluids at the Hypocenter?" Science 274 (1996): 1891-1894.
112. Egill Hauksson and J. G. Goddard, "Radon Earthquake Precursor Studies in Iceland", Journal of Geophysical Research 86 (1981): 7037-7054.
113. George Alexander, "Possible New Quake Signals Studied", Los Angeles Times, 27 ottobre, 1979, 1, 28.
113. George Alexander, "Quake That Hit Without Warning Puzzles Scientists", Los Angeles Times, 27 ottobre, 1979, 3.
113. Sergey Alexander Pulinets, "Natural Radioactivity, Earthquakes, and the Ionosphere", Eos, Transactions, American Geophysical Union (2007), doi:10.1029/2007EO200001.
113. Hiroo Kanamori, comunicazione personale, 2008.

8. I giorni di gloria
Pagine
115. George Alexander, "Can We Predict the Coming California Quake?" Popular Science, novembre, 1976, 79-82.
115. "Recent results...": Frank Press, "U.S. Lags in Quake Prediction", Xenia Daily Gazette, 27 febbraio, 1975.
115. "Seismologists are getting close...": Los Angeles Times, April 27, 1975.
116. R. Hamilton, "Chinese Credited with Prediction of Earthquake", Bridgeport Sunday Post, 9 novembre, 1975.
116. "As early as...": "Geologists Zero in on Accurate Earthquake Predictions", Fresno Bee, 9 novembre, 1975.
117. Robert O. Castle, John N. Alt, James C. Savage, and Emery I. Balazs, "Elevation Changes Preceding the San Fernando Earthquake of February 9, 1971", Geology 5 (1974): 61-66.
117-118. "As conservative as they come...": Robert Castle, comunicazione personale, 2008.
118. Max Wyss, "Interpretation of the Southern California Uplift in Terms of the Dilatancy Hypothesis", Nature 266 (1977): 805-808.
119. "You bet he was": Robert Castle, comunicazione personale, 2008.
119. Geschwind, California Earthquakes: Science, Risk, and Politics, 204-205.
119. Robert O. Castle, Jack P. Church, and Michael R. Elliott, "Aseismic Uplift in Southern California, Science 192 (1976): 251-253.
120. "I think there's reason to be concerned...": "'Bulge' on Quake Fault 'May Be Message'", Long Beach Independent Press-Telegram, 18 marzo, 1976, A3.
120. "Predictable headlines followed": " 'Bulge' on Quake Fault 'May Be Message' ", Long Beach Independent Press-Telegram, 18 marzo, 1976, A3.
120. Frank Press, "A Tale of Two Cities", annual meeting, American Geophysical Union, 1976.
121. "Quake Prediction Saved Chinese", Capital Times, 15 aprile, 1976.

121. "Earthquake prediction, long treated as the seismological family's weird uncle, has in the last few years become everyone's favorite nephew": George Alexander, Popular Science, novembre, 1976, 79–82.

122. George Alexander, "Scientist's Prediction of Quake Comes True", Los Angeles Times, 11 aprile, 1974, 1.

122. George Alexander, "In His Own Words: Just like the Movie, a Young Scientist Predicts an L.A. Earthquake", People magazine, 17 maggio, 1976, 49-55.

122. Geschwind, California Earthquakes: Science, Risk, and Politics.

122. Federal Council for Science and Technology, Ad Hoc Interagency Working Group for Earthquake Research, William T. Pecora, Proposal for a Ten-Year National Earthquake Hazards Program; A Partnership of Science and the Community. Preparedfor the Office of Science and Technology and the Federal Council for Science and Technology, 1968-1969. Earthquake Prediction and Hazard Mitigation Options for USGS and NSF Programs, National Science Foundation, Research Applications Directorate (RANN) and USGS, 1976.

123. Task Force on Earthquake Hazard Reduction, Karl V. Steinbrugge, Chair, Earthquake Hazard Reduction, Office of Science and Technology, 1970.

124. Earthquake Prediction and Hazard Mitigation Options for USGS and NSF Programs, National Science Foundation, Research Applications Directorate (RANN), and USGS, 1976.

124. "Time to get busy…": Wallace, Earthquakes, minerals, and me.

124. "Earthquake in Guatemala", National Geographic, giugno 1976, 810-829; "Can We Predict Earthquakes", National Geographic, giugno1976, 830-835. 104. "There is much to learn…": The Guatemalan Earthquake of 2/4/1976, a Preliminary Report, U.S. Geological Survey Professional Paper 1002, Washington DC: U.S. Government Printing Office.

125. Lloyd Cluff, comunicazione personale, 2008

125-128. "Earthquake prediction failed…": Earthquake Hazards Act Fails in House", Northwest Arkansas Times, 29 settembre, 1976, 27.

126. "Scientist Urges World Quake Study", Pasadena Star-News, 24 febbraio, 1977, 1.

126. "Earthquake hazard mitigation become entrenched…": Geschwind, California Earthquakes: Science, Risk, and Politics, 212.

127. Christopher H. Scholz, "Whatever Happened to Earthquake Prediction?" Geotimes 17 (marzo 1997).

127. Conrad, editorial cartoon, Los Angeles Times, 23 aprile, 1976.

127. Peter Molnar, comunicazione personale, 2003.

128. Lloyd Cluff, comunicazione personale, 2008.

128. Paul Houston, "Funds for Quake Research Killed", Los Angeles Times 21 marzo, 1976, parte 2, p. 7.

9. I postumi della sbornia
Pagine

131. C.R. Allen, "Earthquake Prediction – 1982 Overview", Bulletin of the Seismological Society of America 72 (1982): S331-S335.

131. At http://www.nehrp.gov/about/.

132. George Alexander, "Rock-Layer Changes May Bring on Quake Advisories", Los Angeles Times, 27 gennaio, 1980, Metro, 1.

132. "California Tenses over Fault Indicators", Pacific Stars and Stripes, 29 agosto, 1980, 8.

Note bibliografiche **277**

132. George Alexander, "Bubbling Gases concern Earthquake Researchers", Los Angeles Times, 8 ottobre, 1981, 1, 17; George Alexander, "Possible Quake Precursor Observed over Wide Area", Los Angeles Times, 17 ottobre, 1981, 1, 22.
133. Robert Reilinger and Larry Brown, "Neotectonic Deformation, Near-Surface Movements and Systematic Errors in U.S. Releveling Measurements: Implications for Earthquake Prediction", Earthquake Prediction, An International Review, American Geophysical Union Maurice Ewing Monograph Series 4 (1981): 422-440; David D. Jackson, Wook B. Lee, and Chi-Ching Liu, Podesta, and Nigg, Politics of Earthquake Prediction, 137.
138. "Didn't add to the prediction's credibility": Clarence Allen, comunicazione personale, 2008.
138. Roger Hanson, comunicazione interna a John Filson, 16 luglio, 1980.
138. William Spence and Lou C. Pakiser, Conference Report: Toward Earthquake Prediction on the Global Scale, Eos, Transactions, American Geophysical Union 59 (1978): 36-42.
139. Olsen et al., Politics of Earthquake Prediction.
139-141. Clarence Allen, trascrizione dei verbali di, In the Matter Of: The National Earthquake Prediction Evaluation Council Meeting to Receive Evidence and to Assess the Validity of a Prediction Calling for a Great Earthquake of the Coat [sic] of Peru in August 1981 (Reston, VA: USGS, 1981).
140. "Quake Prediction Causes Own Shakes", Science News 5 (4 luglio, 1981).
140. "There has been a request..." NEPEC trascrizione, 71.
140. "This isn't a criticism..." NEPEC trascrizione, 74.
140. David Hill, comunicazione personale, 2008.
141. Keiiti Aki, "A Probabilistic Synthesis of Precursory Phenomena", in Earthquake Prediction: An International Review. Maurice Ewing Series No. 4., ed. D. W. Simpson and P. G. Richards (Washington DC: American Geophysical Union, 1981): 566-574.
142. Rob Wesson, comunicazione personale, 2008.
142. Brian T. Brady, "A Thermodynamic Basis for Static and Dynamic Scaling Laws in the Design of Structures in Rock", Proceedings of the 1st North American Rock Mechanics Symposium, University of Texas at Austin, 1-3 giugno, 1994, 481-485.
142. "Scientist Stays with Prophecy of Peru Quake", Rocky Mountain News, 27 gennaio, 1981, 3.
143. "Ace of H...": NEPEC trascrizione, 1981, 245-246.
143. "Fracture has been studied...": NEPEC trascrizione, 1981, 250.
143. "It has a lot of things...": NEPEC trascrizione, 1981, 286.
144. "I guess that is why...": NEPEC trascrizione, 1981.
144. "Previous public work...": NEPEC trascrizione, 1981, 338.
144. "The seismicity patterns...": NEPEC trascrizione, 1981, 339.
144. "Conclusion": NEPEC trascrizione, 1981.
144. Robert Wesson, lettera a Mr. Fournier d'Albe, 17 aprile, 1980.
144-145. Krumpe memo: see Olson, Podesta, and Nigg, The Politics of Earthquake Prediction, 125.
145. Clarence Allen, lettera a Peter McPherson, 10 luglio, 1981.
145. Clarence Allen, comunicazione personale, 2008.
145. Brian Brady comunicazione personale, 2008
145. Vedi discussione in Olson, Podesta, e Nigg, The Politics of Earthquake Prediction, 187.

145-146. John Filson, report della visita a Lima, 1981.
145-146. John Filson, comunicazione personale, 2008.
146. "NO PASO NADA", Expreso, 28 giugno, 1991, 1.
146. "If he is allowed...": John Filson, report del viaggio in Perù.
146. John Filson, comunicazione personale, 2008.
147. Mark Zoback, comunicazione personale, 2008.
148. Allen, "Earthquake Prediction - 1982 Overview", S331-S335.
148-149. "Quake Readiness: New Solution Cuts across the Fault Lines", San Francisco Chronicle-Telegram, 11 luglio, 1982, Sunday Scene.
150. Michael Blanpied, comunicazione personale, 2008.

10. Accesi dibattiti
Pagine
151. Friedemann Freund, "Rocks That Crackle and Sparkle and Glow: Strange Pre-Earthquake Phenomena", Journal of Scientific Exploration 17 (2003): 37-71.
151. K. Varotsos, K. Alexopoulos, K. Nomicos, and M. Lazaridou, "Earthquake Prediction and Electric Signals", Nature 322 (1986): 120.
153. Francesco Mulargia e Paolo Gasperini, "VAN: Candidacy and Validation with the Latest Laws of the Game", Geophysical Research Letters 23 (1996): 1327-1330.
153. Max Wyss, comunicazione personale, 2008.
153. Hiroo Kanamori, comunicazione personale, 2008.
156. Robert Geller, comunicazione personale, 2007.
156. "At this moment...": "Japan Holds Firm to Shaky Science", Science 264 (1994): 1656-1658.
158. Mohsen Ghafory-Ashtiany, comunicazione personale, 2008.
159. Richard A. Kerr, "Loma Prieta Quake Unsettles Geophysicists", Science 259 (1989): 1657.
159. Anthony Fraser-Smith, "Low-Frequency Magnetic Field Measurements Near the Epicenter of the Ms7.1 Loma Prieta Earthquake", Science 17 (1989): 12.
159. Robert F. Service, "Hopes Fade for Earthquake Prediction", Science 264 (1994): 1657.
159. Jeremy N. Thomas et al., abstract 4036, General Assembly of the International Union of Geodesy and Geophysics, Perugia, 2007.
160. Malcolm Johnston et al., General Assembly of the International Union of Geodesy and Geophysics, Perugia, 2007.
160-162. Freund, "Rocks That Crackle and Sparkle and Glow", 37-71.
162. Helmut Tributsch, When the Snakes Awake.
165. Johnston et al., General Assembly of the International Union of Geodesy and Geophysics, Perugia, 2007.
165. Richard Dixon Oldham, "Report on the Great Earthquake of 12 June 1897." Memoirs of the Geological Society of India 29 (1899); Roger Bilham, "Tom La Touche and the Great Assam Earthquake of 12 June 1897: Letters from the Epicenter", Seismological Research Letters 79 (2008): 426-437.
167-168. Friedemann Freund, "Cracking the Code of Pre-Earthquake Signals", at http://www.seti.org/news/features/, 20 settembre, 2005.
168. F. Nemec, O. Santolik, M. Parrot, and J.J. Berthelier, "Spacecraft Observations of Electromagnetic Perturbations Connected with Seismic Activity", Geophysical Research Letters, 25, doi:10.1029/2007GL, 032517.

11. Leggendo le foglie del tè
Pagine

169. Lewis Carroll, Le avventure di Alice nel Paese delle Meraviglie (London: Macmillan, 1865).

170. Mogi, "Some Features of Recent Seismic Activity in and near Japan (2). Activity before and after Great Earthquakes".

171. V.I. Keilis-Borok and V.G. Kossobokov, "Periods of High Probability of Occurrence of the World's Strongest Earthquakes", translated by Allerton Press, Computational Seismology 19 (1987): 45-53.

171. R.A. Harris, "Forecasts of the 1989 Loma Prieta, California, Earthquake", Bulletin of the Seismological Society of America 88 (1998): 898-916.

172. Chris Scholz, comunicazione personale, 2008.

173. V.I. Keilis-Borok et al., "Reverse Tracing of Short-Term Earthquake Precursors", Physics Earth and Planetary Interiors 145 (2004): 75-85.

174. V.I. Keilis-Borok, P. Shebalin, K. Aki, A. Jin, A. Gabrielov, D. Turcotte, Z. Liu, and I. Zaliapin, "Documented Prediction of the San Simeon Earthquake 6 Months in Advance: Premonitory Change of Seismicity, Tectonic Setting, Physical Mechanism", abstract, Annual Meeting, Seismological Society of America, Palm Springs, California, 2004.

175-176. "Science Is Left a Bit Rattled by the Quake That Didn't Come", Los Angeles Times, 8 settembre, 2004, A1.

176. Jeremy D. Zechar, tesi di dottorato, "Methods for Evaluating Earthquake Predictions", University of Southern California, 2008.

177. V. P. Shebalin, comunicazione personale, 2008.

12. Accelerazione del rilascio di momento sismico
Pagine

179. John Maynard Keynes, "Keynes Took Alf Garnett View on Race", The Independent (London), 31 gennaio, 1997.

179. Keiiti Aki, "Generation and Propagation of G Waves from the Niigata Earthquake of June 16, 1964: Part 2. Estimation of Earthquake Moment, Released Energy, and Stress Drop from the G Wave Spectra", Bulletin of the Earthquake Research Institute of Tokyo 44 (1965): 237-239.

180. Charles F. Richter, "An Instrumental Earthquake Magnitude Scale", Bulletin of the Seismological Society of America 25 (1935): 1-32.

180. David J. Varnes, Atti del 8th Southeast Asian Geotechnical Conference, 2, Hong Kong, 1982, pp. 107–30; Lynn R. Sykes and Steven C. Jaume, "Seismic Activity on Neighboring Faults as a Long-Term Precursor to Large Earthquakes in the San Francisco Bay Area", Nature 348 (1990): 595-599; Charles G. Bufe and David J. Varnes, "Predictive Modeling of the Seismic Cycle of the Greater San Francisco Bay Region", Journal of Geophysical Research 98 (1993): 9871-9883; David D. Bowman and Geo (rey C.P. King, "Accelerating Seismicity and Stress Accumulation before Large Earthquakes", Geophysical Research Letters 28 (2001): 4039-4042.

181. Shamita Das e Christopher Scholz, "Off-Fault Aftershock Clusters Caused by Shear Stress Increase?" Bulletin of the Seismological Society of America 71 (1981): 1669-1675.

181. Geoffrey King, Ross S. Stein, and J. Lin, "Static Stress Changes and the Triggering of Earthquakes", Bulletin of the Seismological Society of America 84 (1994): 935-953.

182. David D. Bowman and Geoffrey C.P. King, "Stress Transfer and Seismicity

Changes before Large Earthquakes", Comptes Rendus de l'Academie des Sciences, Sciences de la terre et des planets 333 (2001): 591-599.

183. Andrew J. Michael, "The Evaluation of VLF Guided Waves as Possible Earthquake Precursors", U.S. Geological Survey Open-File Report 96-97.

183. Andrew Michael, comunicazione personale, 2008.

184. Andrew J. Michael, Jeanne L. Hardebeck, and Karen R. Felzer, "Precursory Acceleration Moment Release: An Artifact of Data-Selection?" Journal of Geophysical Research (2008).

184-187. David Bowman, comunicazione personale, 2008.

13. Frange
Pagine

189. "What ails them...": Charles F. Richter, memo, 1976, Box 26.17, Papers of Charles F. Richter, 1839-1984, California Institute of Technology Archives.

189. Tecumseh's Prophecy; preparing for the next New Madrid earthquake; a plan for an intensified study of the New Madrid seismic zone, U.S. Geological Survey Circular 1066, Robert M. Hamilton, ed., 1990.

190. Papers of Charles F. Richter, 1839-1984, California Institute of Technology Archives.

191. John R. Gribbin and Stephan H. Plagemann, The Jupiter Effect: The Planets as Triggers of Devastating Earthquakes (New York: Vintage Books, 1976).

191. George Alexander, "Big LA Quake in '82? Experts Not Shaken by Theory", Los Angeles Times, September 13, 1974, parte 2, pagina 1.

191. "There is a distinct tendency for the number of small earthquakes in southern California to increase slightly at the end of the summer...": Richter, letter to Harry Plant, March 20, 1958, Box 30.3, Papers of Charles F. Richter, 1839–1984, California Institute of Technology Archives.

192. Jeffrey Goodman, We Are the Earthquake Generation (New York: Berkley Publishing, 1978).

192-193. Earthquake Information Bulletin 10, marzo-aprile 1978.

193-194. Gordon-Michael Scallion, "Earth Changes Report", 1992.

195-196. Zhonghao Shou, "Earthquake Clouds: A Reliable Precursor" (in Turkish), Science and Utopia 64 (1999): 53-57.

196. Petra Challus and Don Eck at http://www.quakecentralforecasting.com/

196. Brian Vanderkolk (aka Skywise), at http://www.skywise711.com/quakes/EQDB/ (ultimo accesso 2/9/2009).

196. Brian Vanderkolk, comunicazione personale, 2009.

198. "A few such persons ...": Charles F. Richter, memo, 1976, Box 26.17, Papers of Charles F. Richter, 1839–1984, California Institute of Technology Archives.

200. Robert Geller, comunicazione personale.

201. Roger Bilham et al., "Seismic Hazard in Karachi, Pakistan: Uncertain Past, Uncertain Future", Seismological Research Letters 78 (2007): 601-613.

201. R. Mallet, Great Neapolitan Earthquake of 1857: The First Principles of Observational Seismology, vol. 1. (London: Chapman and Hall, 1862), 172.

14. Complicità
Pagine

203. "An incensed Charles Richter...": Geschwind, California Earthquakes: Science, Risk, and Politics, 146.

203. "Californians Getting Jumping Nerves – Earthquakes", Las Vegas Daily Optic, 31 marzo, 1969, 2.
204. "Slid? Slud? Slood? – Old Winery Straddles Quake Line", Fresno Bee, 27 aprile, 1969, F2.
204. "Quake Alarms, but There Is No Disaster", Moberly Monitor-Index and Evening Democrat, 29 aprile, 1969.
206. Susan E. Hough et al., "Sediment-Induced Amplification and the Collapse of the Nimitz Freeway", Nature 344 (1990): 853-855.
208. "Experts: Quake Shouldn't Affect New Madrid Fault", Constitution-Tribune, Chillicothe, 18 ottobre, 1989.
208. "Even Odds Quake Could Hit Illinois within 10 Years", Daily Herald, Springfield, Illinois, 19 ottobre, 1989.
209-212. James L. Penick, The New Madrid Earthquakes of 1811–1812 (Columbia: University of Missouri Press).
210. Le descrizioni di Jared Brooks's della sequenza sismica di New Madrid sono state pubblicate come appendice al: H. McMurtrie, MD, Sketches of Louisville and Its Environs, Including, among a Great Variety of Miscellaneous Matter, a Florula Louisvillensis; or, a Catalogue of Nearly 400 Genera and 600 Species of Plants, That Grow in the Vicinity of the Town, Exhibiting Their Generic, Specific, and Vulgar English Names (Louisville: S. Penn., Junior, 1839).
211. Lettera di Eliza Bryan, pubblicata in "Lorenzo Dow's Journal", Joshua Martin (publisher) (1816): 344-346.
214. Daniel Drake, Natural and Statistical View, or Picture of Cincinnati and the Miami County, Illustrated by Maps (Cincinnati: Looker and Wallace, 1815).
214-215. Otto W. Nuttli, "The Mississippi Valley Earthquakes of 1811 and 1812: Intensities, Ground Motion, and Magnitudes", Bulletin of the Seismological Society of America 63 (1973): 227-248.
216. Thomas Hanks and Hiroo Kanamori, "A Moment-Magnitude Scale", Journal of Geophysical Research 84(1979): 2348-2350.
217-218. Arch C. Johnston and Eugene S. Schweig, "The Enigma of the New Madrid Earthquakes of 1811-1812", Annual Review of Earth Planetary Sciences 24 (1996): 339-384.
217-218. Arch C. Johnston, "Seismic Moment Assessment of Earthquakes in Stable Continental Regions – II. Historical Seismicity", Geophysical Journal International 125 (1996): 639-678.
217-218. Arch C. Johnston, "Seismic Moment Assessment of Earthquakes in Stable Continental Regions – III. New Madrid 1811–1812, Charleston 1886, and Lisbon 1755", Geophysical Journal International 126 (1996): 314-344.
218. "Devastating Earthquake 175 Years Ago in Mississippi Valley May Occur Again", The News, Frederick, Maryland, 15 dicembre, 1986, D8.
218. "Apathy Underestimates Danger of Earthquakes", Chicago Daily Herald, 6 novembre, 1987, 9-10.
219. "Climatologist Predicts Missouri Quake", Atchison Globe, 28 novembre, 1989, 3.
220. "Scientist's Quake Prediction Creates Stir", Daily Herald, 22 ottobre, 1990, sezione 6, pagina 4.
220. Nels Winkless III and Iben Browning, Climate and the Affairs of Men (New York: Harper's Magazine Press, 1975).
221. "Scientist's Quake Prediction Creates Stir", Daily Herald, 22 ottobre, 1990, sezione 6, pagina 4.

220-221. "Quake Prediction Taken Seriously", St. Louis Post-Dispatch, 21 luglio, 1990.

221. "If we have to schedule National Guard drills...": "Quake Prediction Shakes Up People on New Madrid Fault", Chillicothe Constitution-Tribute, 16 luglio, 1990, 14.

221. "Prediction of Major Quake Dec. 2 Has Folks Rattled in the Heartland", Stars and Stripes, 17 luglio, 1990, 4.

221. David Stewart, The Chemistry of Essential Oils Made Simple: God's Love Manifest in Molecules (Marble Hill, MO: Care Publications, 2004).

221. William Robbins, "Midwest Quake Is Predicted, Talk Is Real", New York Times, 20 agosto, 1990.

222-223. Trascrizione dei verbali, NEPEC che ascolta la previsione di Browning.

223. Mike Penprase, "Drills Prepare Students in Ozarks for Predicted Quake", News-Leader, 1, 18 novembre, 1990.

223. "Haps Tavern... In New Madrid, Crowds for the Quake That Wasn't", New York Times, December 4, 1990.

223. "Student Absences Not Unusually High", St. Louis Post-Dispatch, 5 dicembre, 1990.

223. At http://joelarkins.blogspot.com.

223. R. A. Kerr, "The Lessons of Dr. Browning", Science 253 (1991): 622-623.

223. S.E. Hough, J. G. Armbruster, L. Seeber, and J. F. Hough, "On the Modified Mercalli Intensities and Magnitudes of the 1811-1812 New Madrid, Central United States, Earthquakes", Journal of Geophysical Research 105 (2000): 23839-23864.

223. William Bakun and Margaret G. Hopper, "Magnitudes and Locations of the 1811-1812 New Madrid, Missouri, and the 1886 Charleston, South Carolina Earthquakes", Bulletin of the Seismological Society of America 94 (2004): 64-75.

225. Donald E. Franklin, "Wind Blast Hurts Two in Family Camping Out to Escape Quake", St. Louis Post-Dispatch, 7A, 4 dicembre, 1990.

15. Morbillo
Pagine

227. Jay Leno, monologo in Tonight Show, 18 maggio, 2008.

227. "Predicting the Quake", Time magazine, 27 agosto, 1973.

229. At http://pasadena.wr.usgs.gov/step.

229. Yosihiko Ogata, "Detection of Precursory Relative Quiescence before Great Earthquakes through a Statistical Model", Journal of Geophysical Research 97 (1992): 19845–19871.

229-230. Kristi F. Tiampo, John B. Rundle, S. McGinnis, Susanna Gross, and W. Klein, "Pattern Dynamics and Forecast Methods in Seismically Active Regions", Pure and Applied Geophysics 159 (2002): 2429-2467.

230. "... quite remarkable": at www.NBCSanDiego.com, 6 ottobre, 2004.

231. Alan L. Kafka and John E. Ebel, "Exaggerated Claims about Success Rate of Earthquake Predictions: 'Amazing Success' or 'Remarkably Unremarkable'", Eos, Transactions, American Geophysical Union 86 (52), Fall Meeting Supplement, abstract S43D-03, 2005.

16. Tutti noi abbiamo le nostre colpe
Pagine

233. Guy R. McClellan, The Golden State: A History of the Region West of the Rocky Mountains, Embracing California... (Chicago: Union Publishing Company, 1872).

234. Kenji Satake, Kunihiko Shimazaki, Yoshinobu Tsuji, and Kazue Ueda, "Time and Size of a Giant Earthquake in Cascadia Inferred from Japanese Tsunami Records of January 1700", Nature 379 (1996): 246-249; Brian F. Atwater, The Orphan Tsunami of 1700: Japanese Clues to a Parent Earthquake in North America (Seattle: University of Washington Press, 2004).

236. Martitia P. Tuttle et al., "The Earthquake Potential of the New Madrid Seismic Zone", Bulletin of the Seismological Society of America 92 (2002): 2080–2089.

236. Andrew Newman, Seth Stein, John Weber, Joseph Engeln, Ailin Mao, and Timothy Dixon, "Slow Deformation and Lower Seismic Hazard at the New Madrid Seismic Zone", Science 23 (1999): 619-621.

237. Balz Grollimund and Mark D. Zoback, "Did Deglaciation Trigger Intraplate Seismicity in the New Madrid Seismic Zone?" Geology 29 (2002): 175-178.

238. Stephen F. Obermeier, Gregory S. Gohn, Robert E. Weems, Robert L. Gelinas, and Meyer Rubin, "Geologic Evidence for Recurrent Moderate to Large Earthquakes near Charleston, South Carolina", Science 227 (1985): 408-411.

238-239. John E. Ebel, "A New Look at the 1755 Cape Ann, Massachusetts Earthquake", Eos, Transactions, American Geophysical Union, abstract S52A-08, 2001.

240. Clarence Dutton, "The Charleston Earthquake of August 31, 1886", U.S. Geological Survey Annual Report 9, 203–528, 1889.

17. Quello cattivo
Pagine

243. Citazione di Lindh: "Are Recent California Quakes a 'Final Warning'", New Mexican, 13 luglio, 1992, A6.

243. Kerry E. Sieh and Patrick L. Williams, "Behavior of the Southernmost San Andreas Fault during the Past 300 Years", Journal of Geophysical Research 95 (1995): 6620-6645.

244. Edward H. Field et al., "The Uniform California Earthquake Rupture Forecast, Version 2 (UCERF 2)", U.S. Geological Survey Open-File Report 2007-1437, at http://pubs.usgs.gov/of/2007/1437, 2007.

245. David Vere-Jones, "A Branching Model Crack Propagation", Pure Applied Geophysics 114 (1976): 711-725.

246. N. Lapusta and J. R. Rice, "Earthquake Sequences on Rate and State Faults with Strong Dynamic Weakening", EOS Transactions American Geophysical Union 85 (47), Fall meeting supplement, abstract T22A-05, 2004.

249. T. Rockvell, G. Seitz, T. Dawson, and Y. Young, "The Long Record of San Jacinto Fault Paleoearthquakes at Hog Lake: Implications for Regional Patterns of Strain Release in the Southern San Andreas Fault System", abstract, Seismological Research Letters, 77, 270, 2000.

250. Lloyd S. Cluff, Robert A. Page, D. Burton Slemmons, and C. B. Crouse, "Seismic Hazard Exposure for the Trans-Alaska Pipeline", Sixth U.S. Conference and Workshop on Lifeline Earthquake Engineering, ASCE Technical Council on Lifeline Earthquake Engineering, Long Beach, California, agosto, 2003.

253-254. Los Angeles El Clamor Público, January 17, 1857, 2, in Duncan Carr Agnew, "Reports of the Great California Earthquake of 1857", ristampato ed edito con note esplicative su http://repositories.cdlib.org/sio/tech report/50/, 2006.

254. Citazione di Heaton: "How Risky Are Older Concrete Buildings", Los Angeles Times, 11 ottobre, 2005.

254. "Retrofitting Tab at County Hospitals over $156 Million", Los Angeles Business Journal, 4 febbraio, 2002.

254. Swaminathan Krishnan, Ji Chen, Dimitri Komatitsch, and Jeroen Tromp, "Case Studies of Damage to Tall Steel Moment-Frame Buildings in Southern California during Large San Andreas Earthquakes", Bulletin of the Seismological Society of America, 96, (2006): 1523-1537.

260. Citazione di Lindh: "Are Recent California Quakes a 'Final Warning'".

18. Dove si dirigerà la previsione dei terremoti?
Pagine

261. Allen, trascrizione dei verbali, In the Matter Of.

262. Yuehua Zeng and Z.-K. Shen, "Earthquake Predictability Test of the Load Response Ration Method", abstract, Seismological Research Letters, 2008.

262. Niu Fenglin, Paul G. Silver, Thomas M. Daley, Xin Cheng, and Ernest L. Majer, "Preseismic Velocity Changes Observed from Active Source Monitoring at the Parkfield SAFOD Drill Site", Nature 454 (2008), doi:10.1038/nature07111.

263. Thomas S. Kuhn, The Structure of Scientific Revolutions (Chicago: University of Chicago Press, 1996).

263. Olson, Podesta, and Nigg, The Politics of Earthquake Prediction.

265-266. Thomas Jordan, comunicazione personale, 2008.

267. Hiroo Kanamori, comunicazione personale, 2008.

268. Clarence Allen, comunicazione personale, 2008.

269. Allen, trascrizione dei verbali, In the Matter Of.

Indice dei terremoti per anno

1663	Charlevoix, Quebec, Canada, 239
1700	Cascadia, North America, 234, 235
1755	Cape Ann, Massachusetts, 238-239
1811-1812	New Madrid, Central U.S., 189, 209-224, 229, 236-237, 241-242
1812	San Andreas, California, 43
1857	Fort Tejon, California, 5, 12, 16, 44
1868	Hayward, California, 47, 50, 244
1886	Charleston, Carolina del Sud, 210, 237-238
1906	San Francisco, California, 3, 18, 21, 22, 24, 180-181, 203, 244
1923	Kanto, Japan, 21, 66, 154
1925	Santa Barbara, California, 25-28
1933	Long Beach, California, 31-33
1949	Tajikistan, 79-80
1952	Kern County, California, 133
1960	Cile, 72, 138
1964	Alaska (Good Friday), 74-76, 124
1967	Koyna, India, 59
1971	Sylmar, California, 77-80, 84, 117-118, 124, 137, 143, 194
1974	Lima, Perù, 137
1975	Haicheng, China, 71-114, 133, 149, 192, 227
1975	New Madrid, Central U.S., 125
1976	Guatemala, 125
1976	Tangshan, Cina, 100-101, 133, 149
1981	Atene, Grecia, 151
1985	Messico, 149, 166, 218-217, 253
1986	North Palm Springs, California, 243
1988	Saguenay, Quebec, Canada, 239
1989	Loma Prieta, California, 158, 171-172, 180, 206-208, 219, 227
1992	Joshua Tree, California, 194, 211
1992	Landers, California, 45, 182, 193-194, 211, 243, 252, 260
1994	Northridge, California, 156, 195, 254, 258
1995	Kobe, Giappone, 110-111, 156
2001	Bhuj, India, 239
2003	San Simeon, California, 174, 230
2004	Parkfield, California, 63-65, 174, 230
2004	Sumatra, 5, 7, 8, 65, 73, 184
2005	Kashmir, Pakistan, 200
2007	Perù, 162-163
2008	Sichuan, Cina, 13, 94, 162-163, 241
2009	Italia, 112 e nota dei traduttori sul terremoto de L'Aquila

Nota dei traduttori sul terremoto de L'Aquila

Questa nota ha lo scopo di fornire alcuni elementi e riferimenti relativi a documenti disponibili in rete che consentano, a chi volesse, di meglio approfondire le vicende che ruotano intorno al terremoto avvenuto a L'Aquila nell'aprile del 2009: l'analisi di una commissione internazionale di scienziati sulla prevedibilità dei terremoti, le presunte previsioni da parte di Giampaolo Giuliani, il processo che vede coinvolti i componenti della *Commissione nazionale per la previsione e prevenzione dei Grandi Rischi (CGR)*.

Il 21 aprile del 2009, a seguito del terremoto, fu istituita dall'Ordinanza del Presidente del Consiglio dei Ministri no. 3757, una Commissione Internazionale che facesse il punto sulla Previsione Probabilistica dei Terremoti con fini di Protezione Civile analizzando l'andamento dei fatti avvenuti a L'Aquila. Tale Commissione aveva inoltre il compito di indicare eventualmente le linee guida per l'utilizzo da parte della Protezione Civile di possibili precursori sismici, comprendendo anche l'utilizzo dell'analisi probabilistica della pericolosità sismica durante una sequenza sismica.

La Commissione era composta da scienziati di Cina, Francia, Germania, Grecia, Italia, Giappone, Russia, Regno Unito e Stati Uniti[1].

---

[1] Composizione della Commissione: T.H. Jordan (Presidente della Commissione, Direttore del Southern California Earthquake Center; Professore di Earth Sciences, University of Southern California, Los Angeles); Yun-Tai Chen (Professore e Direttore Onorario, Institute of Geophysics, China Earthquake Administration, Pechino); Paolo Gasparini (Segretario della Commissione e Presidente dell'AMRA Scarl; Professore di Geofisica all'Università di Napoli "Federico II"); Raul Madariaga (Professore al Department of Earth, Oceans and Atmosphere, École normale supérieure, Parigi); Ian Main (Professore di Seismology and Rock Physics, University of Edinburgh); Warner Marzocchi (Dirigente di ricerca presso l'Istituto Nazionale di Geofisica e Vulcanologia, Roma); Gerassimos Papadopoulos (Dirigente di ricerca, Institute of Geodynamics, National Observatory of Athens); Gennady Sobolev (Professore Capo dipartimento al Seismological Department, Institute of Physics of the Earth, Russian Academy of Sciences, Mosca); Koshun Yamaoka (Professore e Direttore del Research Center for Seismology, Volcanology and Disaster

Il 30 maggio 2011 la Commissione ha consegnato al Dipartimento di Protezione Civile un rapporto che è poi stato pubblicato in un volume speciale degli *Annals of geophysics* [1][2]. Riportiamo di seguito la traduzione di alcuni estratti [1, pp. 321-323] e il riassunto delle loro conclusioni e raccomandazioni [1, pp. 360-363]:

> Dal punto di vista dell'analisi del rischio sismico a lungo termine, il terremoto avvenuto a L'Aquila non è stato una sorpresa. Si è verificato all'interno di un'ampia zona di sismicità storica, di circa 30 km di larghezza, che corre lungo l'Appennino Centrale. Il modello probabilistico della pericolosità sismica d'Italia, pubblicato nel 2004 [2][3], aveva identificato questa zona come una tra le più pericolose in Italia. [...] L'attività sismica nella zona intorno a L'Aquila è aumentata nel mese di gennaio 2009. Un certo numero di piccoli terremoti è stato risentito, è stata richiesta l'evacuazione delle scuole e sono state prese altre misure di prevenzione. L'evento più grande della sequenza, prima della scossa del 6 aprile, si è verificato il 30 marzo e ha avuto una magnitudo pari a 4.1. Due scosse premonitrici di magnitudo 3.5 e 3.9 si sono verificate poche ore prima della scossa principale del 6 aprile. In questo contesto, l'identificazione di una scossa come premonitrice avviene rigorosamente a posteriori; un evento può essere così designato solo dopo che la scossa principale è avvenuta, il che richiede che la sequenza sismica si sia completata. [...]
> La situazione, nei giorni che hanno preceduto la scossa principale, è stata complicata da una serie di previsioni rilasciate dal Sig. G. Giuliani, un abitante della città dell'Aquila, tecnico dell'Istituto Nazionale di Astrofisica che lavora presso i Laboratori Nazionali del Gran Sasso[4].

Mitigation, Graduate School of Environmental Studies, Nagoya University); Jochen Zschau (Direttore del Dipartimento di Physics of the Earth, Helmholtz Center, GFZ, German Research Centers for Geosciences, Potsdam).

[2] Rapporto inviato dalla Commissione Internazionale sulla Previsione Probabilistica dei Terremoti e inviato al Dipartimento della Protezione Civile.

[3] Gruppo di Lavoro [2004], disponibile alla pagina http://zonesismiche.mi.ingv.it. Il modello è pubblicato su [2].

[4] La Commissione ha intervistato Giampaolo Giuliani il 13 maggio del 2009.

Queste previsioni, che non avevano veste ufficiale, sono state riportate dai media e si diceva fossero basate sulla misura delle concentrazioni di radon ad alcuni rilevatori di raggi gamma[5]. Almeno due delle previsioni (quella del 17 febbraio e del 30 marzo) sono risultate essere dei falsi allarmi. Nessuna prova esaminata dalla Commissione indica che il signor Giuliani abbia trasmesso alle autorità civili una previsione valida della scossa principale prima che avvenisse. Tuttavia, le sue previsioni durante quel periodo hanno generato diffusa preoccupazione nell'opinione pubblica e reazioni ufficiali. In quel momento, i rappresentanti del Dipartimento di Protezione Civile (DPC) e dell'Istituto Nazionale di Geofisica e Vulcanologia (INGV) hanno dichiarato che (a) non ci sono metodi scientificamente validi per la previsione dei terremoti, (b) l'attività di sciame sismico è piuttosto comune in questa zona d'Italia, e (c) la probabilità di un grande terremoto rimane sostanzialmente bassa. [...] La Commissione Nazionale per la Previsione e Prevenzione dei Grandi Rischi (CGR), che fornisce al governo informazioni autorevoli sulla pericolosità e sul rischio, era stata convocata dal DPC il 31 marzo. Essa aveva concluso che "non vi era alcuna ragione di dire che una sequenza di eventi piccola magnitudo potesse essere considerata un precursore sicuro di un evento distruttivo".
L'esperienza fatta a L'Aquila ha sollevato una serie di questioni generali relative ai grandi terremoti in Italia e altrove. Quali sono i migliori metodi scientifici disponibili per prevedere i grandi terremoti e le loro scosse di assestamento nelle regioni sismicamente attive? Può essere previsto a breve termine un forte terremoto con probabilità che siano abbastanza alte e abbastanza affidabili per essere di utilità alla Protezione Civile? Come dovrebbero intervenire le autorità governative che utilizzano le informazioni scientifiche sulla probabilità di occorrenza dei terremoti per migliorare la sicurezza? Come tali informazioni dovrebbero essere comunicate al pubblico? [...]

---

[5] Giampaolo Giuliani ha rilasciato ai media dichiarazioni contraddittorie prima e dopo la scossa principale del 6 aprile del 2009 vedi una sequenza di interviste di Giuliani su http://www.youtube.com/INGVterremoti#p/u/13/c7-9lNkA-y4.

La Commissione ha riesaminato lo stato dell'arte riguardo alla possibilità di prevedere i terremoti a breve termine [...] e ha concluso che [...]

A. Qualsiasi informazione circa l'occorrenza di un futuro terremoto contiene grandi incertezze e può quindi essere fornita solo in termini di probabilità [...] La ricerca scientifica che si occupa di previsione probabilistica va incentivata e la DPC deve dotarsi delle infrastrutture e delle conoscenze che la mettano in grado di comprendere appieno le previsioni probabilistiche.

B. *Monitorare in modo continuo e dettagliato, possibilmente in tempo reale, attraverso reti sismiche e GPS integrate, aiuta la comprensione del processo sismogenetico.* [...] La DPC deve incoraggiare l'integrazione di reti di monitoraggio che trasmettono dati in tempo reale e sono gestite da vari istituti in Italia così come lo sviluppo di laboratori naturali per lo studio dei terremoti (luoghi dove una faglia nota viene studiata accuratamente).

C. Decenni di ricerca di precursori diagnostici di eventi sismici distruttivi non hanno portato frutti. [...] Tuttavia questo campo di ricerca non deve essere abbandonato e deve esser parte di un programma nazionale bilanciato che principalmente si fondi sul concetto di previsione probabilistica.

D. Lo strumento più importante per la protezione dai danni che può causare un terremoto è la mappa di pericolosità: questa si può considerare una previsione probabilistica a lungo termine indipendente dal tempo, che individua con quale probabilità dei valori di scuotimento possono essere superati in ogni zona del territorio nazionale. Su questa base è possibile calibrare regole per la costruzione e la ristrutturazione antisismica che mettano in sicurezza la popolazione. [...] La mappa di pericolosità deve essere aggiornata ogni volta che è possibile farlo affinché possa tenere conto di tutte le conoscenze disponibili.

E. Sappiamo che i terremoti si raggruppano nello spazio e nel tempo sappiamo che in alcuni casi l'occorrenza di un forte terremoto ne ha indotto altri in aree limitrofe. [...] La ricerca che si occupa di capire l'evoluzione delle scosse di terremoto che seguono un forte evento deve essere incoraggiata.

F. Qualsiasi tipo di previsione dei terremoti deve essere testata e validata utilizzando i dati sia in modo retrospettivo che in modo previsionale. Nessun metodo può essere considerato valido se non fornisce i suoi dati alla comunità scientifica internazionale e non sottopone i suoi risultati a validazione.

G. L'utilizzo dei risultati della previsione probabilistica per la mitigazione del rischio sismico richiede due ingredienti fondamentali: la scienza deve fornire i suoi risultati in termini di probabilità (considerandone anche l'incertezza) e [...] devono essere stabiliti a priori dei protocolli trasparenti e quantitativi che prevedano la messa in pratica di azioni di mitigazione del rischio nel momento in cui determinate soglie di probabilità di occorrenza dei terremoti siano superate.

H. Il trasferimento al pubblico delle informazioni che si ricavano dalle previsioni probabilistiche nel territorio italiano deve avvenire in modo costante per educare la popolazione a comprenderne il significato.

Il 25 maggio 2011, il Tribunale di L'Aquila ha deciso di rinviare a giudizio sette dei partecipanti alla riunione della Commissione Grandi Rischi[6] del 31 marzo 2009, con l'accusa di omicidio colposo e lesioni colpose; è stata inoltre avanzata l'ipotesi di reato associativo (maggiori informazioni sono rintracciabili in un articolo su oggi scienza [3]). La notizia ha fatto il giro del mondo e la comunità scientifica nazionale e internazionale si è mobilitata per esprimere la propria solidarietà ai colleghi ricercatori italiani coinvolti in questa vicenda [4]. L'accusa

---

[6] I sette accusati sono Franco Barberi, presidente vicario della Commissione Grandi rischi, Bernardo De Bernardinis, vicecapo del settore tecnico del Dipartimento di Protezione civile, Enzo Boschi, presidente dell'INGV, Gian Michele Calvi, direttore di Eucentre e responsabile del progetto CASE, Claudio Eva, ordinario di fisica all'Università di Genova, Mauro Dolce, direttore dell'ufficio rischio sismico di Protezione civile e Giulio Selvaggi, direttore del Centro nazionale terremoti dell'INGV.

non riguarda esplicitamente la mancata previsione quanto piuttosto la poco accurata valutazione dei rischi e delle azioni di prevenzione da intraprendere e la loro comunicazione alla popolazione. Non è un processo alla scienza, ha scritto qualcuno ma in un certo senso lo è [5]. A proposito di comunicazione, a nostro giudizio, non sono solo gli scienziati a dover fare autocritica ma anche e forse soprattutto i giornalisti: l'enorme spazio mediatico concesso a Giuliani ha generato paura e confusione tra il pubblico senza dare alcuna valutazione della consistenza scientifica delle previsioni del tecnico aquilano.

Il processo di primo grado si è concluso a L'Aquila il 22 ottobre 2012. Il giudice unico ha ritenuto i sette membri della commissione tutti ugualmente colpevoli di omicidio colposo plurimo e lesioni colpose. Gli imputati sono stati condannati a sei anni di reclusione, al pagamento di un risarcimento di 7.8 milioni di euro e all'interdizione dai pubblici uffici; agli imputati sono state concesse le attenuanti generiche.

La dura sentenza di condanna ha suscitato reazioni[7] di sgomento presso la comunità scientifica nazionale e internazionale: nell'opinione di molti tale sentenza rischia di compromettere il diritto/dovere degli scienziati di partecipare al dialogo pubblico tramite la comunicazione dei risultati delle proprie ricerche al di fuori delle sedi scientifiche, per il timore di subire una condanna penale.

La vicenda processuale, con l'espletamento dei probabili successivi gradi di giudizio, andrà avanti sicuramente per molti dei prossimi anni[8].

Bibliografia
1. T.H. Jordan et. al., Operational earthquake forecasting. State of Knowledge and Guidelines for Utilization. Annals of geophysics, 54(4), 2011

---

[7] Il punto di vista di uno dei componenti della commissione internazionale, Warner Marzocchi, sul processo dell'Aquila e sulla sentenza può essere trovato su http://www.spinics.net/lists/volcano/msg02999.html

[8] http://processoaquila.wordpress.com

2. C. Meletti et al., A seismic source zone model for the seismic hazard assessment of the Italian territory, Tectonophysics, 450, 85-108, 2008
3. S. Cerrato, Terremoto dell'Aquila: sette a processo per omicidio colposo, http://oggiscienza.wordpress.com/2011/05/27/terremoto-dell'aquila-sette-a-processo-per-omicidio-colposo
4. Lettera aperta dei sismologi al Presidente Napolitano del 18/06/2010 firmata da circa 4000 ricercatori da oltre 100 Paesi in cinque continenti http://www.ingv.it/ufficio-stampa/stampa-e-comunicazione/archivio-comunicati-stampa/comunicati-stampa-2010/lettera-aperta-dei-sismologi-al-presidente-napolitano
5. A. Amato, Da un'aula di Tribunale agli ultimi terremoti padani, http://www.scienzainrete.it/contenuto/articolo/da-unaula-di-tribunale-agli-ultimi-terremoti-padani

i blu – pagine di scienza

Volumi pubblicati

R. Lucchetti *Passione per Trilli. Alcune idee dalla matematica*
M.R. Menzio *Tigri e Teoremi. Scrivere teatro e scienza*
C. Bartocci, R. Betti, A. Guerraggio, R. Lucchetti (a cura di) *Vite matematiche. Protagonisti del '900 da Hilbert a Wiles*
S. Sandrelli, D. Gouthier, R. Ghattas (a cura di) *Tutti i numeri sono uguali a cinque*
R. Buonanno *Il cielo sopra Roma. I luoghi dell'astronomia*
C.V. Vishveshwara *Buchi neri nel mio bagno di schiuma ovvero L'enigma di Einstein*
G.O. Longo *Il senso e la narrazione*
S. Arroyo *Il bizzarro mondo dei quanti*
D. Gouthier, F. Manzoli *Il solito Albert e la piccola Dolly. La scienza dei bambini e dei ragazzi*
V. Marchis *Storie di cose semplici*
D. Munari *novepernove. Sudoku: segreti e strategie di gioco*
J. Tautz *Il ronzio delle api*
M. Abate (a cura di) *Perché Nobel?*
P. Gritzmann, R. Brandenberg *Alla ricerca della via più breve*
P. Magionami *Gli anni della Luna. 1950-1972: l'epoca d'oro della corsa allo spazio*
E. Cristiani *Chiamalo x! Ovvero Cosa fanno i matematici?*
P. Greco *L'astro narrante. La Luna nella scienza e nella letteratura italiana*
P. Fré *Il fascino oscuro dell'inflazione. Alla scoperta della storia dell'Universo*
R.W. Hartel, A.K. Hartel *Sai cosa mangi? La scienza del cibo*
L. Monaco *Water trips. Itinerari acquatici ai tempi della crisi idrica*
A. Adamo *Pianeti tra le note. Appunti di un astronomo divulgatore*
C. Tuniz, R. Gillespie, C. Jones *I lettori di ossa*
P.M. Biava *Il cancro e la ricerca del senso perduto*
G.O. Longo *Il gesuita che disegnò la Cina. La vita e le opere di Martino Martini*
R. Buonanno *La fine dei cieli di cristallo. L'astronomia al bivio del '600*
R. Piazza *La materia dei sogni. Sbirciatina su un mondo di cose soffici (lettore compreso)*
N. Bonifati *Et voilà i robot! Etica ed estetica nell'era delle macchine*
A. Bonasera *Quale energia per il futuro? Tutela ambientale e risorse*
F. Foresta Martin, G. Calcara *Per una storia della geofisica italiana. La nascita dell'Istituto Nazionale di Geofisica (1936) e la figura di Antonino Lo Surdo*

P. Magionami *Quei temerari sulle macchine volanti. Piccola storia del volo e dei suoi avventurosi interpreti*

G.F. Giudice *Odissea nello zeptospazio. Viaggio nella fisica dell'LHC*

P. Greco *L'universo a dondolo. La scienza nell'opera di Gianni Rodari*

C. Ciliberto, R. Lucchetti (a cura di) *Un mondo di idee. La matematica ovunque*

A. Teti *PsychoTech - Il punto di non ritorno. La tecnologia che controlla la mente*

R. Guzzi *La strana storia della luce e del colore*

D. Schiffer *Attraverso il microscopio. Neuroscienze e basi del ragionamento clinico*

L. Castellani, G.A. Fornaro *Teletrasporto. Dalla fantascienza alla realtà*

F. Alinovi *GAME START! Strumenti per comprendere i videogiochi*

M. Ackmann *MERCURY 13. La vera storia di tredici donne e del sogno di volare nello spazio*

R. Di Lorenzo *Cassandra non era un'idiota. Il destino è prevedibile*

A. De Angelis *L'enigma dei raggi cosmici. Le più grandi energie dell'universo*

W. Gatti *Sanità e Web. Come Internet ha cambiato il modo di essere medico e malato in Italia*

J.J. Gómez Cadenas *L'ambientalista nucleare. Alternative al cambiamento climatico*

M. Capaccioli, S. Galano *Arminio Nobile e la misura del cielo ovvero Le disavventure di un astronomo napoletano*

N. Bonifati, G.O. Longo *Homo Immortalis. Una vita (quasi) infinita*

F.V. De Blasio *Aria, acqua, terra e fuoco - Volume 1. Terremoti, frane ed eruzioni vulcaniche*

L. Boi *Pensare l'impossibile. Dialogo infinito tra arte e scienza*

E. Laszlo, P.M. Biava (a cura di) *Il senso ritrovato*

F.V. De Blasio *Aria, acqua, terra e fuoco - Volume 2. Uragani, alluvioni, tsunami e asteroidi*

J.-F. Dufour *Made by China. Segreti di una conquista industriale*

S.E. Hough *Prevedere l'imprevedibile. La tumultuosa scienza delle previsione dei terremoti*

Di prossima pubblicazione

G. Glaeser, K. Polthier *Immagini della Matematica*

GPSR Compliance

The European Union's (EU) General Product Safety Regulation (GPSR) is a set of rules that requires consumer products to be safe and our obligations to ensure this.

If you have any concerns about our products, you can contact us on

ProductSafety@springernature.com

In case Publisher is established outside the EU, the EU authorized representative is:

Springer Nature Customer Service Center GmbH
Europaplatz 3
69115 Heidelberg, Germany

www.ingramcontent.com/pod-product-compliance
Lightning Source LLC
LaVergne TN
LVHW040733250326
834688LV00031B/272